新世纪普通高等教育电气工程及其自动化类课程规划教材

数字电子技术

SHUZI DIANZI JISHU

主　编　路永华　李海燕　王瑞兰
副主编　郭　华　邱　月　常褚杰

$Q_0^n Q_1^n$ \ $Q_2^n Q_3^n$	00	01	11	10
00	1	0	0	$\times$
01	$\times$	$\times$	0	$\times$
11	0	$\times$	0	0
10	0	$\times$	$\times$	$\times$

$Q_0^n Q_1^n$ \ $Q_2^n Q_3^n$	00	01	11	10
00	0	0	0	$\times$
01	$\times$	$\times$	0	$\times$
11	0	$\times$	0	0
10	1	$\times$	$\times$	$\times$

大连理工大学出版社

图书在版编目(CIP)数据

数字电子技术 / 路永华,李海燕,王瑞兰主编. —
大连 : 大连理工大学出版社,2018.7
新世纪普通高等教育电气工程及其自动化类课程规划
教材
ISBN 978-7-5685-1491-0

Ⅰ. ①数… Ⅱ. ①路… ②李… ③王… Ⅲ. ①数字电
路－电子技术－高等学校－教材 Ⅳ. ①TN79

中国版本图书馆 CIP 数据核字(2018)第 113333 号

大连理工大学出版社出版

地址:大连市软件园路 80 号   邮政编码:116023
发行:0411-84708842   邮购:0411-84708943   传真:0411-84701466
E-mail:dutp@dutp.cn   URL:http://dutp.dlut.edu.cn
大连雪莲彩印有限公司印刷   大连理工大学出版社发行

幅面尺寸:185mm×260mm   印张:20.5   字数:499 千字
2018 年 7 月第 1 版   2018 年 7 月第 1 次印刷

责任编辑:王晓历   责任校对:王晓伟
封面设计:张 莹

ISBN 978-7-5685-1491-0   定 价:48.80 元

前　言

　　《数字电子技术》是新世纪普通高等教育教材编审委员会组编的电气工程及其自动化类课程规划教材之一。

　　数字电子技术课程是电子信息工程、电子科学与技术、通信工程、计算机科学与技术、电气自动化、自动控制、仪器仪表等电子信息类专业和其他相关专业的主要专业基础课。

　　随着电子科学技术的发展，数字电子技术在自动控制、信号处理、显示、测量、仪器仪表等领域的应用越来越广泛，从而使得数字电子技术课程的教学内容也随之发生较大变化，为此，本教材对数字逻辑基础、门电路、组合逻辑电路、时序逻辑电路、脉冲波形的产生与整形等基本概念、分析方法、设计方法等做了详细的介绍，增加了 Quartus II、可编程逻辑器件和典型数字系统设计的内容以及集成器件的介绍和应用实例。

　　本教材共 10 章：逻辑代数基础；门电路；组合逻辑电路；触发器；时序逻辑电路；脉冲波形的产生与整形；存储器、复杂可编程器件和现场可编程门阵列；数/模和模/数转换；EDA 技术及应用；典型数字系统设计。

　　本教材由兰州财经大学路永华、李海燕，潍坊学院王瑞兰任主编；兰州财经大学郭华、邱月，沈阳航空航天大学常褚杰任副主编。具体编写分工如下：路永华编写第 1 章和第 2 章，王瑞兰编写第 3 章，李海燕编写第 4 章、第 5 章和第 6 章，邱月编写第 7 章、第 8 章和制作电子课件，郭华编写第 9 章和第 10 章，常褚杰制作部分电路图。全书由路永

新世纪

华老师负责拟定大纲和统稿。

在编写本教材的过程中,我们参考、借鉴了许多专家、学者的相关著作,对于引用的段落、文字尽可能一一列出,谨向各位专家、学者一并表示感谢。

限于水平,书中仍有疏漏和不妥之处,敬请专家和读者批评指正,以使教材日臻完善。

编　者

2018 年 7 月

所有意见和建议请发往:dutpbk@163.com

欢迎访问教材服务网站:http://www.dutpbook.com

联系电话:0411-84708462　84708445

目 录

第 1 章

DIYIZHANG

逻辑代数基础

学习目标

本章首先介绍数字信号和数字电路的特点以及数制和编码;然后介绍逻辑代数的基本运算(与、或、非)及基本定理;最后重点介绍逻辑函数的公式法化简和卡诺图法化简。

能力目标

了解数字信号和数字电路的概念、特点,掌握数制和编码;掌握逻辑代数的基本运算(与、或、非)及基本定理;重点掌握逻辑函数的化简方法。

1.1 数字逻辑电路概述

1.1.1 数字信号

电路中的工作信号可以分为两大类:模拟信号和数字信号。模拟信号是指时间上连续的信号。例如正弦函数、指数函数等。自然界中的许多物理量均属于模拟量,如汽车的速度、麦克风所记录的语音信号、大气温度与气压变化、图像各点的亮度变化等。在工程上常用传感器将模拟量转换为电流、电压或电阻等电学量,以便用电路进行分析和处理。传输、处理模拟信号的电路称为模拟电子线路,简称模拟电路。

数字信号是指时间上和数值上都离散的信号。如计算机键盘输入电路中的信号、交通灯控制电路中的信号等都是数字信号。对数字信号进行传输、处理的电子线路称为数字电路。

对模拟信号进行取样,就得到了时间上离散的取样信号,再对此取样信号进行量化、编码即可得到对应的数字信号。在现代电子工程中,随着数字计算机等数字技术的发展,越来越多的模拟信号均通过模拟/数字(A/D)转换后以数字信号的形式由计算机及数字电路来处理,处理后的数字信号可以通过数字/模拟(D/A)转换变为模拟信号。

1.1.2 数字电路的特点

1. 稳定性高,抗干扰能力强

数字电路对元件的精度要求不高,允许有较大的误差,只要工作时能够可靠地区分 0 和 1 两种状态就可以了,故抗干扰能力强。

2. 易于设计

数字电路又称数字逻辑电路,它主要是对用 0 和 1 表示的数字信号进行逻辑运算和处理,不需要复杂的数学知识,广泛使用的数学工具是逻辑代数,数字电路能够可靠区分 0 和 1 这两种状态就可以正常工作,因此,数字电路的分析与设计相对比较容易。

3. 大批量生产,成本低廉

数字电路结构简单,体积小,通用性强,容易制造,便于集成化生产,因而成本低廉。

4. 可编程性能好

现代数字系统的设计大多采用可编程逻辑器件,即厂家生产的一种半成品芯片。用户根据需要用硬件描述语言在计算机上完成电路设计和仿真,并写入芯片,产品的研制和开发更加灵活和方便。

5. 高速度,低功耗

随着集成电路工艺的发展,数字器件的工作速度越来越高,而功耗越来越低。集成电路中单管的开关速度可以低于 1×10^{-11} s。整体器件中,信号从输入到输出的传输时间短于 2×10^{-9} s。百万门以上超大规模集成芯片的功耗可以低达毫瓦级。

1.1.3 数字电路的分类与应用

1. 数字电路的分类

数字电路的发展经历了电子管、半导体分立器件到集成电路的过程。数字电路的主流形式是数字集成电路。从 20 世纪 60 年代开始,数字集成器件以双极性工艺制成了小规模逻辑器件,随后发展到中规模集成器件;70 年代末,微处理器的出现,使数字集成电路的性能发生了质的飞跃;从 80 年代中期开始,专用集成电路制作技术已趋成熟,标志着数字集成电路发展到了新的阶段。

专用集成电路是将一个复杂的数字系统制作在一块半导体芯片上,构成体积小、重量轻、功耗低、速度快、成本低且具有保密性的系统级芯片。专用集成电路芯片的制作可以采用全定制或半定制两种方法,全定制适用于生产批量的成熟产品,由半导体生产厂家制造。对于生产批量小或研究试制阶段的产品,可以采用半定制方法,它是用户通过软件编程,将自己设计的数字系统制作在厂家生产的可编程逻辑器件(PLD)半成品芯片上,便得到所需的系统级芯片。

数字电路根据电路结构特点及其对输入信号响应规则的不同,可分为组合逻辑电路和时序逻辑电路;从集成度(每一芯片包含的门电路个数)来分,数字集成电路可分为小规模集成电路(SSI)、中规模集成电路(MSI)、大规模集成电路(LSI)、超大规模集成电路(VLSI)和甚大规模集成电路(ULSI)。表 1-1 所示为数字集成电路的分类。

表 1-1		数字集成电路的分类
分类	门的个数	典型集成电路
小规模	<12 个	逻辑门、触发器
中规模	12～99	计数器、加法器
大规模	100～9999	小型存储器、门阵列
超大规模	10000～99999	大型存储器、微处理器
甚大规模	1000000 以上	可编程逻辑器件、多功能专用集成电路

按所用元器件的不同,数字电路可分为双极性和单极性电路。其中双极性电路有 TTL、DTL、ECL、IIL、HTL 等多种;单极性电路有 JEFT、NMOS、PMOS、CMOS 四种。

2. 数字电路的应用

数字电路由于稳定性好、抗干扰能力强、精确度高、电路简单、便于制造和集成、具有算术运算和逻辑运算能力等特点,使数字电路的应用领域越来越广泛。

利用数字电路的逻辑推理和判断功能,可以设计出各式各样的数控装置,用来实现对生产和过程进行自动控制。其工作过程是:首先用传感器在现场采集受控对象的数据,接着用数字电路进行计算、判断;然后产生相应的控制信号,驱动伺服装置对受控对象进行控制或调整。这样不仅能通过连续监控提高生产的安全性和自动化水平,同时也提高了产品的质量,降低了成本,减轻了劳动强度。

以数字电路为基础发展起来的数字电子计算机,是当代科学技术最杰出的成就之一。现在,计算机不仅是自动控制系统不可缺少的组成部分,而且已经成为人们工作、生活、学习不可或缺的重要组成部分,尤其是数字电路应用于通信领域后,使通信技术的发展突飞猛进,使人们获取信息、享受网络服务更为便捷。

1.2 数制与码制

数制即计数进位的规则。它是按照一定的规则表示数值大小的计数方法。日常生活中最常用的计数方法是十进制;数字电路中常用的是二进制,有时也用八进制和十六进制。对于任何一个数,可以用不同的进制来表示。

1.2.1 常用数制及其相互转换

1. 常用数制

(1) 十进制

十进制有 0～9 共 10 个数码,它的运算规则是"逢十进一,借一当十"。设十进制数 $(N)_{10}$ 有 n 位整数,m 位小数,则可表示为

$$(N)_{10} = (k_{n-1}k_{n-2}\cdots k_1 k_0 \cdot k_{-1}k_{-2}\cdots k_{-m})_{10}$$

按权展开为

$$(N)_{10} = \sum_{i=-m}^{n-1}(k_i 10^i)$$

式中 k_i 为第 i 位的系数,可取 0～9 十个数码;10^i 为第 i 位的权;10 为基数。基数和权

是数制的两个要素,利用基数和权,可以将任何一个数按权展开为多项式的形式。例如十进制数 2569.58 可表示为

$$(2569.58)_{10} = 2 \times 10^3 + 5 \times 10^2 + 6 \times 10^1 + 9 \times 10^0 + 5 \times 10^{-1} + 8 \times 10^{-2}$$

通常,对十进制数的表示,可以在数字的右下角标注 10 或 D,也可以省略标注。

(2)二进制数

二进制计数进位的规则为"逢二进一,借一当二"。二进制中只有 0 和 1 两个数码,基数为 2,各位的位权为 2^i。设二进制数 $(N)_2$ 有 n 位整数,m 位小数,则可表示为

$$(N)_2 = (k_{n-1}k_{n-2} \cdots k_1 k_0 \cdot k_{-1}k_{-2} \cdots k_{-m})_2$$

按权展开为

$$(N)_2 = \sum_{i=-m}^{n-1} (k_i 2^i)$$

式中 k_i 为第 i 位的系数,可取 0 和 1 两个数码;2^i 为第 i 位的权。通常对二进制数的表示可以在数字的右下角标注 2 或 B。

(3)八进制

八进制计数进位的规则为"逢八进一,借一当八"。八进制中有 0～7 八个数码·基数为 8,各位的位权为 8^i。设八进制数 $(N)_8$ 有 n 位整数,m 位小数,则可表示为

$$(N)_8 = (k_{n-1}k_{n-2} \cdots k_1 k_0 \cdot k_{-1}k_{-2} \cdots k_{-m})_8$$

按权展开为

$$(N)_8 = \sum_{i=-m}^{n-1} (k_i 8^i)$$

式中 k_i 为第 i 位的系数,可取 0～7 八个数码;8^i 为第 i 位的权。通常对八进制数的表示可以在数字的右下角标注 8 或 O。

(4)十六进制

十六进制计数进位的规则为"逢十六进一,借一当十六"。十六进制中有 0～9、A、B、C、D、E、F 十六个数码,基数为 16,各位的位权为 16^i。设十六进制数 $(N)_{16}$ 有 n 位整数,m 位小数,则可表示为

$$(N)_{16} = (k_{n-1}k_{n-2} \cdots k_1 k_0 \cdot k_{-1}k_{-2} \cdots k_{-m})_{16}$$

按权展开为

$$(N)_{16} = \sum_{i=-m}^{n-1} (k_i 16^i)$$

式中 k_i 为第 i 位的系数,可取 0～9、A、B、C、D、E、F 十六个数码;16^i 为第 i 位的权。通常对十六进制数的表示,可以在数字的右下角标注 16 或 H。

2. 各种数制之间的转换

在实际应用中,常常需要进行各种进制数制之间的相互转换。数制之间的转换可归为两类:十进制和非十进制之间的转换;2^n 进制之间的转换。

(1)十进制和非十进制之间的转换

①非十进制数转换成十进制数

由二进制、八进制、十六进制数的表示式可知,只要将它们直接按权展开即得对应的十进制数。

【例 1-1】　将二进制数$(1001011.101)_2$转换为十进制数。

解：将$(1001011.101)_2$按权展开

$$(1001011.101)_2=1\times2^6+1\times2^3+1\times2^1+1\times2^0+1\times2^{-1}+1\times2^{-3}=75.625$$

所以　　　　　　　　　　　　$(1001011.101)_2=(75.625)_{10}$

【例 1-2】　将八进制数$(113.5)_8$转换为十进制数。

解：将$(113.5)_8$按权展开

$$(113.5)_8=1\times8^2+1\times8^1+3\times8^0+5\times8^{-1}=75.625$$

所以　　　　　　　　　　　　$(113.5)_8=(75.625)_{10}$

②十进制数转换成非十进制数

十进制数转换成非十进制数时，要将其整数部分和小数部分分别转换，再把结果合并成目的数制。

（a）整数部分的转换——除基取余法

整数部分的转换采用除基取余法。用目的数制的基数去除十进制数取其余数，并将余数倒序排列，即得所转换的目的数制。

【例 1-3】　将十进制数$(75)_{10}$转换为二进制数、八进制数和十六进制数。

解：按照除基取余法，转换为二进制数应逐次除以 2 取余数，转换过程如下：

同样的方法可将十进制数$(75)_{10}$转换为八进制数和十六进制数：

所以　$(75)_{10}=(1001011)_2$　　　　$(75)_{10}=(113)_8$　　　　$(75)_{10}=(4B)_{16}$

（b）小数部分的转换——乘基取整法

小数部分的转换采用乘基取整法。用目的数制的基数乘以十进制数取其整数部分，并将取得的整数顺序排列，即得所转换的目的数制。

【例 1-4】　将十进制数$(0.625)_{10}$转换为二进制数、八进制数和十六进制数。

解：按照乘基取整法，转换为二进制数应逐次乘以 2 取整数部分，转换过程如下：

同样的方法可将十进制数$(0.625)_{10}$转换为八进制数和十六进制数：

$$\begin{array}{cc} & 0.625 \\ \times & 8 \end{array}\ \text{取整}\qquad\qquad \begin{array}{cc} & 0.625 \\ \times & 16 \end{array}\ \text{取整}$$

$$\overline{5.000}\quad 5 \qquad\qquad \overline{10.000}\quad A$$

所以 $(0.625)_{10}=(0.101)_2$ $(0.625)_{10}=(0.5)_8$ $(0.625)_{10}=(0.A)_{16}$

(2) 2^n 进制之间的转换

① 二进制与八进制之间的转换

由于八进制的基数 $8=2^3$，所以 3 位二进制数构成 1 位八进制数。若要将二进制数转换成八进制数，只要将二进制数的整数部分自右向左每 3 位一组，最后一组不足 3 位时用 0 补足；小数部分自左向右每 3 位一组，最后一组不足 3 位时用 0 补齐；再将每组对应的八进制数写出即可。反之，若要将八进制数转换成二进制数，只要将每 1 位八进制数写成 3 位二进制数，按顺序排列起来即可。

【例 1-5】 将二进制数 $(1100110.0101)_2$ 转换为八进制数。

解：按以上方法有

$$\underset{1}{\underline{001}}\quad \underset{4}{\underline{100}}\quad \underset{6}{\underline{110}}\ .\ \underset{2}{\underline{010}}\quad \underset{4}{\underline{100}}$$

所以 $(1100110.0101)_2=(146.24)_8$

【例 1-6】 将八进制数 $(45.36)_8$ 转换为二进制数。

解：按以上方法有

$$\begin{array}{cccc} 4 & 5 & . & 3 & 6 \\ \downarrow & \downarrow & . & \downarrow & \downarrow \\ 100 & 101 & . & 011 & 110 \end{array}$$

所以 $(45.36)_8=(100101.01111)_2$

② 二进制与十六进制之间的转换

由于十六进制的基数 $16=2^4$，所以 4 位二进制数构成 1 位十六进制数。若要将二进制数转换成十六进制数，只要将二进制数的整数部分自右向左每 4 位一组，最后一组不足 4 位时用 0 补足；小数部分自左向右每 4 位一组，最后一组不足 4 位时用 0 补齐；再将每组对应的十六进制数写出即可。反之，若要将十六进制数转换成二进制数，只要将每 1 位十六进制数写成 4 位二进制数，按顺序排列起来即可。

【例 1-7】 将二进制数 $(01001011.1010)_2$ 转换为十六进制数。

解：$(\underset{4}{\underline{0100}}\underset{B}{\underline{1011}}.\underset{A}{\underline{1010}})_2=(4B.A)_{16}$

③ 八进制数和十六进制数之间的转换

八进制数和十六进制数之间的转换通常采用间接转换法：先将八进制数或十六进制数转换为二进制数，再将二进制数转换为目的进制数。

【例 1-8】 将八进制数 $(36.47)_8$ 转换为十六进制数。

解：$(36.47)_8=(011110.100111)_2=(1E.9C)_{16}$

1.2.2 二进制正、负数的表示法

十进制数中，可以在数字前面加上"＋"或"－"号来表示正数和负数，但数字电路不能识别"＋"，"－"号，因此，在数字电路中把一个数的最高位作为符号位，并用 0 表示"＋"号，用

1 表示"－"号,像这样把符号用数字表示的二进制数称为机器数。而原来带有"＋"或"－"号的数称为真值。例如:

十进制数	＋65	－65
二进制数(真值)	＋1000001	－1000001
计算机内(机器数)	01000001	11000001

1. 原码

用首位表示数的符号,0 表示正,1 表示负,其他位表示数的真值的绝对值,这样表示的数就是数的原码。

【例 1-9】 求 $(+115)_{10}$ 和 $(-115)_{10}$ 的原码。

解:
$$[(+115)_{10}]_原 = [(+1110011)_2]_原 = (01110011)_2$$
$$[(-115)_{10}]_原 = [(-1110011)_2]_原 = (11110011)_2$$

0 的原码有两种,分别是:
$$[+0]_原 = (00000000)_2, [-0]_原 = (10000000)_2$$

原码与真值转换起来很方便,在数学中,若两个异号的数相加或两个同号的数相减,都要做减法运算,先判断两个数中哪一个的绝对值大,用绝对值大的数减去绝对值小的数,运算结果的符号就是绝对值大的那个数的符号。但在计算机中,逻辑电路只能作加法运算,不能直接作减法运算,为了将加法和减法统一为加法运算,我们引入反码和补码。

2. 反码

正数的反码与其原码相同,负数的反码为:先求出该负数的原码,然后将原码的符号位不变,其余各位按位取反,即 0 变 1,1 变 0,即得该负数的反码。

【例 1-10】 求 $(+115)_{10}$ 和 $(-115)_{10}$ 的反码。

解: $[(+115)_{10}]_原 = (01110011)_2$, $[(-115)_{10}]_原 = (11110011)_2$

则: $[(+115)_{10}]_反 = (01110011)_2$, $[(-115)_{10}]_反 = (10001100)_2$

一个数反码的反码就是这个数本身。

3. 补码

正数的补码与其原码相同,负数的补码是它的反码加 1。

【例 1-11】 求 $(+115)_{10}$ 和 $(-115)_{10}$ 的补码。

解: $[(+115)_{10}]_原 = (01110011)_2$, $[(+115)_{10}]_反 = (01110011)_2$

$[(+115)_{10}]_补 = (01110011)_2$

$[(-115)_{10}]_原 = (11110011)_2$, $[(-115)_{10}]_反 = (10001100)_2$

$[(-115)_{10}]_补 = (10001101)_2$

一个数的补码的补码就是其原码。

引入补码后,两个数的加减运算就可以统一用加法运算来实现,此时两数的符号位也当成数值直接参加运算。由于两数和的补码等于两数补码的和,故在数字系统中一般用补码表示带符号的数。

【例 1-12】 用机器数的表示方法,求 $(13)_{10} - (17)_{10}$ 的差。

解: 第一步:求补码。

$$[(+13)_{10}]_原 = (00001101)_2, [(+13)_{10}]_补 = (00001101)_2$$
$$[(-17)_{10}]_原 = (10010001)_2, [(-17)_{10}]_补 = (11101111)_2$$

第二步:求补码之和。

$$[(+13)_{10}]_{补}+[(-17)_{10}]_{补}=(11111100)_2$$

第三步:求和的补码。

$$[(11111100)_2]_{补}=(10000100)_2$$

即$(13)_{10}-(17)_{10}=(-4)_{10}$

1.2.3 常用的编码

在数字设备中,数据和信息都是用二进制码表示,n 位二进制数有 2^n 种不同的组合,可以代表 2^n 种不同的信息。用一定位数的二进制数码组合代表一组信息的过程称为编码。本节介绍几种常用的编码。

1.二-十进制编码

二-十进制编码(BCD 码)是一种用 4 位二进制数表示 1 位十进制数的编码,简称 BCD 码。1 位十进制数有 0~9 共 10 个数码,而 4 位二进制数有 16 种组合,指定其中的任意 10 种组合来表示十进制的 10 个数,因此 BCD 码方案有很多,常用的有 8421 码、余 3 码、2421 码、5421 码等,见表 1-2。

表 1-2　　　　　　　　　　　几种常见的 BCD 码

十进制数	8421 码	余 3 码	2421 码	5421 码
0	0000	0011	0000	0000
1	0001	0100	0001	0001
2	0010	0101	0010	0010
3	0011	0110	0011	0011
4	0100	0111	0100	0100
5	0101	1000	1011	1000
6	0110	1001	1100	1001
7	0111	1010	1101	1010
8	1000	1011	1110	1011
9	1001	1100	1111	1100

表 1-2 所列各种 BCD 码中,8421 码、2421 码和 5421 码都是有权码,余 3 码属于无权码。

(1)8421 码

8421 码和自然二进制码的组成相似,4 位的权值从高到低依次是 8、4、2、1。但不同的是它选了 4 位自然二进制码 16 个组合的前 10 个组合(0000~1001),分别用来表示 0~9 共10 个十进制数,称为有效码;剩下的 6 个组合(1010~1111)没有采用,称为无效码。十进制数与 8421 码之间的转换只要直接按位转换即可。即:

$$(906.35)_{10}=(100100000110.00110101)_{8421}$$
$$(010110011000.00010110)_{8421}=(598.16)_{10}$$

(2)余 3 码

余 3 码是一种无权码,如果将两个余 3 码相加,所得的和将比对应的十进制数之和所对应的二进制数多6,因此,在用余3码进行十进制加法运算时,若两十进制数之和为10,则对应的余3码之和正好等于二进制数的16,于是便从高位自动产生进位信号。从表1-2可以看出:0和9,1和8,2和7,3和6,4和5的余3码互为反码。这对于求取对10的补码很方便。

(3)2421码

2421码是一种有权码,它的0和9,1和8,2和7,3和6,4和5也互为反码。

2.可靠性编码

数码在产生和传输过程中,难免发生错误。为使代码不易出错,或在发生错误时能迅速地发现和纠正错误,在工程中普遍采用了可靠性编码。格雷码和奇偶校验码是其中最常见的两种可靠性编码。

(1)格雷码

格雷码又叫循环码,格雷码有两个特点:相邻性和循环性。相邻性是指任意两个相邻的代码间只有一位不同;循环性是指首尾的两个代码也具有相邻性。表1-3列出了十进制数与格雷码、二进制码之间的对应关系。

表1-3　　　　　　　　　十进制数与格雷码、二进制码之间的对应关系

十进制数	二进制码	格雷码	十进制数	二进制码	格雷码
0	0000	0000	8	1000	1100
1	0001	0001	9	1001	1101
2	0010	0011	10	1010	1111
3	0011	0010	11	1011	1110
4	0100	0110	12	1100	1010
5	0101	0111	13	1101	1011
6	0110	0101	14	1110	1001
7	0111	0100	15	1111	1000

由于格雷码的相邻性和循环性,因此时序电路中采用格雷码编码时,能防止波形的"毛刺",并提高工作速度。例如8421BCD码表示的十进制数,从7(0111)递增到8(1000)时,4位代码均发生了变化,而事实上数字电路(如计数器)的各位输出不可能完全同时变化,这样在变化过程中就可能出现其他代码,造成严重的错误。如第一位先变为1,这时就会在瞬间出现1111代码,而格雷码由于其任何两个代码之间仅有1位不同,所以用格雷码表示的数在递增或递减过程中不易产生差错。

观察表1-3可以发现,最高位的0和1只改变了一次,若以该位0和1的交界处为轴,其他位的代码则是上下对称的,这一特性称为反射性,最高位称为反射位。利用反射特性可以很方便地构成位数不同的格雷码。1位到4位格雷码编码过程如图1-1所示。

1位	2位	3位	4位
0	00	000	0000
1	01	001	0001
	11	011	0011
	10	010	0010
		110	0110
		111	0111
		101	0101
		100	0100
			1100
			1101
			1111
			1110
			1010
			1011
			1001
			1000

图1-1　1位到4位格雷码编码过程

在 1 位格雷码的下面画一条虚线,在虚线下将 1 位格雷码倒过来重写一遍,并在虚线的上边数码前边加 0,虚线的下边前边加 1 即得 2 位格雷码,依次类推可得 3 位、4 位格雷码。

(2)奇偶校验码

奇偶校验码是一种能检验出二进制信息在传输过程中出现错误的代码。奇偶校验码由信息位和校验位两部分组成,信息位是要传输的原始信息,校验位是根据规定算法求得并添加在信息位后的冗余位。奇偶校验码分奇校验码和偶校验码,奇校验位产生的规则是:若信息位中 1 的个数为奇数个,则校验位为 0,若信息位中 1 的个数为偶数个,则校验位为 1,总之,使信息位和校验位中 1 的个数之和始终为奇数。偶校验刚好相反,即通过调节校验位的 0 或 1,使信息位和校验位中 1 的个数之和始终为偶数。接收端收到加有校验位的数码后进行校验,若信息位和校验位中 1 的个数符合约定的奇偶性规则,则认为没有发生差错,否则认为信息已经出错。表 1-4 所示为 8421 码的奇校验码和偶校验码。

表 1-4   8421 码的奇校验码和偶校验码

十进制数	奇校验码		偶校验码	
	信息位	校验位	信息位	校验位
0	0000	1	0000	0
1	0001	0	0001	1
2	0010	0	0010	1
3	0011	1	0011	0
4	0100	0	0100	1
5	0101	1	0101	0
6	0110	1	0110	0
7	0111	0	0111	1
8	1000	0	1000	1
9	1001	1	1001	0

上述奇偶校验是一位奇偶校验,这种奇偶校验只能发现 1 位错误,不能发现 2 位或更多位出错,且不能确定是哪一位出错。但由于实现起来容易,信息传输效率也高,并且发生 2 位或 2 位以上出错的概率相当小,所以奇偶校验码用来检测数码在传输过程中是否出错还是相当有效的,故被广泛应用于数字系统中。

奇偶校验码只能发现 1 位错误,但不能定位错误,从而也不能纠正错误。人们为了使信息传输高效和准确,还创造出了既能发现错误也能纠正错误的可靠性编码,如汉明码等。

(3)字符码

字符码是一种对字母、符号等进行编码的方案。目前使用比较广泛的是 ASCII 码,它是美国信息交换码(American Standard Cod for Information Interchange)的简称。ASCII 码用 7 位二进制数编码表示 2^7(128 个)字符,其中 95 个可打印字符,33 个不可打印和显示的控制字符,见表 1-5。

表 1-5					标准 ASCII 码表				
	$B_6 B_5 B_4$	0	1	2	3	4	5	6	7
$B_3 B_2 B_1 B_0$		000	001	010	011	100	101	110	111
0	0000	NUL	DLE	SP	0	@	P	`	p
1	0001	SOH	DC1	!	1	A	Q	a	q
2	0010	STX	DC2	"	2	B	R	b	r
3	0011	ETX	DC3	#	3	C	S	c	s
4	0100	EOT	DC4	$	4	D	T	d	t
5	0101	ENG	NAK	%	5	E	U	e	u
6	0110	ACK	SYN	&	6	F	V	f	v
7	0111	BEL	ETB	'	7	G	W	g	w
8	1000	BS	CAN	(	8	H	X	h	x
9	1001	HT	EM	)	9	I	Y	i	y
A	1010	LF	SUB	*	:	J	Z	j	z
B	1011	VT	ESC	+	;	K	[	k	{
C	1100	FF	FS	,	<	L	\	l	|
D	1101	CR	GS	—	=	M	]	m	}
E	1110	SO	RS	.	>	N	↑	n	~
F	1111	SI	VS	/	?	O	←	o	DEL

由表 1-5 可以看出,数字和英文字母都是按顺序排列的,只要知道其中一个数字或字母的 ASCII 码,就可以求出其他数字或字母的 ASCII 码。具体特点是:数字 0~9 的 ASCII 码表示成十六进制数为 30H~39H,小写字母 a~z 的 ASCII 码表示为十六进制数为 61H~7AH,而大写字母 A~Z 的 ASCII 码表示为十六进制数为 41H~5AH;同一字母的大小写,其 ASCII 码不同,且小写字母的 ASCII 码比大写字母的 ASCII 码大 20H。

大部分系统采用扩充的 ASCII 码,扩充的 ASCII 码用 8 位二进制数编码,共可以表示 $256(2^8 = 256)$ 个符号,其中范围在 00000000~01111111 之间的编码,所对应的符号与标准 ASCII 码相同,而范围在 10000000~11111111 之间的编码定义了另外 128 个图形符号。

1.3 逻辑代数基础

1.3.1 逻辑代数中的三种基本运算

数字电路中所用的数学工具是逻辑代数(又称布尔代数),逻辑代数是按一定的逻辑规律进行运算的代数,逻辑代数中的变量(逻辑变量)只有两个值(0 和 1),没有其他值。0 和 1 并不表示数量的大小,而是表示两个对立的逻辑状态。

在逻辑代数中有三种基本运算:与运算、或运算、非运算。

1. 与运算

实际生活中与逻辑关系的例子很多,例如在图 1-2 所示电路中,电源 U_s 通过两个开关给灯泡供电,只有当两个开关全部闭合时,灯泡才会亮;若有其中一个或两个开关断开,灯泡都不会亮。电路的功能见表 1-6。从这个电路可以总结出这样的逻辑关系:"只有当决定一个事件的几个条件全部具备时,这个事件才会发生"。这种逻辑关系称为与逻辑。

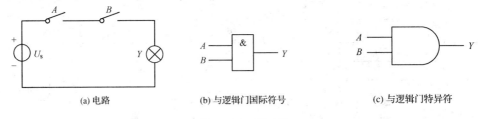

图 1-2　与逻辑运算

(a)电路　　　　　(b)与逻辑门国际符号　　　　　(c)与逻辑门特异符

若用二值逻辑 0 和 1 来表示与逻辑关系,把开关和灯分别用字母 A、B 和 Y 表示,并用 0 表示开关断开和灯灭,用 1 表示开关闭合和灯亮,这种用字母表示开关和灯的过程称为设定变量,用二进制数码 0 和 1 表示开关和灯有关状态的过程称为状态赋值,经过状态赋值得到的反映开关状态和电灯亮灭之间逻辑关系的表格称为真值表,见表 1-7。

表 1-6　　　　　图 1-2(a)所示电路功能表

开关 A	开关 B	灯 Y
断开	断开	灭
断开	闭合	灭
闭合	断开	灭
闭合	闭合	亮

表 1-7　　　　　　　与逻辑关系真值表

A	B	Y
0	0	0
0	1	0
1	0	0
1	1	1

若用逻辑函数表达式来描述上面的关系,则可写为

$$Y = A \cdot B$$

式中"·"表示 A 和 B 的与运算,读作"与",也称为逻辑乘,一般情况下将"·"省略,写为:

$$Y = AB。$$

2. 或运算

或运算的例子在实际生活中也很多,在图 1-3 所示电路中,当两个开关中至少有一个闭合时,灯泡就会亮。由此可以总结出这样一种逻辑关系:"当决定一个事件的几个条件中只要有一个条件满足,这个事件就会发生"。这种逻辑关系称为或逻辑。

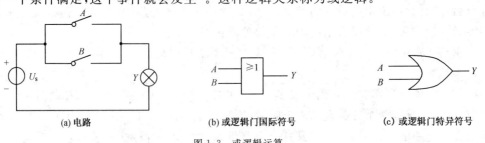

(a)电路　　　　　　　　(b)或逻辑门国际符号　　　　　　(c)或逻辑门特异符号

图 1-3　或逻辑运算

或运算的表达式为

$$Y = A + B$$

式中"+"表示 A 和 B 的或运算,读作"或",也称为逻辑加。或逻辑运算的真值表见表 1-8。

表 1-8　　　　　或逻辑关系真值表

A	B	Y
0	0	0
0	1	1
1	0	1
1	1	1

3. 非运算

如图 1-4 所示电路中,当开关闭合时,灯泡不亮;开关断开时,灯泡才会亮。由此可得其逻辑关系为:"当决定一个事件的条件具备时,该事件不会发生,当决定事件的条件不具备时,该事件发生。"这种逻辑关系称为非逻辑。非逻辑表达式为

$$Y = \overline{A}$$

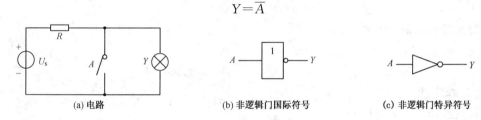

(a) 电路　　　　　　　　(b) 非逻辑门国际符号　　　　　　　(c) 非逻辑门特异符号

图 1-4　非逻辑运算

式中字母上方的"－"表示非运算,读作"非"或"反"。

非逻辑运算的真值表见表 1-9。

表 1-9　　　非逻辑关系真值表

A	Y
0	1
1	0

上述与逻辑和或逻辑运算可以推广到多变量的情况:

$$Y = A \cdot B \cdot C \cdot \cdots$$
$$Y = A + B + C + \cdots$$

4. 复合逻辑运算

与、或、非是逻辑代数中的三种基本逻辑运算,实际逻辑问题往往比较复杂,但都可以通过这三种基本逻辑运算组合而成。常见的复合逻辑运算有:与非运算、或非运算、异或运算、同或运算以及与或非运算。其逻辑表达式、逻辑符号见表 1-10 所示。

表 1-10   几种常见的复合逻辑运算

逻辑关系	与非	或非	异或	同或	与或非
逻辑表达式	$Y=\overline{A \cdot B}$	$Y=\overline{A+B}$	$Y=\overline{A}B+A\overline{B}$ $=A \oplus B$	$Y=\overline{A}\,\overline{B}+AB$ $=A \odot B$	$Y=\overline{AB+CD}$
逻辑符号					

1.3.2 逻辑代数的基本公式

1. 基本公式

(1)常量之间的关系

$$0 \cdot 0 = 0 \qquad\qquad 1+1=1$$
$$0 \cdot 1 = 0 \qquad\qquad 1+0=1$$
$$1 \cdot 1 = 1 \qquad\qquad 0+0=0$$
$$\overline{0}=1 \qquad\qquad \overline{1}=0$$

(2)变量和常量的关系

$$A \cdot 0 = 0 \qquad\qquad A+1=1$$
$$A \cdot 1 = A \qquad\qquad A+0=A$$

2. 基本定理

(1)交换律：$A+B=B+A$

(2)结合律：$(A+B)+C=A+(B+C)$ $(A \cdot B) \cdot C=A \cdot (B \cdot C)$

(3)分配律：$A+BC=(A+B)(A+C)$ $A \cdot (B+C)=A \cdot B+A \cdot C$

(4)互补律：$A \cdot \overline{A}=0$ $A+\overline{A}=1$

(5)同一律：$A+A=A$ $A \cdot A=A$

(6)反演律(又称摩根定律)：$\overline{A+B}=\overline{A} \cdot \overline{B}$ $\overline{A \cdot B}=\overline{A}+\overline{B}$

$$\overline{A_1+A_2+A_3+\cdots+A_n}=\overline{A_1} \cdot \overline{A_2} \cdot \overline{A_3} \cdot \cdots \cdot \overline{A_n}$$

$$\overline{A_1 \cdot A_2 \cdot A_3 \cdot \cdots \cdot A_n}=\overline{A_1}+\overline{A_2}+\overline{A_3}+\cdots+\overline{A_n}$$

(7)还原率：$\overline{\overline{A}}=A$

3. 常用等式

(1)$A+AB=A$

证明：$A+AB=A(1+B)=A \cdot 1=A$

(2)$A+\overline{A}B=A+B$

证明：$A+B=(A+B)(A+\overline{A})=A \cdot A+A \cdot \overline{A}+A \cdot B+\overline{A} \cdot B=A+\overline{A}B$

(3)$AB+A\overline{B}=A$

证明：$AB+A\overline{B}=A(B+\overline{B})=A$

(4)$A(A+B)=A$

证明：$A(A+B)=AA+AB=A+AB=A$

(5)$AB+\overline{A}C+BC=AB+\overline{A}C$

证明：$AB+\overline{A}C+BC=AB+\overline{A}C+(A+\overline{A})BC=AB+\overline{A}C+ABC+\overline{A}BC$
$$=AB(1+C)+\overline{A}C(1+B)=AB+\overline{A}C$$

4. 有关异或运算的一些等式

(1)交换律：$A\oplus B=B\oplus A$

(2)结合律：$(A\oplus B)\oplus C=A\oplus(B\oplus C)$

(3)分配律：$A(B\oplus C)=(AB)\oplus(AC)$

(4)常量和变量的异或运算：
$$A\oplus 1=\overline{A} \qquad A\oplus 0=A$$
$$A\oplus A=0 \qquad A\oplus\overline{A}=1$$

(5)因果互换律：如果 $A\oplus B=C$，则有 $A\oplus C=B,B\oplus C=A$

证明：把 $A\oplus B=C$ 两边同时异或 B 可得
$$A\oplus B\oplus B=C\oplus B$$
$$A\oplus 0=C\oplus B$$
$$A=C\oplus B$$

同理，把 $A\oplus B=C$ 两边同时异或 A 可得 $A\oplus C=B$

1.3.3 逻辑代数的基本定理

逻辑代数有四个重要的定理，即代入定理、反演定理、对偶定理和展开定理。

1. 代入定理

任何一个含有变量 A 的等式，如果将所有出现 A 的地方都代之以逻辑函数 F，等式仍然成立，这就是代入定理。

【例1-13】 已知 $A(B+C)=AB+AC$。应用代入定理，将函数 $F=C+D$ 代入等式中的某个变量后，证明等式仍然成立。

证明：将变量 C 用函数 $F=C+D$ 代替得

等式左边 $=A[B+(C+D)]=AB+AC+AD$

等式右边 $=AB+A(C+D)=AB+AC+AD$

等式左边＝等式右边，等式仍然成立。

【例1-14】 已知 $\overline{AB}=\overline{A}+\overline{B}$。应用代入定理，用函数 $F=BC$ 代替 B，则有

等式左边 $=\overline{A(BC)}=\overline{ABC}=\overline{A}+\overline{B}+\overline{C}$

等式右边 $=\overline{A}+\overline{BC}=\overline{A}+\overline{B}+\overline{C}$

等式左边＝等式右边，等式仍然成立

2. 反演定理（香农定理）

将任一逻辑函数 F 表达式中的所有"·"号变成"＋"号，"＋"号变成"·"号，1变成0，0变成1，将原变量变为反变量，反变量变为原变量，并保持运算顺序不变，就可求得逻辑函数 F 的反函数 $\overline{F}$，这就是反演定理。

应用反演定理可以很容易求得任意逻辑函数的反函数。但是，在使用反演定理时必须

遵守以下规则：

(1)保持原函数的运算顺序不变,仍然遵守"先括号,然后乘,最后加"的原则。

(2)不属于单个变量上的反号应保留不变。

【例1-15】 求下列逻辑函数的反函数。

$$F_1 = A[\overline{B} + (C\overline{D} + \overline{E}G)]$$
$$F_2 = \overline{AB + \overline{CD}} + AB\overline{C}$$

解： $\overline{F_1} = \overline{A} + B(\overline{C} + D)(E + \overline{G})$

$\overline{F_2} = \overline{\overline{(\overline{A} + \overline{B})} + \overline{\overline{C} + \overline{D}}} \cdot (\overline{A} + \overline{B} + C)$

3. 对偶定理

将任一逻辑函数 F 表达式中的所有"·"号变成"+"号,"+"号变成"·"号,1 变成 0,0 变成 1,保持变量和运算顺序不变,就得到一个新的逻辑函数 F',这个新的逻辑函数 F' 称为逻辑函数 F 的对偶式。

对偶定理:如果两个逻辑函数相等,则它们各自的对偶式也相等。

【例1-16】 已知 $AB + A\overline{B}C = AB + AC$,证明其对偶式 $(A+B)(A+\overline{B}+C) = (A+B)(A+C)$ 也相等。

证明： $(A+B)(A+\overline{B}+C) = A(A+\overline{B}+C) + B(A+\overline{B}+C)$

$= AA + A\overline{B} + AC + AB + B\overline{B} + BC$

$= A + A\overline{B} + AC + AB + BC = A + BC$

$= (A+B)(A+C)$

4. 展开定理

(1) $f(x_1, \cdots, x_i, \cdots, x_n) = x_i \cdot f(x_1, \cdots, 1, \cdots, x_n) + \overline{x_i} \cdot f(x_1, \cdots, 0, \cdots, x_n)$

与-或式

(2) $f(x_1, \cdots, x_i, \cdots, x_n) = [x_i + f(x_1, \cdots, 0, \cdots, x_n)] \cdot [\overline{x_i} + f(x_1, \cdots, 1, \cdots, x_n)]$

或-与式

该定理叙述如下:任何一个逻辑函数都可对它的某一个变量(x_i)展开,可展开为"与-或"形式;也可以展开为"或-与"形式。在"与-或"形式中,一个与项为 x_i 和 $x_i=1$ 的原函数相与;另一个与项为 $\overline{x_i}$ 和 $x_i=0$ 的原函数相与。在"或-与"形式中,一个或项为 x_i 和 $x_i=0$ 的原函数相或;另一个或项为 $\overline{x_i}$ 和 $x_i=1$ 的原函数相或。

证明:将 $x_i=1$ 和 $\overline{x_i}=0$ 代入展开定理式,再将 $x_i=0$ 和 $\overline{x_i}=1$ 代入展开定理式,可发现在这两种情况下上式都成立,故定理得证。

推理1

(1) $x_i \cdot f(x_1, \cdots, x_i, \cdots, x_n) = x_i \cdot f(x_1, \cdots, 1, \cdots, x_n)$

(2) $x_i + f(x_1, \cdots, x_i, \cdots, x_n) = x_i + f(x_1, \cdots, 0, \cdots, x_n)$

推理2

(1) $\overline{x_i} \cdot f(x_1, \cdots, x_i, \cdots, x_n) = \overline{x_i} \cdot f(x_1, \cdots, 0, \cdots, x_n)$

(2) $\overline{x_i} + f(x_1, \cdots, x_i, \cdots, x_n) = \overline{x_i} + f(x_1, \cdots, 1, \cdots, x_n)$

【例1-17】 求证 $A[AB + \overline{A}C + (A+D)(\overline{A}+E)] = A(B+E)$。

证明: $A[AB + \overline{A}C + (A+D)(\overline{A}+E)] = A[1 \cdot B + 0 \cdot C + (1+D)(0+E)] = A(B+0+$

$E)=A(B+E)$

【例 1-18】 求证 $\overline{A}(AB+\overline{A}C+D)=\overline{A}(C+D)$。

证明：$\overline{A}(AB+\overline{A}C+D)=\overline{A}(0 \cdot B+1 \cdot C+D)=\overline{A}(C+D)$

【例 1-19】 求证 $AB+\overline{A}C+(A+D)E+(\overline{A}+F)G=A(B+E+FG)+\overline{A}(C+DE+G)$。

证明：$AB+\overline{A}C+(A+D)E+(\overline{A}+F)G$

$$=A[1 \cdot B+0 \cdot C+(1+D)E+(0+F)G]+\overline{A}[0 \cdot B+1 \cdot C+(0+D)E+(1+F)G]$$

$$=A(B+E+FG)+\overline{A}(C+DE+G)$$

1.4 逻辑函数及其表示方法

1.4.1 逻辑函数的定义

设某一逻辑网络的输入逻辑变量为 A_1、A_2、A_3、$\cdots$、A_n，输出变量为 F，如图 1-5 所示。当 A_1、A_2、A_3、$\cdots$、A_n 的取值确定后，F 的值就唯一地被确定下来，则称 F 是 A_1、A_2、A_3、$\cdots$、A_n 的逻辑函数，即为

$$F=f(A_1,A_2,\cdots,A_n)$$

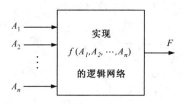

图 1-5 逻辑网络

逻辑变量和逻辑函数的取值都只能是 0 和 1，逻辑函数的取值由逻辑变量的取值和网络本身结构决定。

1.4.2 逻辑函数的两种标准形式

1. 最小项及最小项表达式

对于含有 n 个逻辑变量的逻辑函数，它一个乘积项（"与"项）中同时包含这 n 个逻辑变量，每个变量以原变量或反变量形式出现，且仅出现一次，这个乘积项称为 n 个变量逻辑函数的一个最小项。例如，对包含 3 个变量的逻辑函数 $F(A,B,C)$ 来讲，它有 8 个(2^3)最小项，分别是：$\overline{A}\,\overline{B}\,\overline{C}$、$\overline{A}\,\overline{B}C$、$\overline{A}\,B\overline{C}$、$\overline{A}BC$、$A\,\overline{B}\,\overline{C}$、$A\,\overline{B}C$、$AB\overline{C}$、$ABC$。可见，有多少个输入变量组合，就有多少个最小项。

为了叙述方便，通常用最小项编号 $m_i(0 \leqslant i \leqslant 2^n-1)$ 来表示最小项。这里 n 为输入变量的个数，下标 i 是这样确定的：当最小项的变量按一定次序排好后，用 1 代替其中的原变量，用 0 代替其中的反变量，便得到一个二进制数，该二进制数转换为十进制数即为最小项 m_i 编号的 i 值。例如，使最小项 $A\,\overline{B}C$ 取值为 1 的变量取值组合为 101，转化为十进制数为 5，故把最小项 $A\,\overline{B}C$ 记为 m_5。

从最小项的定义可知最小项有下列三个主要性质：

(1)对于任意一个最小项，只有一组变量取值组合使其值为1。

(2)任意两个最小项 m_i 和 $m_j(i \neq j)$ 之积必为0。

(3)n 变量的 2^n 个最小项之和必为1，即

$$\sum_{i=0}^{2^n-1} m_i = 1$$

所谓最小项表达式，就是由给定函数的最小项之和所组成的逻辑表达式。例如逻辑函数 $F = f(A,B) = A + \overline{B}$，其最小项表达式为

$$F = A + \overline{B} = A(B + \overline{B}) + (A + \overline{A})\overline{B}$$
$$= \overline{A}\,\overline{B} + A\overline{B} + AB$$
$$= m_0 + m_2 + m_3 = \sum m(0,2,3)$$

可以看出，只要给定的函数是"与-或"表达式，通过对该式中的所有非最小项的乘积项（"与"项）乘以其所缺变量之原变量加反变量因子，便可得到给定函数的最小项表达式。

【例 1-20】 求逻辑函数 $F = f(A,B,C) = A + \overline{B}C + ABC$ 的最小项表达式。

解：

$$F = A + \overline{B}C + ABC = A(B + \overline{B}) + (A + \overline{A})\overline{B}C + ABC$$
$$= AB + A\overline{B} + A\overline{B}C + \overline{A}\,\overline{B}C + ABC$$
$$= AB(C + \overline{C}) + A\overline{B}(C + \overline{C}) + A\overline{B}C + \overline{A}\,\overline{B}C + ABC$$
$$= ABC + AB\overline{C} + A\overline{B}C + A\overline{B}\,\overline{C} + \overline{A}\,\overline{B}C + ABC$$
$$= \overline{A}\,\overline{B}C + A\overline{B}\,\overline{C} + A\overline{B}C + AB\overline{C} + ABC$$
$$= m_1 + m_4 + m_5 + m_6 + m_7 = \sum m(1,4,5,6,7)$$

这里借用普通代数中的"$\sum$"符号表示多个最小项的或运算，圆括号内的十进制数字表示参与"或"运算的各个最小项的编号，它们就是各 m_i 的下标值。

最小项表达式有下列三个主要性质：

(1)若 m_i 是逻辑函数 $F = f(A_1, A_2, \cdots, A_n)$ 的一个最小项，则使 $m_i = 1$ 的一组变量取值必定使函数 $F = f(A_1, A_2, \cdots, A_n)$ 的值为1。

(2)若 F_1 和 F_2 都是 A_1、A_2、$\cdots$、A_n 的函数，则 $F = F_1 + F_2$ 将包含 F_1 和 F_2 中的所有最小项；$G = F_1 \cdot F_2$ 将包含 F_1 和 F_2 中的公有最小项。

(3)若 $\overline{F}$ 是 F 的反函数，则 $\overline{F}$ 必定由 F 所包含的最小项之外的全部最小项所组成。

2. 最大项及最大项表达式

对于含有 n 个逻辑变量的逻辑函数，它的一个和项（"或"项）中同时包含这 n 个逻辑变量，每个变量以原变量或反变量形式出现，且仅出现一次，这个和项称为 n 个变量逻辑函数的一个最大项。例如，对于两个变量 (A,B) 的逻辑函数，最多可以构成4个最大项，即：$(\overline{A} + \overline{B})$、$(\overline{A} + B)$、$(A + \overline{B})$、$(A + B)$。

对于 n 变量的逻辑函数，则最多可构成 2^n 个最大项。

同样，为了叙述方便，通常用最大项编号 $M_i(0 \leqslant i \leqslant 2^n - 1)$ 来表示最大项。这里 n 为输

入变量的个数,下标 i 是这样确定的:当最大项的变量按一定次序排好后,用 0 代替其中的原变量,用 1 代替其中的反变量,便得到一个二进制数,该二进制数转换为十进制数即为最大项编号 M_i 的 i 值。例如,使最大项 $\overline{A} + B + \overline{C}$ 取值为 0 的变量取值组合为 101,转化为十进制数为 5,故把最大项 $\overline{A} + B + \overline{C}$ 记为 M_5。

最大项具有下列三个主要性质:

(1)对于任意一个最大项,只有一组变量取值组合使其值为 0。

(2)任意两个最大项 M_i 和 $M_j (i \neq j)$ 之和必为 1。

(3)n 变量的所有 2^n 个最大项之积必为 0,即

$$\prod_{i=0}^{2^n-1} M_i = 0$$

所谓最大项表达式,就是由给定函数的最大项之积所组成的逻辑函数表达式。利用公式 $A + BC = (A + B)(A + C)$ 和 $A \cdot \overline{A} = 0$ 可以将逻辑函数化为最大项表达式。

【例 1-21】 将逻辑函数 $F = A\overline{C} + B\overline{C}$ 化为最大项表达式。

解: $F = A\overline{C} + B\overline{C} = (A + B)\overline{C} = (A + B + C\overline{C})(\overline{A}A + \overline{C})$

$= (A + B + C)(A + B + \overline{C})(\overline{A} + \overline{C})(A + \overline{C})$

$= (A + B + C)(A + B + \overline{C})(\overline{A} + B\overline{B} + \overline{C})(A + B\overline{B} + \overline{C})$

$= (A + B + C)(A + B + \overline{C})(\overline{A} + B + \overline{C})(\overline{A} + \overline{B} + \overline{C})(A + B + \overline{C})(A + \overline{B} + \overline{C})$

$= (A + B + C)(A + B + \overline{C})(A + \overline{B} + \overline{C})(\overline{A} + B + \overline{C})(\overline{A} + \overline{B} + \overline{C})$

$= M_0 \cdot M_1 \cdot M_3 \cdot M_5 \cdot M_7 = \prod M(0,1,3,5,7)$

【例 1-22】 将逻辑函数 $F = A + \overline{A}BC$ 化为最大项表达式。

解: $F = A + \overline{A}BC = (A + \overline{A})(A + BC) = (A + B)(A + C)$

$= (A + B + C\overline{C})(A + B\overline{B} + C)$

$= (A + B + C)(A + B + \overline{C})(A + B + C)(A + \overline{B} + C)$

$= (A + B + C)(A + B + \overline{C})(A + \overline{B} + C) = M_0 \cdot M_1 \cdot M_2 = \prod M(0,1,2)$

1.4.3　逻辑函数的表示方法

表示逻辑函数的方法有五种:逻辑表达式、真值表、卡诺图、逻辑图和波形图。这与普通代数中用公式、表格和图形表示一个函数相类似,下面分别说明这五种方法。

1. 逻辑表达式

逻辑表达式是由变量和"与""或""非"三种运算符号所构成的式子,这是一种用公式表示逻辑函数的方法。若要表示这样的一个函数关系:当两个逻辑变量(A 和 B)取值不相同时,逻辑函数的取值为 1;否则,逻辑函数的取值为 0。可以用下列逻辑表达式表示:

$$F = f(A, B) = \overline{A}B + A\overline{B}$$

2. 真值表

真值表是由逻辑变量的所有可能取值组合以及其对应的逻辑函数值所构成的表格。这是一种用表格表示逻辑函数的方法。对于逻辑函数表达式 $F = f(A, B) = \overline{A}B + A\overline{B}$ 所描述的逻辑函数,可以用表 1-11 所示的真值表表示。

表 1-11　　函数 $F=\overline{A}B+A\overline{B}$ 真值表

A	B	F
0	0	0
0	1	1
1	0	1
1	1	0

表中列出了两个逻辑变量(A 和 B)的所有可能的取值组合($00,01,10,11$),并列出了与它们相对应的逻辑函数(F)的值。由表 1-11 可以得出,当 $A=B$ 时,$F=0$;当 $A\neq B$ 时,$F=1$。

上述真值表中的变量为两个,共有 2^2 种组合,故该表由 4 行组成。当逻辑函数的变量为 n 个时,有 2^n 种组合,真值表就由 2^n 行组成。

由真值表可以写出逻辑函数表达式,其规则是:将逻辑函数取值为 1 的项所对应的自变量取值组合找出来,自变量取值为 1 时用原变量表示,自变量取值为 0 时用反变量表示。逻辑函数取值为 1 的一项对应自变量的取值组合写为一个乘积项,再将所有这些乘积项加起来即得逻辑函数表达式。例如表 1-11 中,逻辑函数取值为 1 的有两项,对应的自变量取值组合分别为 0、1 和 1、0,自变量取值组合 0、1 写出的乘积项为 $\overline{A}B$,自变量取值组合 1、0 写出的乘积项为 $A\overline{B}$,则逻辑函数表达式为 $F=\overline{A}B+A\overline{B}$。

3. 卡诺图

逻辑相邻性:对于一个逻辑函数的两个最小项,如果这两个最小项只有一个变量互反,其他变量都相同,则称这两个最小项是逻辑上相邻的最小项。

卡诺图:对于一个 n 变量的逻辑函数,有 2^n 个最小项,我们可以画出 2^n 个小方格,每一个小方格代表一个最小项,让逻辑上相邻的最小项在位置上相邻或对称(轴对称),这样得到的一张含有 2^n 个小方格的图就是卡诺图。

卡诺图是由表示逻辑变量的所有可能组合的小方格所构成的图形,如图 1-6 所示,图中分别表示了两变量、三变量的卡诺图。

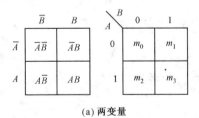

(a) 两变量

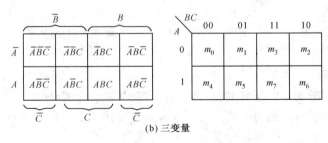

(b) 三变量

图 1-6　卡诺图

图 1-6(a)为两变量 A、B 的卡诺图,它由横向和竖向各两行组成,横向两行分别为 $\overline{A}$ 和 A,竖向两行分别为 $\overline{B}$ 和 B,从而得到如图所示的四个小方格,它们分别是 $\overline{A}\overline{B}$、$\overline{A}B$、$A\overline{B}$、AB 四种变量组合。图 1-6(b)为三变量 A、B、C 的卡诺图,它由八个小方格组成,分别表示三个变量可能有的八种组合: $\overline{A}\overline{B}\overline{C}$、$\overline{A}\overline{B}C$、$\overline{A}BC$、$\overline{A}B\overline{C}$、$A\overline{B}\overline{C}$、$A\overline{B}C$、$ABC$、$AB\overline{C}$。

(1)变量卡诺图的画法

变量卡诺图一般都画成正方形或矩形。对于 n 个变量,图中分割出的小方格应有 2^n 个,每一个小方格对应于一个最小项。再把变量分为两组,每组变量的取值顺序按格雷码排列,以保证每个最小项对应的小方格在位置上相邻或对称。格雷码可以由纯二进制码推导出来,例如 3 位二进制码 $B=B_2B_1B_0$,用公式 $G_i=B_{i+1} \oplus B_i$ 可以求出其对应的 3 位格雷码为 $G=G_2G_1G_0$。其中 $G_0=B_1 \oplus B_0$、$G_1=B_2 \oplus B_1$、$G_2=B_3 \oplus B_2$,由于无 B_3,即 $B_3=0$,故 $G_2=B_3 \oplus B_2=0 \oplus B_2=B_2$

(2)变量卡诺图中最小项合并的规律

在变量卡诺图中,凡是逻辑上相邻的最小项均可合并,合并时可以消去有关变量。两个相邻最小项合并成一项时可以消去一个变量,4 个最小项合并成一项时可以消去两个变量,8 个最小项合并成一项时可以消去三个变量,以此类推,2^n 个最小项合并成一项时可以消去 n 个变量。图 1-7 分别画出了 2 个最小项、4 个最小项、8 个最小项合并成一项的情况。

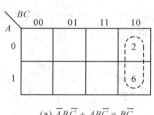

(a) $\overline{A}B\overline{C} + AB\overline{C} = B\overline{C}$

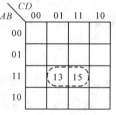

(b) $AB\overline{C}D + ABCD = ABD$

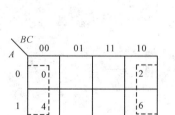

(c) $\overline{A}\overline{B}\overline{C} + \overline{A}B\overline{C} + A\overline{B}\overline{C} + AB\overline{C} = \overline{C}$

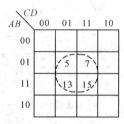

(d) $\overline{A}B\overline{C}D + \overline{A}BCD + AB\overline{C}D + ABCD = BD$

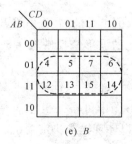

(e) B

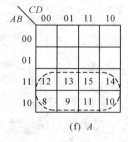

(f) A

图 1-7　最小项的合并

（3）逻辑函数的卡诺图

画出逻辑函数变量的卡诺图，在逻辑函数包含的最小项对应的小方格上填 1，剩下的小方格上填 0 或不填，所得的就是逻辑函数的卡诺图。

在逻辑函数的与或表达式中，每一个乘积项都是由若干最小项构成的，该乘积项就是这些最小项的公因子。所以，有了逻辑函数的与或表达式后，画逻辑函数的卡诺图时，可以将逻辑函数直接移植到卡诺图上，而不必求出逻辑函数的标准与或式，即最小项表达式。图 1-8 所示为逻辑函数的卡诺图。

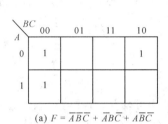

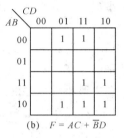

(a) $F = \overline{A}B\overline{C} + \overline{A}B\overline{C} + A\overline{B}\overline{C}$ (b) $F = AC + \overline{B}D$

图 1-8 逻辑函数的卡诺图

逻辑函数卡诺图最突出的优点就是用几何位置的相邻或对称，形象地表示出构成函数的各个最小项在逻辑上的相邻性，因此可以用来化简逻辑函数。

逻辑函数的卡诺图的最大缺点就是当逻辑函数变量多于六个时，不仅画起来十分麻烦，而且逻辑上相邻的小方格不再容易找全，其优点就不复存在了。

4. 逻辑图

将逻辑函数中各变量之间的与、或、非等逻辑关系用图形符号表示出来，就可以画出表示逻辑关系的逻辑图。逻辑图是用逻辑电路符号表示逻辑关系的图形。逻辑函数表达式 $F = \overline{A}\overline{B} + AB$ 的逻辑图如图 1-9 所示。

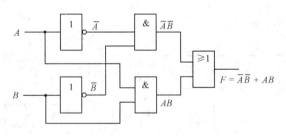

图 1-9 逻辑图

5. 波形图

波形图也称时序图，它是由输入变量的所有可能取值组合的高、低电平及其对应的输出变量的高、低电平构成的图形。它是用变量随时间变化的波形来反映输入输出间对应关系的一种图形表示法。

画波形图时需注意，横坐标是时间轴，纵坐标是变量取值（高、低电平或二进制数码 1 和 0），由于时间轴相同，变量取值又十分简单，所以在波形图中可略去坐标轴。画波形图时需注意，务必使输入输出变量的波形在时间上对应起来，以体现输入决定输出。逻辑函数 $F = \overline{A}\overline{B} + AB$ 的波形图如图 1-10 所示。

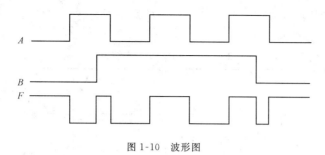

图 1-10　波形图

1.4.4　逻辑函数形式间的相互变换

1. 逻辑函数三种表示法的关系

逻辑表达式、真值表、卡诺图是表示逻辑函数的三种方法,它们之间的关系如下:

(1)逻辑函数表达式与真值表

最小项表达式与真值表的关系如图 1-11 所示。

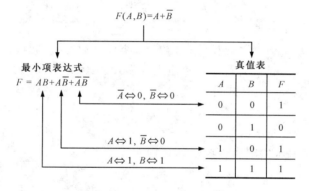

图 1-11　最小项与真值表的关系

不难看出,最小项表达式中的各个最小项与真值表中 $F=1$ 的各行变量取值一一对应。具体地说,将真值表中 $F=1$ 的每一行中变量取值为 0 的用反变量表示,变量取值为 1 的用原变量表示,然后与起来就得到一个最小项,将逻辑函数取值为 1 的最小项加起来就得到逻辑函数的最小项表达式。

类似地,最大项表达式中的最大项将与真值表中 $F=0$ 的各行变量取值一一对应。其对应关系与上述相反,即 0 对应原变量,1 对应反变量,如图 1-12 所示。

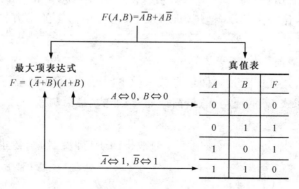

图 1-12　最大项与真值表的关系

【例1-23】 求逻辑函数 $F=AB+\overline{A}BC+AC$ 最小项表达式和最大项表达式。

解：列出逻辑函数的真值表，见表1-12。

表1-12　　　　　　　　$F=AB+\overline{A}BC+AC$ 真值表

A	B	C	F
0	0	0	0
0	0	1	0
0	1	0	0
0	1	1	1
1	0	0	0
1	0	1	1
1	1	0	1
1	1	1	1

从真值表找出 $F=1$ 的各行自变量取值组合为：011、101、110、111。0用反变量表示，1用原变量表示，写出最小项表达式为

$$F=\overline{A}BC+A\overline{B}C+AB\overline{C}+ABC$$

从真值表找出 $F=0$ 的各行自变量取值组合为：000、001、010、100。0用原变量表示，1用反变量表示，写出最大项表达式为

$$F=(A+B+C)(A+B+\overline{C})(A+\overline{B}+C)(\overline{A}+B+C)$$

（2）逻辑函数表达式与卡诺图

逻辑函数表达式与卡诺图的关系如图1-13所示。

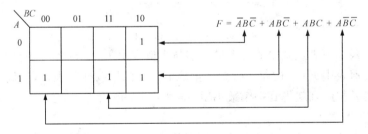

图1-13　逻辑函数表达式与卡诺图的关系

由图1-13可以看出，把与逻辑函数表达式中的最小项对应的卡诺图中的小方格填上1，即得逻辑函数的卡诺图。相反，把逻辑函数的卡诺图中标1的小方格对应的最小项加起来即为逻辑函数表达式。

（3）逻辑函数的最简表达式

按照逻辑函数表达式中变量之间运算关系的不同，逻辑函数的最简表达式分为：最简与或式、最简与非-与非式、最简或与式、最简或非-或非式、最简与或非式。

①最简与或式

乘积项的个数最少，每个乘积项中包含的乘积因子（即变量）个数也最少的与或表达式称为最简与或式。

例如：
$$F=AB+\overline{A}C+BC+BCD=AB+\overline{A}C+BC=AB+\overline{A}C$$

逻辑函数的 3 个与或表达式中，式 $F=AB+\overline{A}C$ 是最简与或式。

②最简与非-与非式

非号最少，每个非号下面相乘的变量个数也最少的与非-与非式，称为最简与非-与非表达式。注意，单个变量上面的非号不算，因为已将其当成反变量。

在最简与或表达式的基础上，两次取反，再用摩根定理去掉下面的反号，便可得到函数的最简与非-与非式。

【例 1-24】 写出函数 $F=AB+\overline{A}C$ 的最简与非-与非式。

解：$F=\overline{\overline{AB+\overline{A}C}}=\overline{\overline{AB}\cdot\overline{\overline{A}C}}$

③最简或与式

或项（即括号）个数最少，每个或项（括号）中相加的变量的个数也最少的或与式，称为最简或与式。

在反函数最简与或表达式的基础上取反，再用摩根定理去掉反号，便可得到函数的最简或与表达式。当然，在最简与或式的基础上，可以利用公式 $A+BC=(A+B)(A+C)$ 得到最简或与式。

【例 1-25】 写出函数 $F=AB+\overline{A}C$ 的最简或与式。

解：
$$\overline{F}=(\overline{A}+\overline{B})(A+\overline{C})=\overline{A}\overline{C}+A\overline{B}$$
$$F=\overline{\overline{F}}=\overline{\overline{A}\overline{C}+A\overline{B}}=\overline{\overline{A}\overline{C}}\cdot\overline{A\overline{B}}=(A+C)(\overline{A}+B)$$

④最简或非-或非式

非号个数最少，非号下面相加的变量的个数也最少的或非-或非式，称为最简或非-或非式。

在最简或与式的基础上，两次取反，再用摩根定理去掉下面的反号，所得到的便是函数的最简或非-或非式。

【例 1-26】 写出函数 $F=AB+\overline{A}C$ 的最简或非-或非式。

解：
$$F=AB+\overline{A}C=(A+C)(\overline{A}+B)=\overline{\overline{(A+C)(\overline{A}+B)}}=\overline{\overline{A+C}+\overline{\overline{A}+B}}$$

⑤最简与或非式

在非号下面相加的乘积项的个数最少，每个乘积项中相乘的变量个数也最少的与或非式，称为最简与或非式。

在最简或非-或非式的基础上，用摩根定理去掉大反号下面的小反号，便可得到函数的最简与或非表达式。当然，在反函数最简与或式基础上，直接取反也可以得到最简与或非式。

【例 1-27】 写出函数 $F=AB+\overline{A}C$ 的最简与或非式。

解：
$$F=AB+\overline{A}C=\overline{\overline{A+C}+\overline{\overline{A}+B}}=\overline{\overline{A}\overline{C}+A\overline{B}}$$

从上述各种最简式的介绍中，可以看出，只要得到了函数的最简与或式，再用摩根定理进行适当的变换,就可以得到其他几种类型的最简式。因此,后面要介绍的公式化简法和卡诺图化简法,都是讨论如何在与或式的基础上,获得最简与或表达式。

1.5 逻辑函数的化简方法

从真值表可以写出逻辑函数的两种标准表达式,但它们通常不是最简化形式。在工程上,总是希望用最少的门电路及其连线来实现同样的逻辑功能。一方面,这样的电路结构最简单,成本最低;另一方面,简单的电路结构又意味着更高的速度和更好的性能。因此,在根据真值表或文字描述写出逻辑函数的标准表达式之后,还需要采用某些措施对标准表达式进行逻辑化简,得到最简表达式。

所谓最简表达式就是指包含最少数量的项,并且每个项包含逻辑变量最少的逻辑函数表达式,最简表达式通常用最简与或式和最简或与式两种形式。

常用的逻辑函数化简方法有:公式化简法和卡诺图化简法。

1.5.1 公式化简法

公式化简法就是利用逻辑代数的基本公式和定理,消去逻辑函数表达式中多余的乘积项和每个乘积项中多余的因子,以求得逻辑函数的最简形式。经常使用的方法可以归纳如下:

1. 并项法

利用公式 $AB+A\overline{B}=A$ 可以将两项合并为一项,消去 B 和 $\overline{B}$ 这一对因子。

【例 1-28】 用并项法化简下列逻辑函数:
$$F_1=A\overline{B}+ACD+\overline{A}\,\overline{B}+\overline{A}CD$$
$$F_2=A\overline{\overline{B}CD}+A\overline{B}CD$$

解:
$$F_1=A\overline{B}+ACD+\overline{A}\,\overline{B}+\overline{A}CD=(A+\overline{A})\overline{B}+(A+\overline{A})CD=\overline{B}+CD$$
$$F_2=A\overline{\overline{B}CD}+A\overline{B}CD=A(\overline{\overline{B}CD}+\overline{B}CD)=A$$

2. 吸收法

利用公式 $A+AB=A$ 可将 AB 项消去。

【例 1-29】 利用吸收法化简下列逻辑函数:
$$F_1=AB+AB\overline{C}+ABD+AB(\overline{C}+\overline{D}) \quad F_2=(\overline{A}\,\overline{B}+C)ABD+AD$$

解:
$$F_1=AB+AB\overline{C}+ABD+AB(\overline{C}+\overline{D})=AB+AB[\overline{C}+D+(\overline{C}+\overline{D})]=AB$$
$$F_2=(\overline{A}\,\overline{B}+C)ABD+AD=AD+AD[(\overline{A}\,\overline{B}+C)B]=AD$$

3. 消项法

利用公式 $AB+\overline{A}C+BC=AB+\overline{A}C$ 或公式 $AB+\overline{A}C+BCD=AB+\overline{A}C$ 将 BC 或 BCD 消去。

【例 1-30】 利用消项法化简下列逻辑函数:
$$F_1=AC+A\overline{B}+\overline{B+C}$$

$$F_2 = A\overline{B}C\overline{D} + \overline{A}\,\overline{B}E + \overline{A}C\,\overline{D}E$$

解：

$$F_1 = AC + A\overline{B} + \overline{B} + \overline{C} = AC + A\overline{B} + \overline{B}\,\overline{C} = AC + \overline{B}\,\overline{C}$$

$$F_2 = A\overline{B}C\overline{D} + \overline{A}\,\overline{B}E + \overline{A}C\,\overline{D}E = (A\overline{B})C\overline{D} + (\overline{A}\,\overline{B})E + (C\overline{D})E\overline{A} = A\overline{B}C\overline{D} + \overline{A}\,\overline{B}E$$

4. 消因子法

利用公式 $A + \overline{A}B = A + B$ 可将 $\overline{A}B$ 中的因子 $\overline{A}$ 消去。

【例 1-31】 利用消因子法化简下列逻辑函数：

$$F_1 = A\overline{B} + ABC$$
$$F_2 = A\overline{B} + B + \overline{A}B$$

解：

$$F_1 = A\overline{B} + ABC = A(\overline{B} + BC) = A\overline{B} + AC$$
$$F_2 = A\overline{B} + B + \overline{A}B = A + B$$

5. 配项法

（1）根据公式 $A + \overline{A} = 1$，可以在函数表达式中的某一项上乘以 $(A + \overline{A})$，然后拆成两项分别与其他项合并，有时可以得到更简单的化简结果。

【例 1-32】 化简逻辑函数 $F = A\overline{B} + \overline{A}B + B\overline{C} + \overline{B}C$。

解：利用公式 $A + \overline{A} = 1$，可将逻辑函数写为

$$\begin{aligned}
F &= A\overline{B} + \overline{A}B(C + \overline{C}) + B\overline{C} + (A + \overline{A})\overline{B}C \\
&= A\overline{B} + \overline{A}BC + \overline{A}B\overline{C} + B\overline{C} + A\overline{B}C + \overline{A}\,\overline{B}C \\
&= (A\overline{B} + A\overline{B}C) + (\overline{A}B\overline{C} + B\overline{C}) + (\overline{A}BC + \overline{A}\,\overline{B}C) \\
&= A\overline{B} + B\overline{C} + \overline{A}C
\end{aligned}$$

（2）利用公式 $AB + \overline{A}C + BC = AB + \overline{A}C$，在函数与或表达式中增加多余项 BC，以消去更多的乘积项，从而获得最简与或式。

【例 1-33】 化简逻辑函数 $F = A\overline{C} + \overline{B}C + \overline{A}C + B\overline{C}$。

解：在函数式中，可根据 $\overline{A}C + B\overline{C} = \overline{A}C + B\overline{C} + \overline{A}B$，加上乘积项 $\overline{A}B$，便可消去 $\overline{A}C$ 和 $B\overline{C}$。

$$\begin{aligned}
F &= A\overline{C} + \overline{B}C + \overline{A}C + B\overline{C} \\
&= A\overline{C} + \overline{B}C + \overline{A}C + B\overline{C} + \overline{A}B \\
&= A\overline{C} + \overline{A}B + \overline{B}C + \overline{A}C + B\overline{C} \\
&= A\overline{C} + \overline{A}B + \overline{B}C
\end{aligned}$$

实际解题时，常常需要综合应用上述各种方法，才能得到函数的最简与或表达式。能否较快获得满意结果，与对公式、定理的熟悉程度和运用技巧有关。

【例 1-34】 化简逻辑函数 $F = AC + \overline{B}C + B\overline{D} + C\overline{D} + A(B + \overline{C}) + \overline{A}BC\overline{D} + A\overline{B}DE$。

解：

$$\begin{aligned}
F &= AC + \overline{B}C + B\overline{D} + C\overline{D} + A(B + \overline{C}) + \overline{A}BC\overline{D} + A\overline{B}DE \\
&= AC + \overline{B}C + B\overline{D} + \overline{C}\,\overline{D} + A(\overline{\overline{B}C}) + \overline{A}BC\overline{D} + A\overline{B}DE \\
&= AC + \overline{B}C + B\overline{D} + C\overline{D} + A(\overline{\overline{B}C}) + A\overline{B}DE \\
&= AC + \overline{B}C + B\overline{D} + C\overline{D} + \overline{A} + A\overline{B}DE \\
&= A + \overline{B}C + B\overline{D} + C\overline{D} = A + \overline{B}C + B\overline{D}
\end{aligned}$$

【例 1-35】 化简逻辑函数 $F=AD+A\overline{D}+AB+\overline{A}C+BD+ACEF+\overline{B}EF+DEFG$。

解：

$$
\begin{aligned}
F &= AD+A\overline{D}+AB+\overline{A}C+BD+ACEF+\overline{B}EF+DEFG \\
&= A(D+\overline{D})+AB+\overline{A}C+ACEF+BD+\overline{B}EF+DEFG \\
&= A+AB+\overline{A}C+ACEF+BD+\overline{B}EF \\
&= A+C+BD+\overline{B}EF
\end{aligned}
$$

【例 1-36】 化简逻辑函数 $F=\overline{\overline{AC}+\overline{A}BC+\overline{BC}}+AB\overline{C}$。

解：

$$
\begin{aligned}
F &= \overline{\overline{AC}+\overline{A}BC+\overline{BC}}+AB\overline{C} \\
&= \overline{\overline{C}(A+\overline{A}B)+\overline{BC}}+AB\overline{C} \\
&= \overline{\overline{AC}+\overline{BC}+\overline{BC}}+AB\overline{C} \\
&= \overline{\overline{AC}+\overline{C}}+AB\overline{C} \\
&= \overline{\overline{C}}+AB\overline{C}=\overline{C}
\end{aligned}
$$

【例 1-37】 化简逻辑函数 $F=A(A+B)(\overline{A}+C)(B+D)(\overline{A}+C+E+F)(\overline{B}+F)(D+E+F)$。

解：方法 1

$$
\begin{aligned}
F &= A(A+B)(\overline{A}+C)(B+D)(\overline{A}+C+E+F)(\overline{B}+F)(D+E+F) \\
&= A(\overline{A}+C)(B+D)(\overline{A}+C+E+F)(\overline{B}+F)(D+E+F) \\
&= A(\overline{A}+C)(B+D)(\overline{B}+F)(D+E+F) \\
&= A(\overline{A}+C)(B+D)(\overline{B}+F)=AC(B+D)(\overline{B}+F)
\end{aligned}
$$

方法 2：

先求 $F=A(A+B)(\overline{A}+C)(B+D)(\overline{A}+C+E+F)(\overline{B}+F)(D+E+F)$ 的对偶式 F'，并将其化简。即

$$
\begin{aligned}
F' &= A+AB+\overline{A}C+BD+\overline{A}CEF+\overline{B}F+DEF \\
&= A+\overline{A}C+BD+\overline{B}F+DEF \\
&= A+\overline{A}C+BD+\overline{B}F \\
&= A+C+BD+\overline{B}F
\end{aligned}
$$

将化简后的 F' 再求一次对偶，得 F。

$$
F=(F')'=AC(B+D)(\overline{B}+F)
$$

1.5.2 卡诺图化简法

由于卡诺图中几何位置相邻或对称的最小项具有逻辑相邻性，而逻辑函数化简的实质就是合并逻辑相邻的最小项，也就是说，在卡诺图上可以将位置相邻或对称的最小项圈在一起合并，以减少乘积项或乘积因子，达到化简逻辑函数的目的。

1. 卡诺图化简逻辑函数的步骤

（1）画出逻辑函数的卡诺图

画出逻辑函数的卡诺图就是在卡诺图中将逻辑函数包含的最小项对应的小方格内填上 1，其余的填上 0（0 也可以不填）。

（2）合并位置相邻或对称的最小项

将位置相邻或对称的填 1 的小方格圈在一起进行合并，保留相同的变量，消去不同的变

量。每圈一个圈,就得到一个乘积项(与项)。

(3)与项相加

将所有的与项相加,即可得到函数的最简与或表达式。

以上步骤中,第一步是基础,第二步是难点,为了正确化简逻辑函数,圈出逻辑相邻的标1的小方格最关键。

2.圈标 1 的小方格的注意事项

(1)每个圈中包含的 1 的个数必须是 2^n 个,n 为自然数。即每个圈中包含的 1 的个数为1、2、4、8、16……

(2)圈的个数越少越好,圈越少,与项越少。

(3)圈越大越好,圈越大,包含 1 的个数越多,消去的变量就越多,与项中的变量就越少。

(4)每个 1 都可以被重复圈,但每个圈中必须最少包含一个从来没有被其他的圈圈过的1,即每个圈中最少包含一个自己独有的 1。

(5)将所有的 1 全部圈完,不能有剩余的 1,一个 1 如果没有和其位置相邻或对称的 1,则单独构成一个圈。

(6)对于一个圈,既可以为 0,又可以为 1 的变量将被消去,在乘积项中不会出现;取值始终不变的变量将被保留,并且在写与项时,变量取值为 0 的用反变量表示,变量取值为 1的用原变量表示,一个圈可以写出一个与项。

(7)圈 1 的办法不止一种,因此化简的结果也就不同,但它们之间可以相互转换。

【例 1-38】 用卡诺图化简逻辑函数 $F(A,B,C,D)=\sum m(0,1,3,5,6,9,11,12,13)$。

解:第一步,画出逻辑函数 F 的卡诺图如图 1-14 所示。

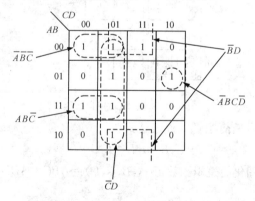

图 1-14　例 1-38 图

第二步,画圈。找出可以合并的标 1 的小方格,用圈圈起来。首先圈出不能与其他 1 格进行合并的孤立的 1 格,即 m_6。其次再圈出只能按一个方向合并的 1 格,如 m_0 和 m_1;m_{12}和 m_{13};m_1、m_5、m_{13} 和 m_9;m_1、m_3、m_9 和 m_{11},如图 1-14 所示。

第三步,直接写出逻辑函数表达式,对于一个圈,既可以为 0,又可以为 1 的变量将被消去,在乘积项中不会出现;取值始终不变的变量将被保留,并且在写与项时,变量取值为 0 的用反变量表示,变量取值为 1 的用原变量表示,于是得到该函数的最简与或式为

$$F=\overline{C}D+\overline{B}D+\overline{A}\,\overline{B}C+AB\overline{C}+\overline{A}BC\,\overline{D}$$

【例 1-39】 用卡诺图化简逻辑函数 $F(A,B,C,D)=\sum m(1,5,6,7,11,12,13,15)$。

解:画出逻辑函数卡诺图如图 1-15 所示。

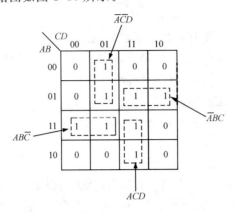

图 1-15 例 1-39 图

根据卡诺图直接写出最简逻辑函数表达式为

$$F = \overline{A}\,\overline{C}D + AB\overline{C} + \overline{A}BC + ACD$$

【例 1-40】 用卡诺图化简逻辑函数 $F(A,B,C,D) = \sum m(0,1,2,5,8,19,110,13)$。

解:画出逻辑函数卡诺图,如图 1-16 所示。

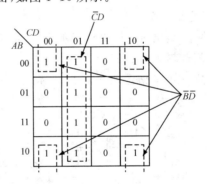

图 1-16 例 1-40 图

根据卡诺图直接写出最简逻辑函数表达式为

$$F = \overline{B}\,\overline{D} + C\,\overline{D}$$

【例 1-41】 用卡诺图化简逻辑函数 $F(A,B,C,D) = ABC + ABD + A\overline{C}D + \overline{C}\,\overline{D} + A\overline{B}C + \overline{A}C\,\overline{D}$。

解:画出逻辑函数卡诺图,如图 1-17 所示。

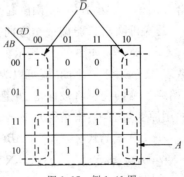

图 1-17 例 1-41 图

根据卡诺图直接写出最简逻辑函数表达式为

$$F=A+\overline{D}$$

【例 1-42】 用卡诺图将逻辑函数 $F(A,B,C,D)=\prod m(0,2,5,7,13,15)$ 化简为最简或与式。

解:首先填写逻辑函数的卡诺图,在对应每个最大项的方格中填入 0,如图 1-18 所示。

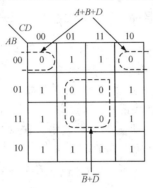

图 1-18　例 1-42 图

根据卡诺图直接写出逻辑函数的最简或与式为

$$F=(A+B+D)(\overline{B}+\overline{D})$$

1.6　具有无关项的逻辑函数的化简

1.6.1　无关项

在分析某些具体的逻辑函数时经常会遇到这样的情况,即输入变量的取值不是任意的。对输入变量取值所加的限制称为约束,同时,把这一组变量称为具有约束的一组变量。

例如,有 3 个变量 A、B、C,它们分别表示一台电动机的正转、反转和停止命令,$A=1$ 表示正转,$B=1$ 表示反转,$C=1$ 表示停止。因为电动机任何时候只能执行其中的一个命令,所以不允许两个或两个以上的变量同时为 1。A、B、C 的取值可能是 001、010、100 当中的某一种,而不是 000、011、101、110、111 中的任何一种。因此,A、B、C 是一组具有约束的变量。

通常用约束条件来描述约束的具体内容,上面例子中的约束条件可以表示为

$$\overline{A}\,\overline{B}\,\overline{C}+\overline{A}BC+A\,\overline{B}C+AB\,\overline{C}+ABC=0$$

所有允许出现的组合都将使上式成立,即满足此约束条件。

有时会遇到另一种情况,即在输入变量的某些取值下函数值可以取 1,也可以取 0,两种情况都可以,并不影响电路的功能。在这些变量取值下,其值等于 1 的那些最小项称为任意项。

在存在约束的情况下,由于约束项的值始终等于 0,所以既可以把约束项写进逻辑函数式中,也可以把约束项从函数式中删除,而不影响函数值。同样,既可以把任意项写进函数式中,也可以不写进去,因为输入变量的取值使这些任意项为 1 时,函数值是 1 还是 0 无所谓。因此,又把约束项和任意项统称为无关项。这里所说的无关是指是否把这些最小项写入逻辑函数式无关紧要,可以写入也可以删除,由无关项组成的输入组合称为 d 集。

具有无关项的逻辑函数称为非完全描述函数,而将对应于每一组输入组合下,均有指定

的 0 或 1 输出的逻辑函数称为完全描述函数。

在卡诺图中用×(或 ϕ,d)表示无关项。用卡诺图表示逻辑函数时,首先将函数化为最小项之和的形式,然后在卡诺图中将这些最小项对应的小方格填入 1,无关项对应的小方格填入×,其他位置上填入 0。在化简逻辑函数时可以根据需要将×任意当作 1 或 0 处理,有利于简化电路,降低成本。

1.6.2　无关项在逻辑函数化简中的应用

在真值表和卡诺图中,无关项所对应的函数值通常用×表示,在逻辑函数表达式中,无关项通常用 d 表示。化简具有无关项的逻辑函数时,如果能合理地利用这些无关项,一般都可以得到更加简单的化简结果。具体做法是:在公式化简中,可以根据化简的需要加上或去掉约束项。在卡诺图化简中,合并最小项时,究竟把卡诺图上的×作为 1(即认为函数式中包含了这个最小项)还是作为 0(即认为函数式中不包含这个最小项)对待,应以得到的相邻乘积项的圈最大,而且圈的数目最少为原则。

【例 1-43】 化简逻辑函数 $F(A,B,C,D)=\overline{A}\,\overline{B}CD+\overline{A}BCD+A\,\overline{B}\,\overline{C}D$。约束条件为:
$\overline{A}\,\overline{B}CD+\overline{A}B\,\overline{C}D+AB\,\overline{C}\,\overline{D}+A\,\overline{B}\,\overline{C}D+ABCD+ABC\,\overline{D}+A\,\overline{B}C\,\overline{D}=0$

解: 如果不利用约束项,则 F 已不能化简,但适当地加入一些约束项以后,可以得到

$$F=(\overline{A}\,\overline{B}CD+\overline{A}BCD_{约束项})+(\overline{A}BCD+\overline{A}B\,\overline{C}D_{约束项})$$
$$+(A\,\overline{B}\,\overline{C}D+AB\,\overline{C}D_{约束项})+(ABC\,\overline{D}_{约束项}+A\,\overline{B}C\,\overline{D}_{约束项})$$
$$=(\overline{A}\,\overline{B}D+\overline{A}BD)+(A\,\overline{C}D+AC\,\overline{D})=\overline{A}D+A\,\overline{D}$$

可见,利用了约束项以后,使逻辑函数得以进一步化简,但是在确定应该写入哪些约束项时不够直观,如果改用卡诺图化简法,则只要将表示 F 的卡诺图画出,就能从图上直观的判断对这些约束项应如何取舍。

【例 1-44】 用卡诺图化简逻辑函数 $F(A,B,C,D)=\overline{A}\,\overline{B}CD+\overline{A}BCD+A\,\overline{B}\,\overline{C}D$。约束条件为:

$$\overline{A}\,\overline{B}CD+\overline{A}B\,\overline{C}D+AB\,\overline{C}\,\overline{D}+A\,\overline{B}\,\overline{C}D+ABCD+ABC\,\overline{D}+A\,\overline{B}C\,\overline{D}=0$$

解: 画出函数 F 的卡诺图如图 1-19 所示。

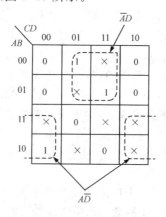

图 1-19　例 1-44 图

由图 1-19 可以直接写出最简逻辑函数表达式为

$$F=\overline{A}D+A\,\overline{D}$$

【例 1-45】 写出判断一个一位十进制数是否为奇数的逻辑表达式,并进行化简。

解: 采用 8421 码编码方式,得描述该问题的逻辑函数的真值表,见表 1-13。

表 1-13　　　　　　　　　　判断 1 位十进制数是否为奇数的函数真值表

十进制数	8421 码				F	十进制数	8421 码				F
	A	B	C	D			A	B	C	D	
0	0	0	0	0	0	8	1	0	0	0	0
1	0	0	0	1	1	9	1	0	0	1	1
2	0	0	1	0	0	10	1	0	1	0	×
3	0	0	1	1	1	11	1	0	1	1	×
4	0	1	0	0	0	12	1	1	0	0	×
5	0	1	0	1	1	13	1	1	0	1	×
6	0	1	1	0	0	14	1	1	1	0	×
7	0	1	1	1	1	15	1	1	1	1	×

表中对于十进制数 0~9,函数的取值是确定的。但对于十进制数的 10~15,由于它们不属于 1 位的十进制数,所以函数可以任意取值。因此该函数是具有无关项的逻辑函数。由表 1-13 可以写出逻辑表达式为

$$F(A,B,C,D) = \sum m(1,3,5,7,9) + \sum d(10,11,12,13,14,15)$$

根据表 1-13 画出函数卡诺图,如图 1-20 所示。

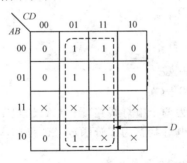

图 1-20　例 1-45 图

化简的结果为

$$F = D$$

<<< 本 章 小 结 >>>

数字电路研究的主要问题是输入变量与输出函数间的逻辑关系,其工作信号在时间和数值上是离散的,用 0、1 表示。

二进制是数字电路的基本计数体制;十六进制有 16 个数字符号;4 位二进制数可表示 1 位十六进制数。常用的编码有 8421 码、格雷码、余 3 码等。

逻辑代数有 3 种基本的逻辑运算(与、或、非),由这 3 种运算可组合成多种复合运算(与非、或非、异或、同或、与或非)。

逻辑函数有 5 种常用的表示方法:真值表、逻辑函数表达式、逻辑图、波形图、卡诺图。这些方法虽然各具特点,但都能表示输出函数与输入变量之间的取值对应关系。5 种表示

方法可以相互转换。

逻辑函数的化简是分析、设计数字电路的重要环节。实现同样的功能,电路越简单,成本就越低,且工作越可靠。化简逻辑函数有两种方法:公式法和卡诺图法;公式法化简就是根据定理、公式、基本规则化简逻辑函数,它的使用不受任何条件的限制。卡诺图法化简的特点是简单、直观,而且可遵循一定的化简步骤,但对于变量超过 5 个以上的多变量逻辑函数化简,由于简单直观性较差而不大适用。两种方法各有所长,又各有不足,需熟练掌握。

在实际逻辑问题中,输入变量之间常存在一定的制约关系,称为约束,把表明约束关系的等式称为约束条件。在逻辑函数的化简中,充分利用约束条件可使逻辑表达式更加简单。

<<< 习 题 >>>

1-1 将下列各进制数转换为十进制数。

$(11010)_2$,$(1011.011)_2$,$(57.643)_8$,$(76.EB)_{16}$

1-2 将下列二进制数转换为八进制及十六进制数。

$(1001001001)_2$,$(0.10011)_2$,$(1011111.01101)_2$

1-3 将下列十进制数用 8421 码表示。

$(73)_{10}$,$(94)_{10}$,$(0.84)_{10}$,$(135.042)_{10}$

1-4 试用逻辑代数的基本公式化简下列逻辑函数。

(1) $F=(A+\overline{B}C)(\overline{A}B+C)$

(2) $F=AB(BC+A)$

(3) $F=A\overline{D}(A+D)$

(4) $F=AB+B\overline{C}+ABC+AB\overline{C}$

(5) $F=(A+B)(\overline{A}+C)(B+C)$

1-5 已知如图 1-5 所示为两个电灯线路,图中 A、B、C、D、G 为开关,F_1 和 F_2 为电灯。若假设开关状态为逻辑变量,电灯状态为逻辑函数,试写出电灯状态的函数表达式。

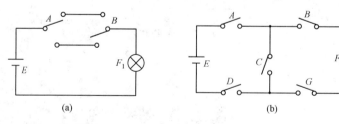

(a)　　　　　　　　　　　　　(b)

图 1-21 题 1-5 图

1-6 将下列逻辑函数展开为最小项表达式。

(1) $F(A,B,C)=A+\overline{B}C+\overline{A}BC$

(2) $F(A,B,C,D)=AB+BC+CD+DA$

1-7 指出使下列逻辑函数为 1 的变量取值组合。

(1) $F(A,B,C)=\overline{A}\,\overline{B}+AB$

(2) $F(A,B,C)=AB+\overline{A}C$

(3) $F(A,B,C)=ABC+AB\overline{C}+\overline{A}C$

(4) $F(A,B,C,D)=(A+\overline{B}C)\overline{D}+(A+\overline{B})CD$

1-8 将下列逻辑函数展开为最大项表达式。

(1)$F(A,B,C)=(A+B)(\overline{B}+C)$

(2)$F(A,B,C)=A\overline{B}C+A\overline{C}$

1-9 已知逻辑函数的真值表见表 1-14 所示,列出该函数的最小项表达式和最大项表达式。

表 1-14　　　　　题 1-9 表

A	B	C	F
0	0	0	0
0	0	1	0
0	1	0	0
0	1	1	1
1	0	0	0
1	0	1	1
1	1	0	1
1	1	1	1

1-10 画出下列函数的卡诺图。

(1)$F(A,B,C)=A\overline{B}+B\overline{C}$

(2)$F(A,B,C,D)=AB+\overline{B}C\overline{D}+CD+D\overline{A}$

1-11 求下列函数的反函数。

(1)$F=A\overline{B}+\overline{A}B$

(2)$F=\sum m(4,5,6,7)$

(3)$F=\sum m(0,2,4,6)$

(4)$F=A[\overline{B}+(C\overline{D}+\overline{E}F)G]$

(5)$F=A\overline{B}+B\overline{C}+C(\overline{A}+D)$

(6)$F=\overline{\overline{A}\overline{B}+ABD(B+\overline{C}D)}$

1-12 试用对偶定理求下列函数的对偶式。

(1)$F=(A+B)(\overline{A}+C)(C+DE)+F$

(2)$F=\overline{A\overline{B}\cdot\overline{C\overline{D}}\cdot D\cdot\overline{A\overline{B}}}$

(3)$F=\overline{\overline{A+\overline{C}+\overline{B}+C}+\overline{\overline{A}+B+\overline{B}+C}}$

1-13 证明函数 $F=C\overline{(A\overline{B}+\overline{A}B)}+\overline{C}(A\overline{B}+\overline{A}B)$ 是一自对偶函数。

1-14 试用展开定理将下列函数展开为最小项表达式和最大项表达式。

(1)$F(A,B,C)=\overline{A(B+\overline{C})}$

(2)$F(A,B,C,D)=\overline{A}\overline{B}+ABD(B+\overline{C}D)$

1-15 试用定理或公式证明下列等式。

(1)$AB+\overline{A}C+\overline{B}C=AB+C$

(2)$A\overline{B}+BD+\overline{A}D+DC=A\overline{B}+D$

(3)$BC+D+\overline{D}(\overline{B}+\overline{C})(DA+B)=B+D$

(4)$(A+B)(A+\overline{B})(\overline{A}+B)(\overline{A}+\overline{B})=0$

(5)$ABC+\overline{A}\overline{B}\overline{C}=\overline{A\overline{B}+B\overline{C}+C\overline{A}}$

$(6) A\overline{B}+B\overline{C}+C\overline{A}=\overline{A}B+\overline{B}C+\overline{C}A$

$(7) AB+BC+CA=(A+B)(B+C)(C+A)$

$(8) (AB+\overline{A}\overline{B})(BC+\overline{B}\overline{C})(CD+\overline{C}\overline{D})=\overline{A}\overline{B}+\overline{B}\overline{C}+\overline{C}\overline{D}+D\overline{A}$

1-16 将已知函数的"与或"表达式 $F(A,B,C)=A\overline{B}+\overline{A}C$ 转换成"或与""与非-与非""或非-或非"及"与或非"表达式。

1-17 试用公式法将下列函数化简为最简"与或"表达式。

$(1) F=AB+\overline{A}C+\overline{B}C$

$(2) F=\overline{A}\overline{B}\overline{C}+\overline{A}\overline{B}C+A\overline{B}\overline{C}+A\overline{B}C$

$(3) F=\overline{D}+DAB\overline{C}+\overline{B}C$

$(4) F=(\overline{A}+\overline{B})(AB+C)$

$(5) F=\overline{(A+B\overline{C})+(A+\overline{D}E)}$

$(6) F=AB+BC+E+\overline{A}CD\overline{E}$

$(7) F=AC+\overline{A}B+\overline{B}\overline{C}D+BCE+D\overline{C}E$

$(8) F=A(B+\overline{C})+\overline{A}(\overline{B}+C)+BCD+\overline{B}CD$

$(9) F=\overline{A}\,\overline{B}\,\overline{C}+AC+\overline{A}B\overline{C}+\overline{A}C$

$(10) F=A(B+\overline{C})+\overline{A}(\overline{B}+C)+BCD+\overline{B}CD$

$(11) F=\overline{\overline{\overline{A}B\,\overline{B}\,\overline{D}\overline{C}D}+BC+\overline{\overline{A}\,\overline{B}D}+\overline{A}+\overline{\overline{C}D}}$

1-18 试用公式法将下列函数化简为最简"或与"表达式。

$(1) F=(A+B)(\overline{A}+C+\overline{D})(\overline{B}+C+\overline{D})$

$(2) F=(A+B+\overline{C})(B+\overline{C}+\overline{D})(A+D)$

$(3) F=(\overline{A}+B+\overline{C})(\overline{A}+B+D+E)(E+D)$

$(4) F=(\overline{A}+B)(A+C)(B+\overline{C}+D)(B+D+E)$

$(5) F=(\overline{A}+B)(A+\overline{B}+\overline{C})(A+B+\overline{C})(\overline{A}+B+\overline{C})(\overline{A}+\overline{B}+C)$

1-19 将下列函数用卡诺图化简为最简"与或"表达式。

$(1)\ F(A,B,C)=\sum m(0,1,2,4,5,7)$

$(2)\ F(A,B,C,D)=\sum m(2,3,6,7,8,10,12,14)$

$(3)\ F(A,B,C,D)=\sum m(0,1,2,3,4,6,8,9,10,11,12,14)$

$(4)\ F(A,B,C,D)=\sum m(4,5,6,8,9,10,13,14,15)$

1-20 用卡诺图化简下列非标准形式的逻辑函数。

$(1) F=(\overline{A}+B+C)\overline{(AB+BC+CA)}+\overline{A}BC$

$(2) F=(A\overline{B}+\overline{A}C)+\overline{(AB+\overline{A}C)C}$

1-21 用卡诺图化简下列逻辑函数。

$(1)\ F(A,B,C,D)=\sum m(0,1,5,7,8,11,14)+\sum d(3,9,15)$

$(2)\ F(A,B,C,D)=\sum m(3,5,8,9,10,12)+\sum d(0,1,2,13)$

$(3) F=\overline{A}\overline{B}C+ABC+\overline{A}\overline{B}C\overline{D}$,约束条件为:$A\overline{B}C+\overline{A}B=0$

第2章

DIERZHANG

门电路

学习目标

　　本章首先介绍半导体二极管、三极管、MOS 管的开关特性及分离元件门电路；然后介绍 TTL 反相器和 CMOS 反相器的电路结构、工作原理、逻辑特性、电气参数，以及与非门、或非门、三态门、OC 门、OD 门和传输门的特性。最后介绍 TTL 门电路和 CMOS 门电路使用中需注意的事项以及 TTL 门电路和 CMOS 门电路的接口问题。

能力目标

　　掌握半导体二极管、三极管和 MOS 管的开关特性以及分离元件门电路。熟练掌握 TTL 反相器和 CMOS 反相器的电路结构、工作原理、逻辑特性、电气参数以及与非、或非门、三态门、OC 门、OD 门和传输门的工作原理和特点。了解 TTL 门电路和 CMOS 门电路使用中需注意的事项以及 TTL 门电路和 CMOS 门电路的接口问题。

2.1　概　述

　　逻辑门电路就是用来实现各种逻辑运算的单元电路。它是构成数字电路的基本单元，本章从二极管和三极管的开关特性入手，首先介绍分立元件门电路，接着重点介绍集成 TTL 门电路和集成 CMOS 门电路以及它们之间的接口技术。

1. 门电路的概念

　　实现逻辑运算的电子电路称为逻辑门电路，简称门电路。例如，实现与运算的电子电路称为与门，实现或运算的电子电路称为或门，实现非运算的电子电路称为非门。同样，实现与非、或非、与或非、异或等运算的电子电路分别称为与非门、或非门、与或非门、异或门等。

2. 逻辑变量和开关状态

　　逻辑变量的取值是 0 或者 1，是一种二值变量。数字电路中的二极管、三极管和 MOS

管都有导通和截止两种状态,刚好可以和逻辑变量的取值 1 和 0 相对应。即可以用逻辑变量的取值 1 和 0 来表示二极管、三极管和 MOS 管的导通和截止两种开关状态。

3.高、低电平与正、负逻辑

(1)高电平和低电平:高电平和低电平是两种状态,是两个不同的可以截然区别开来的电压范围。但需注意,高电平和低电平是相对的而不是绝对的。例如,TTL 门电路中高电平为 1.4 V 以上,低电平为 0～0.8 V。

(2)正逻辑和负逻辑:在数字电路中,用 1 表示高电平,用 0 表示低电平,称为正逻辑。相反,如果用 1 表示低电平,用 0 表示高电平,则称为负逻辑。如无特殊说明,一般使用的就是正逻辑。

4.分立元件门电路和集成门电路

(1)分立元件门电路:用分立元器件和导线连接起来构成的门电路,称为分立元件门电路。

(2)集成门电路:把构成门电路的元器件和连线都制作在一块半导体芯片上,再封装起来,便构成了集成门电路。现在使用最多的是 TTL 和 CMOS 集成门电路。

2.2 基本门电路

2.2.1 半导体二极管的开关特性

1.静态特性

二极管是在纯净半导体材料上一边掺入三价元素形成 P 型区,一边掺入五价元素形成 N 型区,在其交界区就形成一个 PN 结,从 P 型区引出的一个端子称为阳极 A,从 N 型区引出的一个端子称为阴极 K。如图 2-1 所示为半导体二极管示意图和符号。

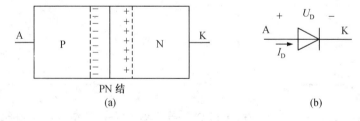

PN 结
(a)   (b)

图 2-1　半导体二极管示意图和符号

图 2-2 所示为硅二极管两端的电压 U_D 和流过其中的电流 I_D 两者之间关系的曲线,称为伏安特性曲线。由伏安特性曲线可知,当二极管上加的正向电压 U_D 小于 0.5 V 时,二极管截止,当二极管上加的正向电压 U_D 大于 0.5 V 时,二极管才导通,而当 U_D 达到 0.7 V 后,即使 I_D 在很大范围变化,U_D 变化很小。当外加反向电压时,二极管工作在反向截止区,但当反向电压 U_D 达到 $U_{(BR)}$(反向击穿电压)时,二极管便进入反向击穿区,反向电流 I_R 会急剧增加,若不限制 I_R 的数值,二极管就会因过热而损坏。

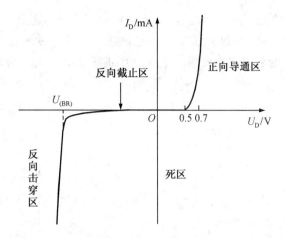

图 2-2 伏安特性曲线

一般地,当二极管外加正向电压 $U_D > 0.7$ V 时,二极管导通,而且一旦导通,就可近似地认为二极管上的压降恒定为 0.7 V,等效为一个具有 0.7 V 压降的闭合了的开关;当二极管外加正向电压 $U_D < 0.5$ V 时,二极管截止,而且二极管截止之后,就可以近似地认为 $I_D \approx 0$,等效为一个开关断开。图 2-3 所示为二极管导通和截止状态的等效电路图。

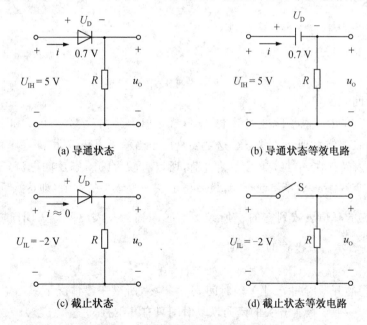

图 2-3 二极管不同状态下的等效电路图

2. 动态特性

在图 2-4(a)所示的二极管开关电路中,当输入信号 u_1 是跳变电压时,流过二极管的电流 i 的波形滞后于输入电压 u_1 的变化。输入和输出波形如图 2-4(b)所示。

因为二极管由一个 PN 结组成,所以当外加输入信号突变时,空间电荷区的电荷有一个积累和释放的过程,如同电容的充电、放电一样,表现出一定的电容效应,称其为结电容。

(1)开通时间 t_{on}

由于结电容的存在,当输入电压 u_1 由低电平跳变到高电平时,二极管要经过导通延迟

时间 t_d 和上升时间 t_r 之后,才能由截止状态转换到导通状态。这主要是由于当输入电压 u_I 由低电平跳变到高电平时,PN 结内部要建立起足够的电荷梯度才能开始形成正向扩散电流,因而正向导通电流的建立要稍滞后于输入电压正跳变的时间。所以半导体二极管的开通时间为

$$t_{on} = t_d + t_r$$

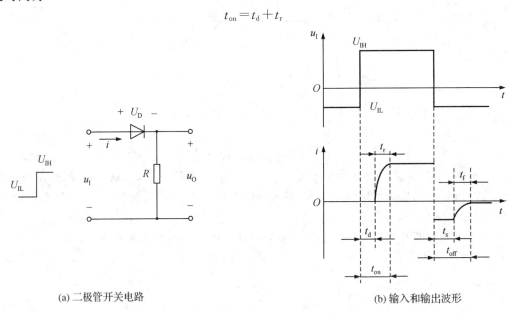

(a) 二极管开关电路　　　　　　　　　　　(b) 输入和输出波形

图 2-4　二极管开关时间

(2)关闭时间 t_{off}

当输入电压 u_I 由高电平跳变到低电平时,二极管要经过存储时间 t_s 和下降时间 t_f 之后,才能由导通状态转换到截止状态。这主要是由于当输入电压 u_I 由高电平跳变到低电平时,由于 PN 结内尚存在一定数量的存储电荷,所以有较大的瞬态反向电流,随着存储电荷的释放,反向电流逐渐减小并趋近于零,最后稳定在一个微小的数值,即达到反向饱和电流。将反向电流从它的峰值衰减到它的 $\dfrac{1}{10}$ 所经历的时间称为关闭时间。关闭时间也称为反向恢复时间,用 t_{off} 表示。二极管的关闭时间为

$$t_{off} = t_s + t_f$$

由于二极管的开通时间 t_{on} 比关闭时间 t_{off} 短得多,所以一般情况下只考虑关闭时间,即反向恢复时间。一般二极管开关的反向恢复时间只有几纳秒。

需注意,当二极管外加跳变电压信号且其变化频率很高时,因结电容的充电、放电,二极管将失去单向导电性,不能起到开关作用,因此,对二极管的最高工作频率应有一定的限制。

2.2.2　二极管与门、或门

1.二极管与门

与门是实现与逻辑功能的电路,它有多个输入端和一个输出端。由二极管构成的与门电路如图 2-5 所示,其中 u_A 和 u_B 为输入信号,它们的高电平是 3 V,低电平是 0 V,u_Y 是输出信号。

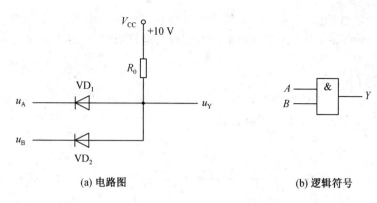

(a) 电路图   (b) 逻辑符号

图 2-5 二极管与门

二极管与门的工作原理如下:

(1) 当 $u_A = u_B = 0$ V 时,即输入均为低电平,由于 VD_1、VD_2 阳极均通过电阻 R_0 接到电源 V_{CC},都为正偏,故必然导通,所以

$$u_Y = u_A + u_{VD_1} = u_B + u_{VD_2} = 0 \text{ V} + 0.7 \text{ V} = 0.7 \text{ V}$$

(2) 当 $u_A = 0$ V、$u_B = 3$ V 时,即一端输入为低电平,另一端输入为高电平。由于两条支路的电势差不同,电势差大的支路先导通,两个二极管上的电压为

$$u_{VD_1} = 0.7 \text{ V}$$
$$u_Y = u_A + u_{VD_1} = 0 \text{ V} + 0.7 \text{ V} = 0.7 \text{ V}$$
$$u_{VD_2} = u_Y - u_B = 0.7 \text{ V} - 3 \text{ V} = -2.3 \text{ V}$$

二极管 VD_2 承受的是反向电压,故截止。通常二极管导通之后,如果其阴极电位是不变的,那么就把它的阳极电位固定在比阴极高 0.7 V 的电位上,如果其阳极电位是不变的,那么就把它的阴极电位固定在比阳极电位低 0.7 V 的电位上,人们把导通后二极管的这种作用称为钳位。

(3) 当 $u_A = 3$ V、$u_B = 0$ V 时,即一端输入为低电平,另一端输入为高电平,此时 VD_1 截止,VD_2 导通,VD_2 导通之后就把 u_Y 钳位在 0.7 V。

(4) $u_A = u_B = 3$ V 时,即输入均为高电平,VD_1、VD_2 都正偏,u_Y 被钳位在 3.7 V。

上述情况下输入/输出电压值见表 2-1,按正逻辑赋值得到该电路逻辑真值表见表 2-2。

表 2-1   与门电压关系表

u_A/V	u_B/V	VD_1	VD_2	u_Y/V
0	0	导通	导通	0.7
0	3	导通	截止	0.7
3	0	截止	导通	0.7
3	3	导通	导通	3.7

表 2-2   二极管与门真值表

A	B	Y
0	0	0
0	1	0
1	0	0
1	1	1

从表 2-2 中可以看出,电路的输入信号中只要有一个为低电平时,输出就为低电平;只有输入全部为高电平时,输出才是高电平。即实现与逻辑功能,其逻辑表达式为

$$Y＝A \cdot B$$

2. 二极管或门

或门是实现或逻辑功能的电路,它有多个输入端和一个输出端。由二极管构成的或门电路如图 2-6 所示,其中 u_A 和 u_B 为输入信号,它们的高电平是 3 V,低电平是 0 V,u_Y 是输出信号。

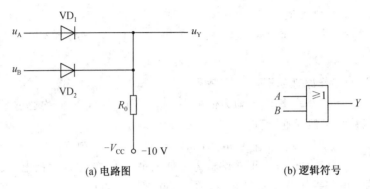

(a) 电路图　　　　　　　　　　　　(b) 逻辑符号

图 2-6　二极管或门

二极管或门的工作原理如下:

(1)当 $u_A＝u_B＝0$ V 时,即输入均为低电平,由于 VD_1、VD_2 阳极均通过电阻 R_0 接到电源 $-V_{CC}$,都为正偏,故必然导通,所以

$$u_Y＝0 \text{ V}－0.7 \text{ V}＝－0.7 \text{ V}$$

(2)当 $u_A＝0$ V、$u_B＝3$ V 时,VD_2 导通,VD_1 截止,$u_Y＝3$ V$－0.7$ V$＝2.3$ V。

(3)当 $u_A＝3$ V、$u_B＝0$ V 时,VD_1 导通,VD_2 截止,$u_Y＝3$ V$－0.7$ V$＝2.3$ V。

(4)当 $u_A＝u_B＝3$ V,即输入均为高电平时,VD_1、VD_2 均导通,$u_Y＝3$ V$－0.7$ V$＝2.3$ V。

上述情况下输入输出电压值见表 2-3,按正逻辑赋值得到该电路逻辑真值表见表 2-4。

表 2-3　　　　　　　　　　或门电压关系表

u_A/V	u_B/V	VD_1	VD_2	u_Y/V
0	0	导通	导通	－0.7
0	3	截止	导通	2.3
3	0	导通	截止	2.3
3	3	导通	导通	2.3

表 2-4　　　　　　二极管或门真值表

A	B	Y
0	0	0
0	1	1
1	0	1
1	1	1

从表 2-4 中可以看出,电路的输入信号中只要有一个为高电平时,输出为高电平;只有

当输入全部为低电平时,输出才是低电平。即实现或逻辑功能,其逻辑表达式为

$$Y = A + B$$

2.2.3 半导体三极管的开关特性

1. 三极管开关条件及特点

共发射极电路是数字电路中最常用的一种三极管开关电路,图 2-7 所示为三极管的开关电路及输出特性。

当输入电压 $u_I = U_{IL} < 0.5$ V 时,加到三极管发射结上的电压小于其导通电压,三极管截止,三极管工作在特性曲线的截止区,此时,$i_B \approx 0$,$i_C \approx 0$,如果忽略三极管的穿透电流,则 $u_O = V_{CC}$,三极管集电极与发射极($C \sim E$)之间相当于开关断开。

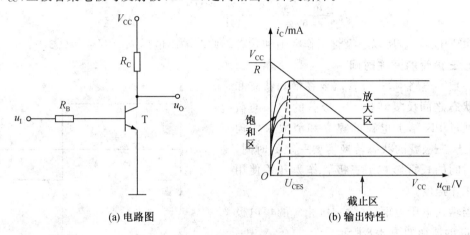

(a) 电路图   (b) 输出特性

图 2-7 三极管的开关电路及输出特性

当输入电压 $u_I > 0.5$ V 且 $u_{BC} < 0$ V 时,三极管发射结正偏、集电结反偏,三极管处于放大状态,故工作在输出特性曲线的放大区,此时,$i_C = \beta i_B$,i_C 受 i_B 的控制,$C \sim E$ 间等效为一个受控电流源,$u_{CE} = V_{CC} - i_C R_C$。

当输入电压 u_I 继续增大时,i_B 随之增大,$i_C = \beta i_B$ 也随之增大,u_{CE} 则随之减小,当 u_{CE} 减小至 $u_{CE} = u_{BE}$ 时,三极管进入饱和状态。通常认为 $u_{CE} = u_{BE}$ 的状态为临界饱和状态。临界饱和状态下三极管的基极电流 I_{BS}、集电极电流 I_{CS} 和集电极-发射极压降 U_{CES} 之间的关系为

$$I_{CS} = \frac{V_{CC} - U_{CES}}{R_C}$$

同时,它还满足 $I_{CS} = \beta I_{BS}$ 的关系,故可以求出三极管进入饱和状态时的 I_{BS} 值为

$$I_{BS} = \frac{I_{CS}}{\beta} = \frac{V_{CC} - U_{CES}}{\beta R_C}$$

若输入电压继续增加,三极管的基极电流 i_B 将大于 I_{BS},三极管进入饱和状态,工作在输出特性曲线的饱和区,此时 $u_{CE} < u_{BE}$,通常情况下,三极管工作在饱和状态时,$u_O = U_{CES} \leqslant 0.3$ V(硅管)。此时,三极管 $C \sim E$ 间可以等效为一个压降小于 0.3 V 的电压源。

【例 2-1】 如图 2-7(a)所示电路中,$R_C = 1$ kΩ,$R_B = 10$ kΩ,$V_{CC} = 5$ V,$\beta = 50$,三极管饱和时 $u_{BE} = 0.7$ V,$U_{CES} = 0.3$ V。分别求当输入电压 u_I 为 0.3 V、1 V 和 3 V 时输出电压 u_O,并判断三极管的工作状态。

解:(1)当 $u_I = 0.3$ V 时,由于 $u_{BE} < 0.5$ V,所以基极电流 $i_B \approx 0$,三极管工作在截止状

态,集电极电流 $i_C \approx 0$,故输出电压 $u_O = 5$ V。

(2)当 $u_I = 1$ V 时,三极管导通,基极电流为

$$i_B = \frac{u_I - u_{BE}}{R_B} = \frac{1 \text{ V} - 0.7 \text{ V}}{10 \text{ k}\Omega} = 0.03 \text{ mA}$$

三极管临界饱和时的基极电流为

$$I_{BS} = \frac{V_{CC} - U_{CES}}{\beta R_C} = \frac{5 \text{ V} - 0.3 \text{ V}}{50 \times 1 \text{ k}\Omega} = 0.094 \text{ mA}$$

由于 $0 < i_B < I_{BS}$,所以三极管工作在放大状态。此时,$i_C = \beta i_B = 1.5$ mA,输出电压 $u_O = V_{CC} - i_C R_C = 5 \text{ V} - 1.5 \text{ V} = 3.5 \text{ V}$。

(3)当 $u_I = 3$ V 时,三极管导通,基极电流为

$$i_B = \frac{u_I - u_{BE}}{R_B} = \frac{3 \text{ V} - 0.7 \text{ V}}{10 \text{ k}\Omega} = 0.23 \text{ mA}$$

由于 $i_B > I_{BS}$,所以三极管工作在饱和状态。此时输出电压 $u_O = U_{CES} = 0.3$ V。

2. 三极管的开关时间

在数字电路中,三极管需要在饱和状态和截止状态之间反复转换。三极管的饱和与截止是通过 PN 结上电荷的建立和消散来实现的,因此,三极管的状态转换需要一定的时间,这些时间的长短影响了三极管作为开关使用时的工作速度。

当输入电压为矩形脉冲时,相应的集电极电流 i_C 的波形如图 2-8 所示。

从图 2-8 中可以看出,影响三极管开关速度的时间参数主要有以下几个:

(1)延迟时间 t_d

三极管处于截止状态时,发射结反偏,空间电荷区比较宽,载流子浓度很低,这时如果基极-发射极电压突然由 $-V_1$ 跳变为 V_2,由于势垒电容的作用,发射结不能立即导通,而是首先随势垒电容的充电逐渐转向正偏,这个过程所需的时间称为延迟时间,用 t_d 表示。延迟时间由三极管内部结构和外部电路决定,势垒电容越小,外电路驱动能力越强,则延迟时间越短;反偏程度越高,基极电阻越大,则延迟时间越长。

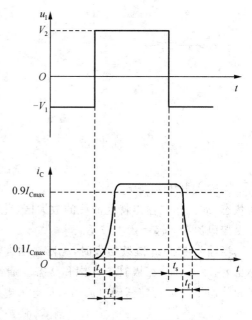

图 2-8 三极管开关时间示意图

(2)上升时间 t_r

发射结由反偏转为正偏后,虽然尚未完全导通,但是,集电极已经有微弱的电流通过。随着发射结正偏电压的增加,三极管导通程度越来越高,直到最后进入饱和状态。在这个过程中,集电极电流持续增大,通常将集电极电流从饱和时最大值的 10% 上升到最大值的 90% 所用的时间称为三极管的上升时间,用 t_r 表示。基区宽度越小,外电路驱动能力越强,上升时间就越短。

（3）存储时间 t_s

三极管处于饱和状态时，基区存储了大量多余的载流子。这时如果输入电压突然由 V_2 跳变为 $-V_1$，由于电容中的电荷不能发生突变，三极管不能立即截止，而是随着多余载流子的消散，逐渐进入截止状态。多余载流子的消散时间称为存储时间，用 t_s 表示。基区宽度越小，存储电荷越小，存储时间就越短。反之，饱和深度越深，多余电荷越多，存储时间就越长。

（4）下降时间 t_f

基区存储的多余电荷消散后，发射结就由正偏开始转为反偏，其扩散运动越来越弱，漂移运动越来越强，三极管的集电极电流随之逐渐减小，直到等于零。通常将集电极电流由最大值的 90% 下降到最大值的 10% 所用的时间称为下降时间，用 t_f 表示。

综上所述，影响三极管开关速度的 4 个时间参数都是根据集电极电流的变化情况来确定的。通常 t_d 比较小，而 t_s 由饱和深度决定，饱和深度较深时，t_s 很大，t_s 是影响三极管开关速度的主要因素。

t_d 和 t_r 之和称为开通时间，用 t_{on} 表示。t_s 和 t_f 之和称为关闭时间，用 t_{off} 表示。

2.2.4　三极管非门

实现非逻辑功能的电路是非门电路，也称反相器。利用三极管的开关特性，可以实现非逻辑运算。图 2-9 是三极管非门电路及非门逻辑符号。

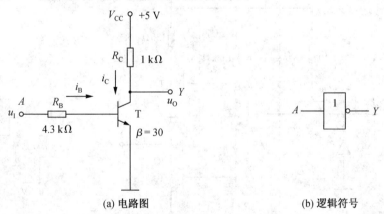

(a) 电路图　　　　　　　　　　　　(b) 逻辑符号

图 2-9　三极管非门

（1）当 $u_1=U_{IL}=0$ V 时，三极管截止，$i_B\approx0$，$i_C\approx0$，所以 $u_O=V_{CC}=5$ V，输出为高电平。

（2）当 $u_1=U_{IH}=5$ V 时，发射结正偏，此时三极管是否工作在饱和状态，需进行如下判断：

$$i_B=\frac{U_{IH}-u_{BE}}{R_B}=\frac{5\ \text{V}-0.7\ \text{V}}{4.3\ \text{k}\Omega}=1\ \text{mA}$$

基极临界饱和电流

$$I_{BS}\approx\frac{V_{CC}}{\beta R_C}=\frac{5\ \text{V}}{30\times1\ \text{k}\Omega}\approx0.17\ \text{mA}$$

由于 $i_B>I_{BS}$，所以三极管饱和导通，故有 $u_O=U_{CES}\leqslant0.3$ V，输出低电平。

上述情况下输入输出电压值见表 2-5，按正逻辑赋值得到该电路逻辑真值表见表 2-6。

表 2-5	非门电压关系表
u_I/V	u_O/V
0	5
5	0.3

表 2-6	非门真值表
A	Y
0	1
1	0

2.3 TTL 门电路

现代数字电路广泛采用集成电路,数字集成电路按半导体器件的类型分为双极型集成电路和 MOS 集成电路。MOS 集成电路中使用最多的是 CMOS 集成电路;双极型集成电路中,使用最多的是 TTL 集成电路。TTL 集成电路的输入输出都由三极管组成,又称为晶体管-晶体管逻辑门电路(Transistor Transistor Logic),简称 TTL 门电路。

2.3.1 TTL 反相器的电路结构和工作原理

1. 电路组成

图 2-10 所示是 TTL 反相器的电路图。

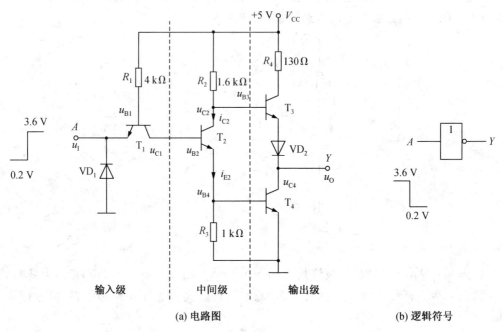

(a) 电路图　　　　　　　　(b) 逻辑符号

图 2-10 TTL 反相器

TTL 反相器电路由三部分组成:

输入级:由 T_1、R_1、VD_1 组成,VD_1 是保护二极管,为防止输入端电压过低而设置的。

中间级:由 T_2、R_2、R_3 组成,T_2 集电极输出驱动 T_3,发射极输出驱动 T_4。

输出级:由 T_3、T_4、R_4、VD_2 组成。

2. 工作原理

(1)当 $u_I = U_{IL} = 0.2$ V 时,T_1 基极电位 $u_{B1} = 0.9$ V,不能使 T_1 集电结、T_2 发射结、T_4

发射结 3 个 PN 结导通,所以 T_2、T_4 截止。此时,V_{CC} 通过 R_2 使 T_3 导通,则输出电压为:

$$u_O = V_{CC} - I_{B3}R_2 - u_{BE3} - u_{VD_2} \approx V_{CC} - u_{BE3} - u_{VD_2} = 5 - 0.7 - 0.7 = 3.6 \text{ V}$$

此时输出端输出高电平 U_{OH}。实现了反相器的逻辑关系:输入低电平,输出高电平。

(2)当 $u_1 = U_{IH} = 3.6$ V 时,如果 T_1 发射结正偏,则其基极电位为 4.3 V。而电源 V_{CC} 通过 R_1、T_1 集电结向 T_2、T_4 提供基极电流,使 T_2、T_4 饱和导通,这时 T_1 的基极电位为:

$$V_{B1} = V_{BC1} + V_{BE2} + V_{BE4} = 0.7 \text{ V} + 0.7 \text{ V} + 0.7 \text{ V} = 2.1 \text{ V}$$

显然,V_{CC}、R_1、T_1 集电结、T_2、T_4 组成的支路先导通,T_1 基极电位就被钳位在 2.1 V,此时 T_1 的发射极电位为 3.6 V,集电极电位为 1.4 V,则 T_1 发射结反偏,集电结正偏,T_1 处于倒置放大状态。由于 T_2、T_4 饱和导通,输出 $u_O = u_{C4} = 0.3$ V,同时可以估算出 T_2 的集电极电位为

$$u_{C2} = u_{CES2} + u_{B4} = 0.3 \text{ V} + 0.7 \text{ V} = 1 \text{ V}$$

此时,由于 $u_{B3} = u_{C2} = 1$ V,作用在 T_3 发射结和二极管 VD_2 的串联支路的电压为:

$$u_{C2} - u_O = 1 \text{ V} - 0.3 \text{ V} = 0.7 \text{ V}$$

显然,T_3 和 VD_2 均截止。实现了反相器的逻辑关系:输入高电平,输出低电平。

3. 常用型号

常用的集成的 TTL 反相器有 7404 和 74LS04,每个芯片中封装了六个独立的反相器。图 2-11 是 74LS04 的引脚排列图。

图 2-11 74LS04 引脚排列图

2.3.2 TTL 反相器的特性

1. 电压传输特性

反映输出电压 u_O 与输入电压 u_1 关系的曲线,称为电压传输特性曲线,简称电压传输特性,如图 2-12 所示为 TTL 反相器电压传输特性曲线。

由图可见,传输特性曲线由 4 条线段组成,分别为 AB、BC、CD、DE。现在分别介绍如下:

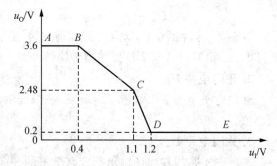

图 2-12 TTL 反相器电压传输特性曲线

AB 段:此时输入电压 u_1 很低,T_1 的发射结正偏,在稳态情况下,T_1 饱和致使 T_2、T_4 截止,同时 T_3 导通。根据前面的分析可知,输出高电平,$u_O = 3.6$ V。

当 u_1 增加到达 B 点时,T_1 的发射结仍维持正向偏置并处于饱和状态。但由于 $u_{B2} = u_{C1}$,而 u_{B2} 的值为:

$$u_{B2} = u_1 + u_{CES1} = u_1 + 0.2 \text{ V}$$

B 点对应的输入电压为刚好使 T_2 的发射结正向偏置并开始导通时 u_1 的值,此时 u_{B2} 应等于 T_2 发射结的正向电压 0.6 V,但 $i_{E2} \approx 0$,R_3 上的压降近似为零。可得 B 点对应的输入电压值为:

$$u_1(B) = u_{B2} - u_{CES1} = 0.6 \text{ V} - 0.2 \text{ V} = 0.4 \text{ V}$$

BC 段：当 u_1 的值大于 B 点的值时，T_1 仍保持饱和状态，T_2 的基极电位大于 0.6 V，集电极电位为 1.4 V，发射极电位接近零，则 T_2 集电结反偏，发射结正偏，T_2 处于放大状态，其电压增益为

$$\frac{\Delta u_{C2}}{\Delta u_{B2}} = -\frac{R_2}{R_3} \tag{2-1}$$

输入端 u_1 的电压增量等于 T_2 基极的电压增量，即 $\Delta u_1 = \Delta u_{B2}$。$T_2$ 集电极的电压增量通过 T_3 的电压跟随器作用而引至输出端，形成输出端的电压增益，即 $\Delta u_{C2} = \Delta u_O$，则上式变为

$$\frac{\Delta u_O}{\Delta u_1} = \frac{u_O(C) - u_O(B)}{u_1(C) - u_1(B)} = -\frac{R_2}{R_3} = -1.6 \tag{2-2}$$

在 BC 段内，R_3 上的压降不足以使 T_4 的发射结正偏，故在 BC 段内 T_4 是截止的。当输入电压增加至 C 点时，T_2 的发射极电流增加，刚好使得 R_3 上的压降能使 T_4 的发射结正偏，则有：

$$u_{BE4} = i_{E2} R_3 = 0.7 \text{ V}$$

$$i_{E2} = \frac{u_{BE4}}{R_3} = \frac{0.7 \text{ V}}{1 \text{ k}\Omega} = 0.7 \text{ mA}$$

此时，T_4 已导通，由于 $i_{C2} \approx i_{E2} = 0.7$ mA，则 C 点处的电压为：

$$u_O(C) = V_{CC} - i_{C2} R_2 - u_{BE3} - u_{VD_2} = 5 \text{ V} - 0.7 \text{ mA} \times 1.6 \text{ k}\Omega - 0.7 \text{ V} - 0.7 \text{ V} = 2.48 \text{ V}$$

将 $u_O(C) = 2.48$ V 代入式(2-2)得

$$u_1(C) = \frac{u_O(C) - u_O(B)}{-1.6} + u_1(B) = \frac{2.48 \text{ V} - 3.6 \text{ V}}{-1.6} + 0.4 \text{ V} \approx 1.1 \text{ V}$$

CD 段：当 u_1 继续增加并超过 C 点，使 T_4 饱和导通，输出电压迅速下降至 0.2 V。D 点的 $u_1(D)$ 值可以根据 T_2、T_4 两发射结的电压来估算。即

$$u_1(D) = u_{BE2} + u_{BE4} - u_{CE1} = 0.7 \text{ V} + 0.7 \text{ V} - 0.2 \text{ V} = 1.2 \text{ V}$$

DE 段：当 u_1 的值从 D 点再继续增加时，T_1 进入倒置放大状态，保持 $u_O = 0.2$ V。这就是 TTL 反相器的 $ABCDE$ 折线型传输特性。

2. 开门电平 U_{on}

开门电平是指输出端带额定负载，在保证输出为额定低电平时所允许的输入高电平的最小值。

3. 关门电平 U_{off}

关门电平是指在保证输出额定高电平的 90% 的条件下，允许输入低电平的最大值。

4. 输入输出的高低电平

由电压传输特性可得输入和输出高低电平的典型数值为：

(1) 输出高电平 U_{OH}：U_{OH} 是反相器处于截止状态时的输出电压，其典型值是 3.6 V，产品规定的最小值为 $U_{OHmin} = 2.4$ V。

(2) 输出低电平 U_{OL}：U_{OL} 是反相器处于导通状态时的输出电平，其典型值是 0.3 V，产品规定的最大值为 $U_{OLmax} = 0.4$ V。

(3) 输入高电平 U_{IH}：U_{IH} 是对应 TTL 反相器输出低电平时的输入电压，其典型值是 3.6 V，产品规定的最小值为 $U_{IHmin} = 2.0$ V。人们常把 U_{IHmin} 称为开门电平，并记作 U_{on}。它是保证

反相器处于导通状态所允许的输入电压的最小值。

（4）输入低电平 U_{IL}：U_{IL} 是对应 TTL 反相器输出高电平时的输入电压，其典型值是 0.3 V，产品规定的最大值为 $U_{\mathrm{ILmax}}=0.8$ V。人们常把 U_{ILmax} 称为关门电平，并记作 U_{off}。它是保证反相器处于截止状态所允许的输入电压的最大值。

5. 噪声容限

噪声容限表示门电路的抗干扰能力，分为输入高电平噪声容限和输入低电平噪声容限。

（1）输入高电平噪声容限 U_{NH}

输入高电平时，保证反相器输出仍为低电平时的最大允许负向干扰电压。其值为输入的高电平与开门电平之差，即：

$$U_{\mathrm{NH}}=U_{\mathrm{IH}}-U_{\mathrm{on}}$$

（2）输入低电平噪声容限 U_{NL}

输入低电平时，保证反相器输出仍为高电平时的最大允许正向干扰电压。其值为关门电平与输入的低电平之差。即：

$$U_{\mathrm{NL}}=U_{\mathrm{off}}-U_{\mathrm{IL}}$$

6. 输入短路电流 I_{IS}

输入端接地、负载开路时流出该接地输入端的电流即为输入短路电流 I_{IS}。其测试电路如图 2-13 所示。

由图 2-13 可估算出输入短路电流为

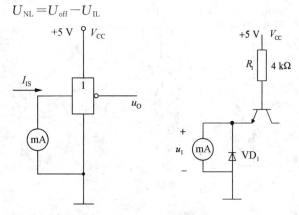

$$
\begin{aligned}
I_{\mathrm{IS}} &= -i_{\mathrm{B1}} = -\frac{V_{\mathrm{CC}}-u_{\mathrm{BE1}}}{R_1} \\
&= -\frac{5\ \mathrm{V}-0.7\ \mathrm{V}}{4\ \mathrm{k}\Omega} \\
&= -1.075\ \mathrm{mA}
\end{aligned}
$$

图 2-13 输入短路电流测试电路

7. 输入漏电流 I_{IH}

当 TTL 反相器输入端接高电平时流入输入端的电流称为输入漏电流。此时 T_1 处于倒置放大状态，倒置时其电流放大系数为 $\beta=0.01\sim0.02$，则可估算出输入漏电流为

$$I_{\mathrm{IH}}=\beta i_{\mathrm{B1}}=\beta\times\frac{V_{\mathrm{CC}}-u_{\mathrm{B1}}}{R_1}=0.02\times\frac{5\ \mathrm{V}-2.1\ \mathrm{V}}{4\ \mathrm{k}\Omega}=0.0145\ \mathrm{mA}$$

8. 扇入/扇出系数

（1）扇入系数 N_{I}

TTL 门电路的扇入系数取决于其输入端的个数，例如一个 4 输入端的与非门，其扇入系数 $N_{\mathrm{I}}=4$。

（2）扇出系数 N_{O}

TTL 门电路正常工作时能驱动同类门的个数称为 TTL 门电路的扇出系数。分为灌电流扇出系数和拉电流扇出系数两种。

承受前级门输出信号的后级门称为前级门的负载门；带动负载门的前级门称为驱动门。

驱动门输出的电流称为驱动电流,流经驱动门又流经负载门的电流称为负载电流。

①灌电流扇出系数 N_{OL}

如图 2-14 所示,当驱动门输出端为低电平时,负载门电源 V_{CC} 通过电阻 R_1、T_1 的发射结和输入端有电流 I_{IL} 灌入驱动门的 T_4 集电极,形成灌电流负载。当负载门的个数增加时,总的灌电流将增加,同时也将引起输出低电压 U_{OL} 的升高。在输出为低电平的情况下,所能驱动同类门的个数由下式决定:

$$N_{OL} = \frac{I_{OL}}{I_{IL}}$$

式中 I_{OL}——驱动门的输出端电流,这里一般取驱动门允许灌入的最大电流;

I_{IL}——负载门输入端的电流,即为输入短路电流。

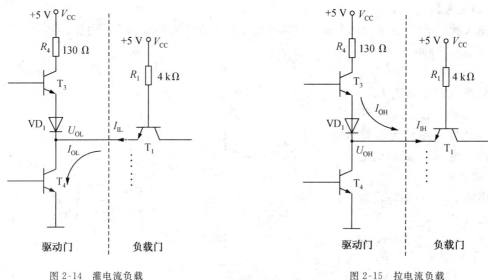

图 2-14 灌电流负载   图 2-15 拉电流负载

$$N_{OH} = \frac{I_{OH}}{I_{IH}}$$

②拉电流扇出系数 N_{OH}

如图 2-15 所示,当驱动门输出高电平时,将有电流 I_{IH} 从驱动门流出而流入负载门。当负载门的个数增加时,必将引起输出高电压的降低,输出高电平时的扇出系数为

式中 I_{OH}——驱动门输出端电流,这里一般取驱动门允许流出电流的最大值;

I_{IH}——负载门输入端电流,也就是负载门输入端允许流入电流最大值。

通常输出低电平电流 I_{OL} 大于输出高电平电流 I_{OH},灌电流扇出系数与拉电流扇出系数不相等,在实际的工程设计中,门电路的扇出系数常取二者中的最小值。

【例 2-2】 已知 TTL 与非门 7410 的 $I_{OL} = 16$ mA,$I_{IL} = 1.6$ mA,$I_{OH} = 0.4$ mA,$I_{IH} = 0.04$ mA。求该电路的扇出系数。

解:当输出高电平时

$$N_{OH} = \frac{I_{OH}}{I_{IH}} = \frac{0.4 \text{ mA}}{0.04 \text{ mA}} = 10$$

当输出低电平时

$$N_{\mathrm{OL}} = \frac{I_{\mathrm{OL}}}{I_{\mathrm{IL}}} = \frac{16 \ \mathrm{mA}}{1.6 \ \mathrm{mA}} = 10$$

由于 $N_{\mathrm{OH}} = N_{\mathrm{OL}}$，所以扇出系数 $N = 10$。

9. 传输延迟时间

传输延迟时间是表征门电路开关速度的参数，它表明门电路在输入脉冲波形的作用下，其输出波形相对于输入波形延迟了多长的时间。

TTL 门传输延迟波形如图 2-16 所示，输入波形上升沿的中点与输出波形下降沿的中点之间的时间间隔称为导通延迟时间 t_{PHL}，同理，输入波形下降沿的中点与输出波形上升沿的中点之间的时间间隔称为截止延迟时间 t_{PLH}，平均延迟时间为：

$$t_{\mathrm{Pd}} = \frac{t_{\mathrm{PLH}} + t_{\mathrm{PHL}}}{2}$$

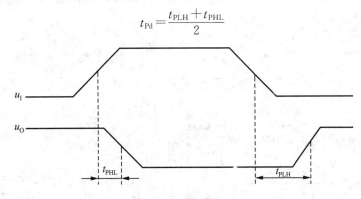

图 2-16　TTL 门传输延迟波形

10. 功耗

功耗分为静态功耗和动态功耗。静态功耗为电路没有状态转换时的功耗，即非门空载时电源总电流与电源电压 V_{CC} 的乘积。它又分为空载导通功耗和空载截止功耗。

(1) 空载导通功耗 P_{ON}

负载开路，非门导通，输出为低电平时所消耗的电源功率。即

$$P_{\mathrm{ON}} = I_{\mathrm{CCL}} \cdot V_{\mathrm{CC}}$$

(2) 空载截止功耗 P_{OFF}

负载开路，非门截止，输出为高电平时所消耗的电源功率。即

$$P_{\mathrm{OFF}} = I_{\mathrm{CCH}} \cdot V_{\mathrm{CC}}$$

(3) 电源平均功耗为：$\overline{P} = \frac{1}{2}(P_{\mathrm{ON}} + P_{\mathrm{OFF}})$

动态功耗只发生在状态转换的瞬间，或者电路中有电容性负载时。TTL 门电路中静态功耗是主要功耗。

11. 延时功耗积

理想的数字电路或系统，要求速度高、功耗小，在工程中，要实现这种理想情况是比较难的。一般用综合指标——延时功耗积来衡量数字系统的性能。延时功耗积用符号 DP 表示，单位为焦耳。即

$$DP = t_{\mathrm{Pd}} \cdot P_{\mathrm{D}}$$

式中　$t_{\mathrm{Pd}} = \dfrac{t_{\mathrm{PLH}} + t_{\mathrm{PHL}}}{2}$，$P_{\mathrm{D}}$——门电路的功耗。

2.3.3 其他类型的 TTL 门电路

1. TTL 与非门

图 2-17 所示为 TTL 与非门的电路图,和 TTL 反相器相比,除了输入级 T_1 采用了多发射极三极管外,其他电路部分相同。VD_1、VD_2 为输入端保护二极管,是为抑制输入端电压负向尖脉冲而设置的。

TTL 与非门工作原理和 TTL 反相器类似,当输入端 A、B 中只要有一个为 0,即低电平时,T_1 饱和导通,T_2、T_4 截止,T_3 和 VD 导通,输出为高电平,即 $Y=1$。只有当输入端 A、B 同时为 1,即高电平时,T_1 倒置,T_2、T_4 饱和导通,T_3 和 VD 截止,输出为低电平,即 $Y=0$。其输入输出逻辑关系为:

$$Y = \overline{A \cdot B}$$

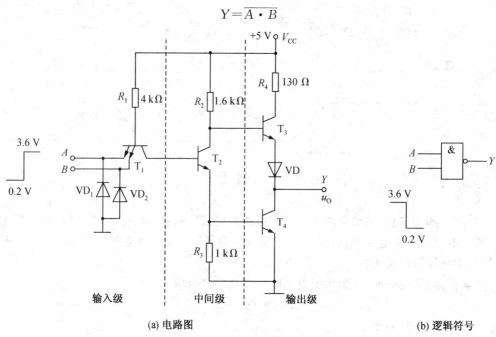

(a) 电路图　　　　　　　　　　　　　　　　(b) 逻辑符号

图 2-17　TTL 与非门

TTL 与非门真值表见表 2-7。

表 2-7　　　　　　　　**TTL 与非门真值表**

A	B	Y
0	0	1
0	1	1
1	0	1
1	1	0

2. TTL 或非门

图 2-18 所示为 TTL 或非门的电路图,R_1、T_1、R_1'、T_1' 构成输入级,T_2、T_2' 和 R_2、R_3 构成中间级,T_3、T_4、R_4 和 VD 构成输出级。

工作原理为:当输入 A、B 端中只要有一个为 1,即高电平,例如 $A=1$,那么 T_1 倒置,T_2、T_4 饱和导通,输出为低电平,即 $Y=0$。只有当输入 A、B 全为 0,即低电平时,T_1、T_1' 饱和导通，T_2、T_2' 均截止，T_4 也截止，T_3 和 VD 导通，输出高电平，即 $Y=1$。

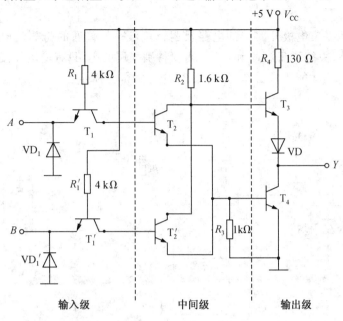

图 2-18　TTL 或非门

TTL 或非门真值表见表 2-8。

表 2-8　　　　　　TTL 或非门真值表

A	B	Y
0	0	1
0	1	0
1	0	0
1	1	0

3. 集电极开路门（OC 门）

(1)线与

在工程实践中，往往需要将两个或多个逻辑门的输出端连接在一起，以实现与逻辑功能，称为线与。

前边介绍的 TTL 门电路，其输出端不允许连接在一起，也就无法实现线与功能。这是由于对于一般的 TTL 门电路（以 TTL 与非门为例），若将两个（或多个）与非门的输出端直接相连，如图 2-19 所示。与非门 G_1 和 G_2 输出端并联起来，当 G_1 输出高电平，G_2 输出低电平时，G_1 的 T_3 导通，G_2 的 T_4' 导通，将产生较大的电流 i_O 从 G_1 流经 G_2 到地，该电流值将远远超出器件的额定值，容易将器件损坏。

为了解决这一问题，可以采用集电极开路门（OC 门），OC 门的输出端可以直接相连，实现线与。

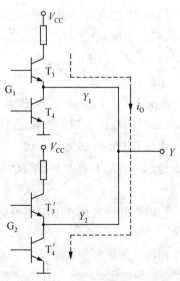

图 2-19　两个与非门输出端并联时电流流通情况

（2）OC 门的电路组成及工作原理

①电路组成

图 2-20 所示是集电极开路门的电路及逻辑符号。与普通的与非门电路相比，输出管 T_4 的集电极开路，去掉了 T_3、R_4 和 VD。需要特别强调的是，只有输出外接电源电压 V_{CC} 和上拉电阻 R_L，OC 门才能正常工作，如图 2-20 中虚线部分所示。

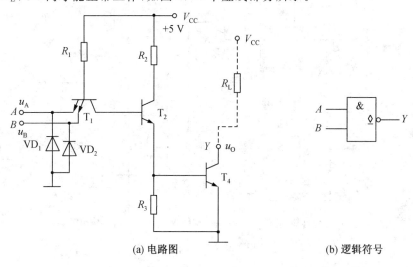

(a) 电路图   (b) 逻辑符号

图 2-20 集电极开路门（OC 门）

②工作原理

当 $u_A = u_B = U_{IH}$ 时，T_4 饱和导通，$u_O = U_{CES} = U_{OL}$，输出低电平。当 u_A、u_B 中至少有一个为低电平 U_{IL} 时，T_4 截止，输出电压通过外接电源和上拉电阻获得，此时输出电压 $u_O = U_{OH}$。

图 2-21 所示为两个集电极开路与非门线与连接起来的逻辑图，其输出为

$$Y = Y_1 \cdot Y_2 = \overline{A \cdot B} \cdot \overline{C \cdot D} = \overline{AB + CD}$$

图 2-21 所示电路中，只要上拉电阻 R_L 选择得合适，就不会因电流过大而烧坏芯片，因此，实际应用中，必须要合理选取上拉电阻的阻值。

（3）上拉电阻 R_L 的估算

①R_{Lmax} 的计算

将 n 个 OC 门线与连接，输出端接有 m 个与非门作为负载，且每个负载门均有 k 个输入端，则负载门总输入端个数为 $g = mk$。

当所有 OC 门都为截止状态，输出电压 u_O 为高电平 U_{OH} 时，为保证输出高电平 U_{OH} 不低于规定值，R_L 不能太大，即 R_L 应有上限值，图 2-22 所示电路中，流过 R_L 的最小电流为

$$I_{Rmin} = nI_{OH} + mkI_{IH}$$

为保证输出高电平 U_{OH} 不低于允许的高电平最小值 U_{OHmin}，必须保证

$$R_L \cdot I_{Rmin} \leqslant V_{CC} - U_{OHmin}$$

即

$$R_{Lmax} = \frac{V_{CC} - U_{OHmin}}{I_{Rmin}} = \frac{V_{CC} - U_{OHmin}}{nI_{OH} + mkI_{IH}}$$

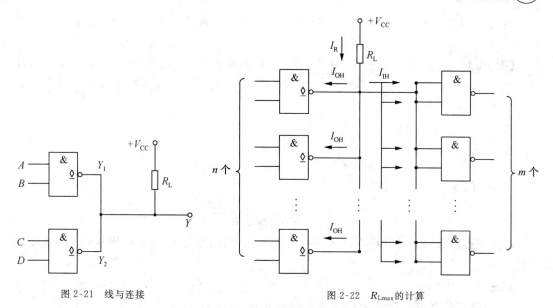

图 2-21 线与连接

图 2-22 R_{Lmax} 的计算

②R_{Lmin} 的计算

当任何一个 OC 门处于导通状态时,输出电压 u_O 将变为低电平 U_{OL},而且,应当确保在最不利的情况下——所有负载门电流全部流入唯一的一个导通门时,输出低电平仍为规定值,则 R_L 的值不能太小,即 R_L 应有下限值。

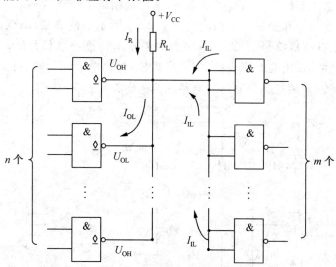

图 2-23 R_{Lmin} 的计算

根据图 2-23 所示电路,可求得流过 R_L 的最大电流为

$$I_{Rmax} = I_{OL} - mI_{IL}$$

为了保证输出低电平 U_{OL} 不超过允许低电平的最大值 U_{OLmax},必须保证

$$R_L \cdot I_{Rmax} \geqslant V_{CC} - U_{OLmax}$$

即

$$R_{Lmin} = \frac{V_{CC} - U_{OLmax}}{I_{OL} - mI_{IL}}$$

当 R_{Lmin} 和 R_{Lmax} 的值确定后，只要根据实际需要在这两个值之间选择一个标称电阻值即可。

【例 2-3】 已知 TTL 与非门 74LS01（OC 门）驱动 8 个 74LS04 反相器，试确定一合适大小的上拉电阻。反相器的参数为：$V_{CC}=5$ V，$U_{OLmax}=0.5$ V，$I_{OLmax}=8$ mA，$I_{IL}=400$ μA，$U_{IHmin}=2$ V，$I_{IH}=20$ μA。

解：当 OC 门输出低电平时，有

$$R_{Lmin}=\frac{V_{CC}-U_{OLmax}}{I_{OL}-mI_{IL}}=\frac{5\ V-0.5\ V}{8\ mA-8\times0.4\ mA}\approx0.94\ k\Omega$$

当 OC 门输出高电平时，$I_{OH}\approx0$，有

$$R_{Lmax}=\frac{V_{CC}-U_{OHmin}}{I_{Rmin}}=\frac{V_{CC}-U_{OHmin}}{nI_{OH}+mkI_{IH}}=\frac{5\ V-2\ V}{8\times0.02\ mA}=18.75\ k\Omega$$

根据上述计算，R_L 的值可在 $0.94\sim18.75$ $k\Omega$ 选择，这里可以选择标准值为 1 kΩ 的电阻。

4. 三态门

（1）电路结构及逻辑符号

基本的 TTL 门电路，其输出有两种状态：高电平和低电平。无论哪种输出，门电路的直流电阻都很小，都称为低阻输出。

TTL 三态门又称 TSL（Three State Logic）门，它有三种输出状态：高电平状态、低电平状态和高阻状态（禁止态）。其中，高阻状态下，输出端相当于开路。三态门是在普通门的基础上，加上使能控制信号和控制电路构成的。图 2-24 所示是使能端 $\overline{EN}$ 低电平有效的三态与非门的电路图及其逻辑符号。$\overline{EN}$ 低电平有效是指当使能控制信号 $\overline{EN}$ 为低电平时电路才实现与非逻辑功能，输出高电平或低电平，而当 $\overline{EN}$ 为高电平时，输出高阻态。图 2-25 是使能端 EN 高电平有效的三态与非门的电路图及逻辑符号。

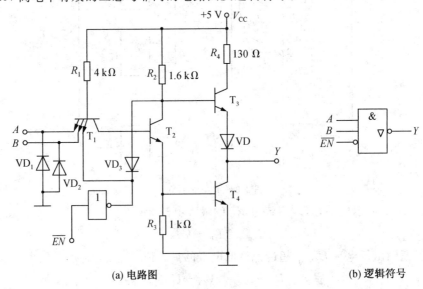

(a) 电路图　　　　　　　　　　　(b) 逻辑符号

图 2-24　三态输出与非门（使能端低电平有效）

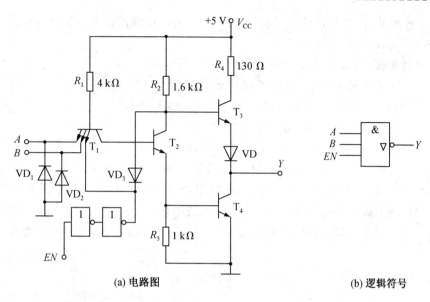

(a) 电路图   (b) 逻辑符号

图 2-25 三态输出与非门（使能端高电平有效）

（2）应用

图 2-26 所示是三态门应用中的几个例子。

① 用于多路开关

在图 2-26(a)中，两个三态非门是并联的，使能端 $\overline{EN}$ 是整个电路的使能端。当 $\overline{EN}=0$ 时，G_1 正常工作，G_2 禁止，$Y=\overline{A_1}$；当 $\overline{EN}=1$ 时，G_1 禁止，G_2 正常工作，$Y=\overline{A_2}$；G_1、G_2 构成两个开关，可以根据需要将信号 A_1 或 A_2 取反后送到输出端。

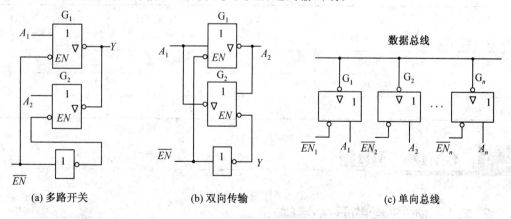

(a) 多路开关   (b) 双向传输   (c) 单向总线

图 2-26 三态门应用举例

②用于信号双向传输

在图 2-26(b)中，两个三态非门并联起来构成双向开关，当 $\overline{EN}=0$ 时信号向右传输，$A_2=\overline{A_1}$；当 $\overline{EN}=1$ 时信号向左传输，$A_1=\overline{A_2}$。

③构成数据总线

三态门最重要的一个用途是实现多路数据的分时传送，即用一根传输线分时将不同的数据进行传输。在图 2-26(c)中，n 个三态输出反相器的输出端都连到一根数据总线上，只要让各门的使能端轮流处于低电平，即任何时刻只让一个三态门处于工作状态，而其余的三态门均处于高阻状态,这样,数据总线就会分时传输各门的输出信号。这种用总线来传输数据的方法,在计算机中被广泛采用。

5. 改进型集成 TTL 门电路——抗饱和 TTL 门电路

三极管的开关时间限制了 TTL 门电路的开关速度,为了提高 TTL 门电路的开关速度,在三极管的基极和集电极间跨接肖特基二极管,如图 2-27(b)所示,以缩短三极管的开关时间。肖特基二极管也称为快速恢复二极管,它的导通电压较低,为 0.4～0.5 V,因此开关时间极短,可实现 1 ns 以下的高开关速度,其电路符号如图 2-27(a)所示。加接了肖特基二极管的三极管称为肖特基三极管,其电路符号如图 2-27(c)所示。由肖特基三极管组成的门电路称为肖特基 TTL 门电路,即 STTL 门电路,它的 t_{Pd} 在 10 ns 以内。除典型的肖特基型(STTL)外,还有低功耗肖特基型(LSTTL)、先进的肖特基型(ASTTL)、先进的低功耗型(ALSTTL)等。它们的技术参数各有特点,是在 TTL 工艺的发展过程中逐步形成的。

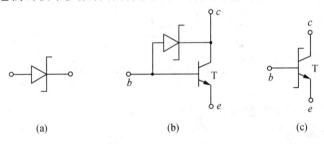

图 2-27　肖特基二极管及三极管

基本 TTL 门电路与肖特基 TTL 门电路的性能比较见表 2-9。

表 2-9　　　　　　　　　TTL 门电路的各种系列的性能比较

类型 参数	通用 TTL (74 系列)	高速 TTL (74H 系列)	肖特基 TTL (74S 系列)	低功耗肖特基 TTL (74LS 系列)
t_{Pd}/ns	10	6	3	9
P_D/mW	10	22	20	2
DP/pJ	100	80	60	18

2.4　CMOS 门电路

2.4.1　MOS 管的开关特性

1. 静态特性

MOS 管是由金属－氧化物－半导体构成的,在 P 型衬底上,利用光刻、扩散等方法,制作出两个 N^+ 型区,并引出电极,分别称为源极 S 和漏极 D,同时在源极和漏极之间的二氧化硅(SiO_2)绝缘层上,制作一个金属电极——栅极 G,这样得到的便是 N 沟道 MOS 管。其结构示意图和符号如图 2-28 所示。

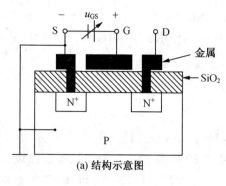
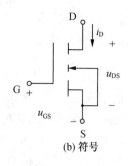

(a) 结构示意图　　　　　　　(b) 符号

图 2-28　MOS 管

（1）漏极特性

反映漏极电流 i_D 和漏极 - 源极之间电压 u_{DS} 关系的曲线称为漏极特性曲线，简称漏极特性，即函数 $i_D = f(u_{DS})\big|_{u_{GS}}$ 表示的曲线特性。如图 2-29（a）所示。

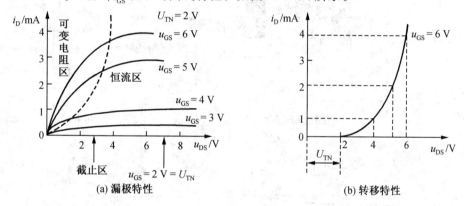

(a) 漏极特性　　　　　　　　(b) 转移特性

图 2-29　MOS 管的特性曲线

当 u_{GS} 为零或很小时，由于漏极 D 和源极 S 之间是两个背靠背的 PN 结，即使在漏极加上正向电压（$u_{DS} > 0$ V），MOS 管中也不会有电流，即 MOS 管处于截止状态。

当 u_{GS} 大于开启电压 U_{TN} 时，MOS 管导通。因为当 $u_{GS} = U_{TN}$（图 2-29 中 $U_{TN} = 2$ V）时，栅极和衬底之间产生的电场已增加到足够强的程度，把 P 型衬底中的电子吸引到交界面处，形成的 N 型层——反型层，把两个 N$^+$ 型区连接起来，即沟通了漏极和源极。所以，称该管为 N 沟道增强型 MOS 管。

可变电阻区：当 $u_{GS} > U_{TN}$ 后，在 u_{DS} 比较小时，i_D 与 u_{DS} 成近似线性关系，因此，可把漏极和源极之间看成是一个可由 u_{GS} 进行控制的电阻，u_{GS} 越大，曲线族越陡，等效电阻越小，如图 2-29（a）所示。

恒流区：当 $u_{GS} > U_{TN}$ 后，在 u_{DS} 比较大时，i_D 仅决定于 u_{GS}，而与 u_{DS} 几乎无关，特性曲线近似水平线，VD、S 之间可以看成是一个受 u_{GS} 控制的电流源。

在数字电路中，MOS 管不是工作在截止区就是工作在可变电阻区，恒流区只是一种过渡状态。

（2）转移特性

反映漏极电流 i_D 和栅极电压 u_{GS} 关系的曲线称为转移特性曲线，简称转移特性，即函数 $i_D = f(u_{GS})\big|_{u_{DS}}$ 表示的曲线特性。

当 $u_{GS} < U_{TN}$ 时，MOS 管截止。当 $u_{GS} > U_{TN}$ 之后，只要在恒流区，转移特性曲线基本是重合在一起的，曲线越陡，表示 u_{GS} 对 i_D 的控制作用越强，即放大作用越强，其放大作用常用转移特性曲线的斜率跨导 g_m 表示，即

$$g_m = \frac{\partial i_D}{\partial u_{GS}} \Big|_{u_{DS}}$$

(3)P 沟道增强型 MOS 管

P 沟道增强型 MOS 管的结构、漏极特性和转移特性如图 2-30 所示，从图 2-30 可以看出，P 沟道增强型 MOS 管和 N 沟道增强型 MOS 管在结构、符号、特性曲线方面是对称的。其衬底是 N 型硅，源极和漏极是两个 P^+ 区，而且它们的 u_{GS}、u_{DS} 极性都是负的，开启电压 U_{TP} 也是负值。

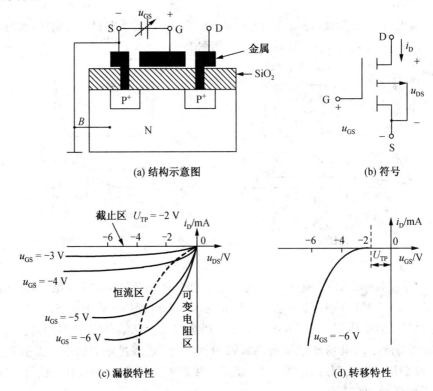

(a) 结构示意图　　　　　　　　　　(b) 符号

(c) 漏极特性　　　　　　　　　　(d) 转移特性

图 2-30　P 沟道增强型 MOS 管

(4)静态开关特性

截止条件：当 N 沟道增强型 MOS 管栅源电压 u_{GS} 小于开启电压 U_{TP} 时，漏极和源极之间还未形成导电沟道，将处于截止状态，此时，漏极和源极之间电阻很大，相当于断开，漏极电流 i_D 为零。

导通条件：当 N 沟道增强型 MOS 管栅源电压 u_{GS} 大于开启电压 U_{TP} 时，漏极和源极之间的导电沟道已形成，MOS 管将工作在导通状态，在数字电路中，MOS 管导通时一般都工作在可变电阻区，其导通电阻 R_{ON} 只有几百欧姆，此时，漏极和源极之间电阻很小，相当于一个具有一定导通电阻的闭合开关。图 2-31 所示为 MOS 管开关电路及直流等效电路。

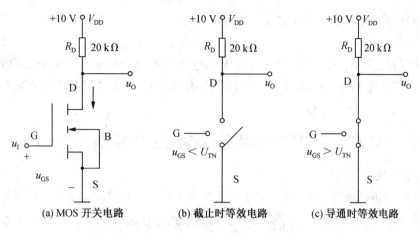

(a) MOS 开关电路   (b) 截止时等效电路   (c) 导通时等效电路

图 2-31 MOS 管开关电路及直流等效电路

2. 动态特性

MOS 管三个电极之间均有电容存在，它们分别是栅源电容 C_{GS}、栅漏电容 C_{GD} 和漏源电容 C_{DS}。C_{GS} 和 C_{GD} 一般为 1～3 pF。C_{DS} 一般为 0.1～1 pF。在数字电路中，MOS 管的动态特性，即开关速度是受这些电容的充、放电过程制约的。

（1）开通时间 t_{on}

u_I 和 i_D 波形如图 2-32 所示，当 u_I 由 $U_{IL}=0$ V 跳变到 $U_{IH}=V_{DD}$ 时，MOS 管需要经过延迟时间 t_{d1} 和上升时间 t_r 之后，才由截止状态转换到导通状态。开通时间为

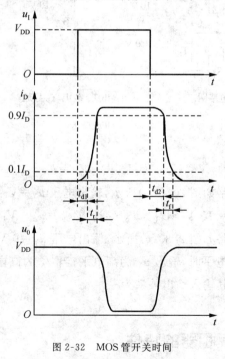

图 2-32 MOS 管开关时间

$$t_{on}=t_{d1}+t_r$$

（2）关断时间 t_{off}

当 u_I 由 $U_{IH}=V_{DD}$ 跳变到 $U_{IL}=0$ V 时，MOS 管需要经过关断延迟时间 t_{d2} 和下降时间 t_f

之后,才由导通状态转换到截止状态。关断时间为

$$t_{\text{off}} = t_{\text{d2}} + t_{\text{f}}$$

MOS 管开关时间是由于其极间电容上的电压不能突变引起的。由于 MOS 管的导通电阻比三极管的饱和导通电阻要大得多,而 R_{D} 比 R_{C} 大,所以,MOS 管的开通和关闭时间比三极管要长,其动态特性较差。

2.4.2　CMOS 反相器的电路结构和工作原理

1. 电路组成

T_{P} 是 P 沟道增强型 MOS 管,其开启电压为 $U_{\text{TP}} = -2$ V,T_{N} 是 N 沟道增强型 MOS 管,其开启电压为 $U_{\text{TN}} = 2$ V,两者按照互补对称形式连接起来便构成了 CMOS 反相器。它们的栅极 G_1、G_2 连接起来作为信号输入端,漏极 VD_1、VD_2 连接起来作为信号输出端,T_{N} 的源极 S_1 接地,T_{P} 的源极 S_2 接电源 V_{DD}。T_{N}、T_{P} 特性对称,$U_{\text{TN}} = |U_{\text{TP}}|$,一般情况下都要求 $V_{\text{DD}} > U_{\text{TN}} + |U_{\text{TP}}|$。其电路如图 2-33(a)所示。

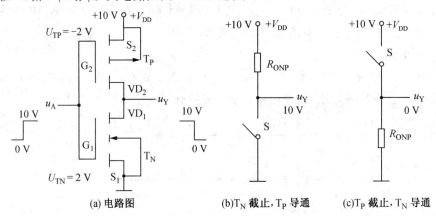

(a) 电路图　　　(b)T_{N} 截止,T_{P} 导通　　　(c)T_{P} 截止,T_{N} 导通

图 2-33　CMOS 反相器

2. 工作原理

当 $u_{\text{A}} = 0$ V 时,$u_{\text{GSN}} = 0$ V$< U_{\text{TN}}$,T_{N} 截止;$u_{\text{GSP}} = u_{\text{A}} - V_{\text{DD}} = 0$ V-10 V$= -10$ V$< U_{\text{TP}}$,T_{P} 导通,简化等效电路如图 2-33(b)所示,输出电压 $u_{\text{Y}} = V_{\text{DD}} = 10$ V。

当 $u_{\text{A}} = 10$ V 时,$u_{\text{GSN}} = 10$ V$> U_{\text{TN}}$,T_{N} 导通;$u_{\text{GSP}} = u_{\text{A}} - V_{\text{DD}} = 10$ V-10 V$= 0$ V$> U_{\text{TP}}$,T_{P} 截止,简化等效电路如图 2-33(c)所示,输出电压 $u_{\text{Y}} = 0$ V。

综上所述,当 u_{A} 为低电平时,输出 u_{Y} 为高电平;当 u_{A} 为高电平时,输出 u_{Y} 为低电平。电路实现了非逻辑运算。其输入输出关系为

$$Y = \overline{A}$$

2.4.3　CMOS 反相器的特性

1. 输入特性

MOS 管的输入电阻很高,在 1×10^{10} Ω 以上,输入电容只有几个 pF,而栅极与沟道之间的二氧化硅绝缘层厚度在 10^{-2} μm 左右,即使很小的感应电荷源,也可以使电荷迅速积累起

来,形成高压,产生介质击穿,从而使电路遭到永久性损坏。所以在实际生产的 CMOS 反相器中都设置了二极管保护网络。

图 2-34(a)所示是带输入端保护网络的 CMOS 反相器。图中 VD_1、VD_2、VD_3 和 R_S 组成了二极管保护网络。一般 VD_1、VD_2、VD_3 的正向导通压降 $u_{DF}=0.5\sim0.7$ V,反向击穿电压在 30 V 左右,$R_S=1.5\sim2.5$ kΩ,C_1、C_2 是栅极等效输入电容。

输入特性曲线反映了 CMOS 反相器的输入端电流与输入端电压的关系,如图 2-34(b)所示。由于 MOS 管输入电阻很高,静态情况下栅极不会有电流,当 u_I 只在 0 V 和 V_{DD} 之间变化时,保护二极管均处于截止状态,$i_I\approx0$;当 $u_I>V_{DD}+u_{DF}$ 时,VD_3 导通,i_I 从输入端经 VD_3 流入 V_{DD},i_I 将随着 u_I 的增加而急剧增加;当 $u_I<-u_{DF}$ 时,VD_1 导通,i_I 经 VD_1、R_S 从输入端流出,输入特性曲线中相应部分的斜率为 $\dfrac{1}{R_S}$。

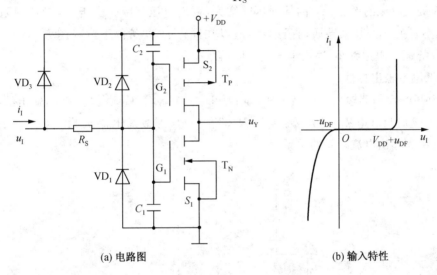

(a) 电路图 (b) 输入特性

图 2-34 带保护电路的 CMOS 反相器

由以上分析可以看出,加了保护二极管后,将 CMOS 反相器的 T_N、T_P 栅极电位限制在 $-u_{DF}\sim V_{DD}+u_{DF}$ 之间,因此不会发生 SiO_2 介质被击穿现象。电阻 R_S 和 C_1、C_2 组成的积分网络,可衰减干扰电压,提高电路工作的可靠性。但是,积分电路对输入信号也会产生延时作用,影响反相器的工作速度,所以 R_S 不能太大。

CMOS 反相器的输入特性反映的就是输入保护网络的特性,当 u_I 超出正常工作范围时,保护电路动作。如果超过保护电路的承受能力,那么反相器就会损坏。

2. 输出特性

(1)高电平输出特性

当 CMOS 反相器输入端接低电平,即 $u_I=U_{IL}=0$ V,T_N 截止,T_P 导通,输出高电平,即 $u_O=U_{OH}$。这时负载电流 i_O 从 V_{DD} 流经 T_P、R_L 到地,形成拉电流负载。如图 2-35 所示。其输出电压和输出电流之间的关系为

$$u_O=V_{DD}-R_{ONP}i_O$$

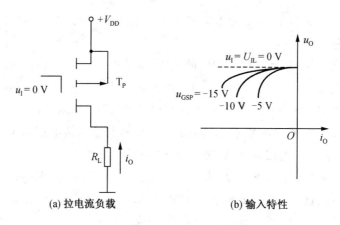

(a) 拉电流负载　　　　　　　(b) 输入特性

图 2-35　高电平输出特性

随着负载电流的增加，T_P 的导通压降增大，输出电压下降。由于 T_P 导通内阻 R_{ONP} 与 u_{GSP} 的大小有关，u_{GSP} 越大导通内阻越小，所以在同样的 i_O 条件下，V_{DD} 越大，则 T_P 导通时 u_{GSP} 越小，导通内阻也越小，输出电压就下降得越少。

(2) 低电平输出特性

当 CMOS 反相器输入端接高电平，即 $u_I = U_{IH} = V_{DD}$，T_N 导通，T_P 截止，输出低电平，即 $u_O = U_{OL}$。这时负载电流 i_O 从 V_{DD} 流经 R_L、T_N 到地，形成灌电流负载。如图 2-36 所示。其输出电压和输出电流之间的关系为

$$u_O = R_{ONP} i_O$$

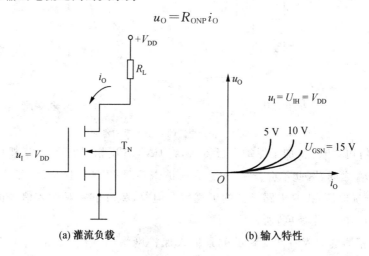

(a) 灌流负载　　　　　　　(b) 输入特性

图 2-36　低电平输出特性

需注意，电源电压 V_{DD} 不同，输出特性也会不同。当 V_{DD} 减小时，$|u_{GSP}|$ 和 u_{GSN} 都会减小，相应 T_N、T_P 的导电沟道会变窄，导通电阻 R_{ONP} 会增加，因而输出高电平 U_{OH} 会下降，输出低电平 U_{OL} 会上升，反相器带负载能力变差。

3. 传输特性

反映输入电压 u_I 与输出电压 u_O 关系的曲线称为电压传输特性。如图 2-37(a) 所示。反映漏极电流 i_D 与输入电压 u_I 的关系曲线称为电流传输曲线。如图 2-37(b) 所示。

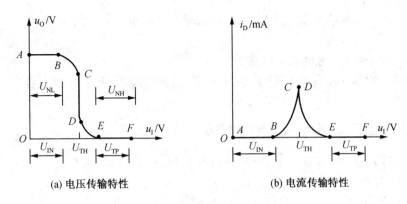

(a) 电压传输特性　　　　　　(b) 电流传输特性

图 2-37　CMOS 反相器的传输特性

（1）特性曲线分析

AB 段：$u_I < U_{TN}$，T_N 截止，T_P 导通，$u_O = V_{DD}$，$i_D = 0$，功耗很小。

BC 段：$u_I > U_{TN}$，T_N 导通，但导通电阻较大，故 u_O 有所下降，i_D 开始逐渐增加，功耗也开始增加。

CD 段：u_I 在 $0.5V_{DD}$ 附近，T_N、T_P 导通，且导通电阻较小，此区域 u_O 随 u_I 急剧变化，i_D 最大，功耗也最大。把输入电压 $u_I = 0.5V_{DD}$ 称为反相器的转折电压或阈值电压，用 U_{TH} 表示。

DE 段、EF 段与 BC 段、AB 段相对应，只不过 T_N、T_P 的工作状态刚好相反。

（2）输入端噪声容限

噪声容限是指 u_O 为规定值时，允许 u_I 波动的最大范围。输入端为低电平时的噪声容限用 U_{NL} 表示；输入端为高电平时的噪声容限用 U_{NH} 表示。CMOS 反相器的 U_{NL}、U_{NH} 都比较大，接近 $0.5V_{DD}$，一般取 $U_{NL} = U_{NH} = 0.3V_{DD}$。显然，随着电源电压的增加，噪声容限也成比例地增加，这也是 CMOS 逻辑电路采用较高电源电压的重要原因。

4. 传输延迟时间

尽管 MOS 管的开关过程中不发生载流子的聚集和消散，但是由于集成电路内部电阻、电容的存在以及负载电容的影响，输出电压的变化仍然滞后于输入电压的变化，从而产生传输延迟。尤其由于 CMOS 电路的输出电阻比 TTL 电路的输出电阻大得多，所以负载电容对传输延迟时间影响更加显著。因此，CMOS 电路开关速度较慢。

5. 功率损耗

CMOS 电路的功耗分为静态功耗和动态功耗。

静态功耗：CMOS 反相器由于在输入端设置了保护电路，另外，电路在制造过程中不可避免地存在一些寄生二极管，所以这些二极管的漏电流就构成了静态电源电流的主要成分。CMOS 电路的静态功耗很小，可以忽略不计。

动态功耗：CMOS 反相器从一种稳定状态突然转变到另一种稳定状态的过程中将产生附加的功耗叫动态功耗。动态功耗由两部分组成：一部分是 NMOS 管和 PMOS 管在状态转换瞬间同时导通所产生的瞬时导通功耗 P_T，另一部分是输出端的负载电容 C_L 充、放电所产生的功耗 P_C。

$$P_T = V_{DD} I_{TAV}$$
$$P_C = C_L f V_{DD}^2$$

式中 I_{TAV}——NMOS 管和 PMOS 管同时导通瞬时电流 i_D 的平均值;

   C_L——负载电容;

   f——输入信号的重复频率。

可见,在工作频率较高的情况下,CMOS 反相器的动态功耗远大于静态功耗,所以 CMOS 电路在高频率情况下,其功耗较大。

2.4.4 其他类型的 CMOS 门电路

在 CMOS 门电路中,除了反相器外,还有与非门、或非门、与或非门、异或门等几种,下面介绍 CMOS 与非门和 CMOS 或非门。

1. CMOS 与非门

CMOS 与非门的基本电路结构如图 2-38(a)所示,在该电路中,两个 N 沟道增强型 MOS 管 T_1、T_3 串联,两个 P 沟道增强型 MOS 管 T_2、T_4 并联。

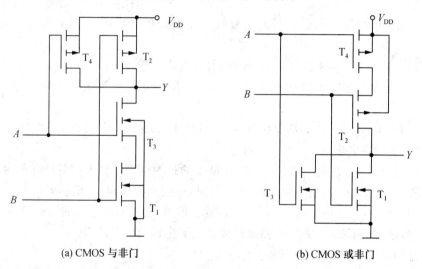

(a) CMOS 与非门   (b) CMOS 或非门

图 2-38 CMOS 与非门、CMOS 或非门

当 A、B 中只要有一个为低电平时,两个串联的 NMOS 管 T_1、T_3 中必然有一个截止(接低电平的截止),而两个并联的 PMOS 管 T_2、T_4 必然有一个导通(接低电平的导通),于是输出为高电平;当输入 A、B 全为高电平时,两个串联的 NMOS 管均导通,而且并联的两个 PMOS 管全部截止,于是输出低电平。该电路实现的逻辑功能为:

$$Y = \overline{AB}$$

2. CMOS 或非门

CMOS 或非门的基本结构如图 2-38(b)所示,在该电路中,两个 N 沟道增强型 MOS 管 T_1、T_3 并联,两个 P 沟道增强型 MOS 管 T_2、T_4 串联。

当 A、B 中只要有一个为高电平,两个并联的 NMOS 管 T_1、T_3 中必然有一个导通(接高电平的导通),而两个串联的 PMOS 管 T_2、T_4 必然有一个截止(接高电平的截止),于是输出 Y 为低电平;当输入 A、B 全为低电平时,两个并联的 NMOS 管均截止,而两个串联的 PMOS 管全部导通,于是输出高电平。该电路实现的逻辑功能为:

$$Y = \overline{A+B}$$

3. 带缓冲级的 CMOS 门电路

上述与非门和或非门虽然简单,但存在着以下缺点:

首先输出电阻 R_O 受输入状态的影响。假设 MOS 管导通内阻为 R_{ON},截止内阻 $R_{OFF} \approx \infty$,根据前面分析可知,对于与非门,当输入 A、B 中有一个为低电平时,T_2、T_4 中有一个导通,输出电阻 $R_O = R_{ON}$;当输入 A、B 全为低电平时,T_2、T_4 均导通,而 T_1、T_3 均截止,输出电阻 $R_O = \frac{1}{2} R_{ON}$;当输入 A、B 全为高电平时,T_2、T_4 均截止,而 T_1、T_3 均导通,输出电阻 $R_O = 2R_{ON}$。

其次,输出的高、低电平受输入端数目的影响。当输出为低电平时,NMOS 管串联越多,输出低电平越高;但输出为高电平时,PMOS 管并联越多,输出电阻越少,输出高电平越高。因此,上述结构的门电路输出电阻和输出高、低电压值受输入状态和个数影响。

为了克服这些缺点,目前生产的 CC4000 系列和 74HC 系列的 CMOS 电路中均采用带缓冲级的结构,就是在基本的单元门电路基础上,在每个输入端和输出端各增加一级反相器,如图 2-39 和图 2-40 所示。

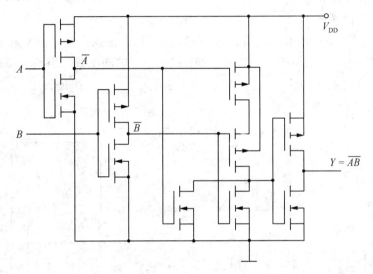

图 2-39　带缓冲级的 CMOS 与非门

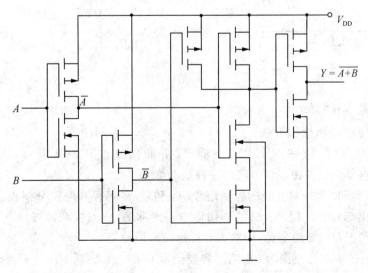

图 2-40　带缓冲级的 CMOS 或非门

这些带缓级的门电路其输出电阻仅决定于最后反相器的开关状态,而不受输入状态的影响。输出的高、低电平也不受输入端个数的影响。但要注意,增设缓冲级后电路的逻辑功能发生变化,原来的与非门变成或非门,而原来的或非门变为与非门。

4. 漏极开路的 CMOS 门和 CMOS 三态门

在 CMOS 电路中有漏极开路输出结构的 OD 门和 CMOS 三态门,它们的作用与 TTL门电路中的 OC 门和三态门相同。

(1)漏极开路的 CMOS 门

图 2-41 所示 CC40107 是两输入的漏极开路与非缓冲/驱动器,它的两个输入端是带缓冲的与非门,中间一级为反相器,输出级是一只漏极开路的 NMOS 管。在输出低电平 U_{OL} <0.5 V 的条件下,它能吸收高达 50 mA 的灌电流。此外,输出的高电平可以转换为 V_{DD2},可以实现输入输出电平转移。

(2)CMOS 三态门

图 2-42 所示是一个低电平控制的 CMOS 三态门,它是在反相器的基础上增加一对附加管,附加管由一个 PMOS 管 T_2' 和一个 NMOS 管 T_1' 串联组成。当控制端 $\overline{EN}=1$ 时,附加管 T_1' 和 T_2' 同时截止,输出 Y 为高阻态;当控制端 $\overline{EN}=0$ 时,附加管 T_1' 和 T_2' 同时导通,反相器正常工作,输出 $Y=\overline{A}$。

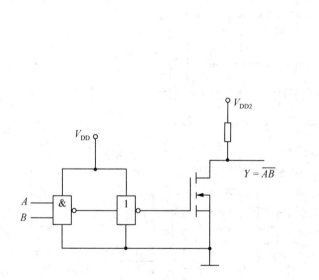

图 2-41 漏极开路的 CMOS 与非门

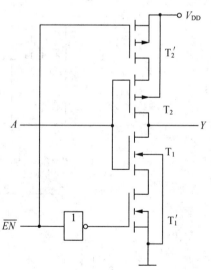

图 2-42 低电平控制的 CMOS 三态器

5. CMOS 传输门和模拟开关

用一个 NMOS 管 T_1 和一个 PMOS 管 T_2 并联构成如图 2-43 所示 CMOS 传输门,CMOS 传输门也是构成各种逻辑电路的一种基本单元。

图 2-43 中 C 和 $\overline{C}$ 为一对互补的控制信号,T_1 和 T_2 的源极和漏极分别相连作为传输门的输入端和输出端,由于 T_1、T_2 管的结构形式是对称的,即漏极和源极可互易使用,因而CMOS 传输门属于双向传输器件,即输入和输出可互换使用。

假定输入电压的变化范围为 $0 \sim V_{DD}$,控制信号 C 和 $\overline{C}$ 的高、低电压分别为 V_{DD} 和 0 V。

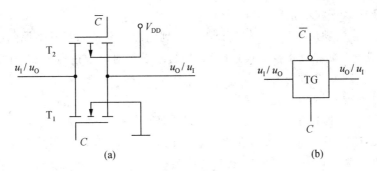

图 2-43　CMOS 传输门及逻辑符号

(1)当 $C=1$、$\overline{C}=0$ 时，传输门接通，此时又分 3 种情况：

①若 $0<u_I<U_{GS(th)N}$ 时，则 T_1 导通，T_2 截止，由于导通电阻很小，故 $u_O=u_I$。

②u_I 升高，当 $U_{GS(th)N}<u_I<V_{DD}-|U_{GS(th)P}|$ 时，T_1、T_2 同时导通，故 $u_O=u_I$。

③ u_I 继续升高，当 $V_{DD}-|U_{GS(th)P}|<u_I<V_{DD}$ 时，T_1 截止，T_2 导通，故 $u_O=u_I$。

(2)当 $C=0$、$\overline{C}=1$ 时，T_1、T_2 同时截止，输入和输出之间呈现高阻状态，输入信号不能传输到输出端，相当于断开。

图 2-43 中 u_I 和 u_O 可以是模拟信号，这时传输门作为模拟开关使用。利用 CMOS 传输门和反相器构成双向模拟开关如图 2-44 所示，图中因为有了反相器，所以只要一个控制信号即可控制电路的接通和断开。

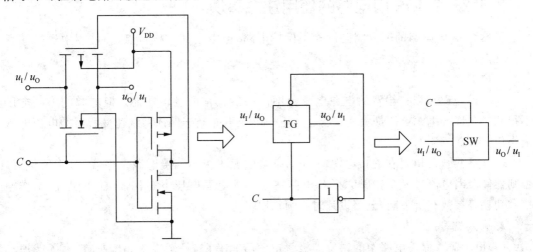

图 2-44　CMOS 双向模拟开关电路结构及符号

2.5　集成门电路的使用注意事项

2.5.1　TTL 门电路的使用注意事项

TTL 门电路产品多为 14 引脚的小规模集成电路。其外形有扁平和双列直插封装两种形式。多数门电路在同一外壳内含有两个以上彼此独立、功能相同、公用电源及接地端的门电路，这些门电路在实际使用时需注意以下几点：

1. 电源及电源干扰的消除

电源电压 V_{CC} 应满足 5 V±5% 的要求,考虑到电源通断瞬间或其他原因引起的冲击电压、外界干扰或电路间相互干扰会通过电源引起,故必须对电源进行滤波,在电源输入端接一个 0.01～0.1 μF 的高频滤波电容。

2. 不用输入端的处理及注意事项

(1)最好不要将不用的输入端悬空,否则易受外界干扰。

(2)与门、与非门多余的输入端通过一个大于或等于 1 kΩ 的电阻接电源;或门、或非门多余的输入端接地。

3. 输出端处理

具有有源推拉输出结构的 TTL 门不允许输出端直接连接。输出端不能过载,更不允许对地短路,也不允许直接接电源。

当输出端连接容性负载时,电路从断开到接通的瞬间有很大的冲击电流流过输出管,会导致输出管的损坏。为防止这一情况,应接入限流电阻,一般当容性负载 C_L 大于 100 μF 时,限流电阻取 180 Ω。

4. 其他

为了避免损坏电路,在焊接时最好选用中性焊剂,焊接后严禁将电路连同印刷电路板放入有机溶剂浸泡清洗,只允许用少量酒精擦洗管脚上的焊剂。

2.5.2　CMOS 门电路的使用注意事项

虽然 CMOS 电路的输入端已设置了保护电路,但由于其结构特点,在使用中还需注意以下几点:

1. 电源

CMOS 电路可以在很宽的电源电压范围内提供正常的逻辑功能。但电源的上限电压不得超过允许的电源电压最大值 $V_{DD(Max)}$,下限电压不能低于保证系统速度所需的电源电压最小值 $V_{DD(min)}$。

CMOS 集成门电路在连接电源时,V_{DD} 应接电源正极,V_{SS} 接电源负极或地,不得接反,否则器件会因电流过大受损。CMOS 电路在不同的电源电压下工作,其输出阻抗、工作频率和功耗等参数有所不同,电路设计时必须加以考虑。

2. 输入端

(1)由于输入保护电路中的钳位二极管电流容量有限,一般在 1 mA 左右,为了保护输入级 MOS 管的氧化层不被击穿,输入信号必须在 V_{SS}～V_{DD} 取值,一般输入低电平取值范围为 $V_{SS} \leqslant V_{IL} \leqslant 30\% V_{DD}$,高电平取值范围为 $70\% V_{DD} \leqslant V_{IH} \leqslant V_{DD}$。每个输入端电流不超过 1 mA 为最佳,并限定在 10 mA 以内。

(2)当输入电流过大,或输入端接线过长,或接大电容、大电感时,应在输入端串接 1～10 kΩ 的保护电阻,将输入电流的瞬态值限定在 10 mA 以下。

(3)未使用的输入端处理方法为:与门和与非门的未使用输入端应接至正电源或高电平;或门和或非门未使用的输入端应接地或低电平。不用的输入端绝对不能悬空。因为悬空的栅极易产生感应电荷,使输入端可能为高电平也可能为低电平,从而造成逻辑错误。

(4)为了防止门电路开关过程中的过冲击电流,在进行实验、测量和调试时,应先接入直流电源,然后接入输入信号源;而关机时应先关闭输入信号源,然后关闭直流电源。

(5)在储存和运输中,最好用金属容器或者导电材料包装,不要放在易产生静电高压的化工材料或化纤织物中。

(6)组装、调试时,电烙铁、仪表、工作台等均应良好接地;要防止操作人员的静电干扰损坏。

3. 输出端

CMOS电路的输出端不应直接和V_{DD}或V_{SS}相连,否则,将因拉电流或灌电流过大而损坏器件。另外,除了三态门和OD门器件外,也不允许CMOS器件输出端并联使用。

输出端与大电容、大电感直接相连时,将使功耗增加、工作速度下降,因此应在输出端和大电容之间串接保护电阻,并尽量减少容性负载的影响。

2.5.3 数字集成电路的接口

在目前TTL电路与CMOS电路并存的情况下,会出现不同类型的集成电路混合使用的情况,这样便出现TTL电路和CMOS电路的连接问题,无论是用TTL电路驱动CMOS电路,还是用CMOS电路驱动TTL电路,驱动门必须能为负载门提供合乎标准的高、低电平和足够的驱动电流,即必须同时满足:

$$U_{OHmin} \geq U_{IHmin}$$

$$U_{OLmax} \geq U_{ILmax}$$

$$I_{OHmax} \geq nI_{IHmax}$$

$$I_{OLmax} \geq mI_{ILmax}$$

式中n、m分别为负载电流中I_{IH}和I_{IL}的个数。

表2-10为几种TTL和CMOS门电路的参数,从表中的参数可知,TTL门电路与74HCT的CMOS门电路可以相互驱动,不需要外加驱动电路。

表2-10   **TTL和CMOS门电路输入输出参数**

电路种类 参数名称	TTL 74系列	TTL 74LS系列	CMOS 4000系列	高速CMOS 74HC系列	高速CMOS 74HCT系列
U_{OHmin}/V	2.4	2.7	4.6	4.4	4.4
U_{OLmax}/V	0.4	0.5	0.05	0.1	0.1
I_{OHmax}/mA	−0.4	−0.4	−0.51	−4	−4
I_{OLmax}/mA	16	8	0.51	4	4
U_{IHmin}/V	2	2	3.5	3.5	2
U_{ILmax}/V	0.8	0.8	1.5	1	0.8
$I_{IHmax}/\mu A$	40	20	0.1	0.1	0.1
I_{ILmax}/mA	−1.6	−0.4	-0.1×10^{-3}	-0.1×10^{-3}	-0.1×10^{-3}

1. TTL门电路的74系列、74LS系列驱动CMOS门电路的74HC系列

根据表2-10可知,无论74系列还是74LS系列作驱动门电路,低电平时的电压、电流,高电平时的电流都能驱动一个以上的CMOS门电路,但TTL门电路的输出高电平的电压幅度不足以驱动CMOS门电路,因此需要增加驱动电路,以提升TTL门电路输出高电平时的电压。

最简单的方法是在 TTL 门电路的输出端加上拉电阻 R_L，如图 2-45 所示。当 TTL 门电路的输出级为高电平时，输出端与地之间的负载三极管截止，由于外加上拉电阻，TTL 门电路输出级的输出端与电源之间的驱动三极管也截止，因此输出电平

$$U_{OH} = V_{DD} - R_L(I_O + nI_{IH})$$

式中 I_O 为 TTL 门电路输出级负载三极管 T_3 截止时的漏电流。由于 I_O 和 I_{IH} 都很小，所以只要 R_L 的阻值不是特别大，输出高电平就能提升至 $U_{OH} \approx V_{DD}$。

当 CMOS 电路的电源电压较高时，所要求的

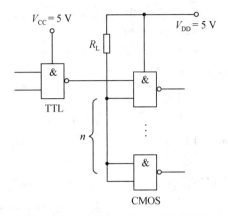

图 2-45　TTL 门电路驱动 CMOS 电路

U_{IHmin} 的值将超过 TTL 推拉输出级所能承受的电压。例如，CMOS 电路工作在 $V_{DD} = 15V$ 时，要求的 $U_{IHmin} = 11\ V$，因此 TTL 电路输出级的高电平必须大于 11 V。在这种情况下，应采用集电极开路(OC)输出结构的 TTL 门电路作驱动门，OC 门的输出三极管的耐压值可达 30 V 甚至更高，此时上拉电阻的阻值计算与 OC 门外加电阻的计算方法相同。

2. CMOS 门电路驱动 TTL 门电路

用 CMOS4000 系列门电路驱动 TTL 门电路，低电平时，驱动门的电流达不到要求；而高电平时，电压和电流都满足要求。因此需要扩大 CMOS 门电路输出低电平时吸收负载电流的能力。

一种方法是在 CMOS4000 系列电路的输出级增加一级 CMOS 驱动器，如增加一个 CC4010，当 $V_{DD} = 5\ V$ 时，其最大负载电流 $I_{OL} \geqslant 3.2\ mA$，足以同时驱动两个 74 系列的 TTL 门电路。也可以选用漏极开路的 CMOS 驱动器，如 CC40107 的工作电源电压为 $V_{DD} = 5\ V$ 时，输出低电平时的负载能力为 $I_{OL} \geqslant 16\ mA$，能同时驱动 10 个 74 系列 TTL 门电路。

另一种方法是在 CMOS4000 系列门电路的输出级增加一级 CMOS 74HCT 系列门电路，而 CMOS 74HCT 系列门电路无论输出高、低电平，输出电流都符合 TTL 门电路的要求。

<<< 本 章 小 结 >>>

半导体二极管、三极管和 MOS 管是数字电路中的基本开关元件。二极管具有单向导电性，三极管是电流控制的具有放大特性的开关元件，MOS 管是用电压控制的具有放大特性的开关元件。二极管与门、二极管或门和三极管非门是最基本的分离元件门电路。

集成电路分为 TTL 和 CMOS 两大类。其主要电气特性有电压传输特性、噪声容限、功率损耗、传输延迟时间、开门电平、关门电平、扇入扇出系数等。

TTL 门电路具有工作速度高、带负载能力强等优点；CMOS 门电路具有功耗低、集成度高、工作电压范围宽、抗干扰能力强等特点，它们都是目前广泛采用的集成电路。在逻辑门电路的实际应用中，有可能遇到不同类型门电路之间，门电路与负载之间的接口技术问题以及抗干扰工艺问题。正确分析与解决这些问题，是数字电路设计工作者应当掌握的基本功。

<<< 习 题 >>>

2-1 指出下列情况下 TTL 与非门输入端的逻辑状态。

(1)输入端接地

(2)输入端接电压低于 0.8 V 的电源。

(3)输入端接前级门的输出低电平+0.3 V。

(4)输入端接电源电压 V_{CC}=+5 V。

(5)输入端接前级门的输出高电平 2.7～3.6 V。

(6)输入端悬空。

(7)输入端接高于+1.8 V 的电压。

2-2 分立元件非门如图 2-46 所示。

(1)求三极管截止的最大输入电压值;

(2)试求使三极管饱和导通的最小输入电压值;

(3)判断在输入电压分别为 0 V、3 V、5 V 时,三极管的工作状态,并求出对应的输出电压值;

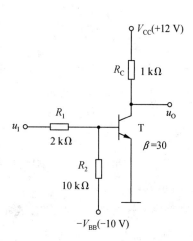

图 2-46 题 2-2 图

(4)为使输入高电平时三极管深度饱和,可采用哪些措施?

2-3 写出图 2-47 所示集成 TTL 门电路输出信号的逻辑表达式。

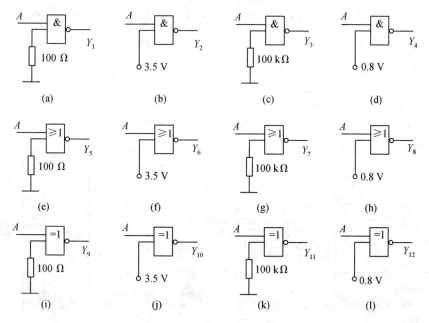

图 2-47 题 2-3 图

2-4 在图 2-48 所示电路中,MOS 管导通电阻 $R_{ON} = 500\ \Omega$,分析估算各自的输出电压 u_O。

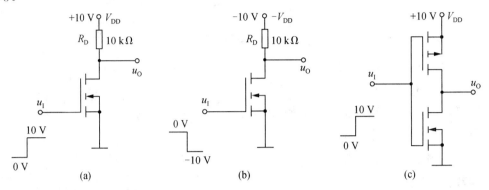

图 2-48 题 2-4 图

2-5 写出图 2-49 所示电路输出 Y 的逻辑表达式,若要求 $U_{OH} \geqslant 3$ V,计算负载电阻 R_L 的最小值。

2-6 计算 74 系列 TTL 或非门 g_m 能驱动多少个同样的或非门。要求 g_m 输出的高、低电平符合 $U_{OH} \geqslant 3.2$ V,$U_{OL} \leqslant 0.4$ V。或非门的输入电流 $I_{IL} \geqslant -1.6$ mA,$I_{IH} \leqslant 40\ \mu A$。当 $U_{OL} \leqslant 0.4$ V 时输出电流的最大值为 $I_{OL(max)} = 18$ mA,当 $U_{OH} \geqslant 3.2$ V 时输出电流的最大值为 $I_{OHmax} = -0.5$ mA。g_m 的输出电阻可忽略不计。

2-7 计算图 2-50 所示电路中上拉电阻 R_L 的取值范围。其中 G_1、G_2、G_3 是 74LS 系列 OC 门,输出管截止时的漏电流 $I_{OH} \leqslant 100\ \mu A$,输出低电平 $U_{OL} \leqslant 0.4$ V 时允许的最大负载电流 $I_{OLmax} = 10$ mA。G_4、G_5、G_6 是 74LS 系列或非门,它们的输入电流为 $I_{IL} \geqslant -0.4$ mA,$I_{IH} \leqslant 20\ \mu A$。

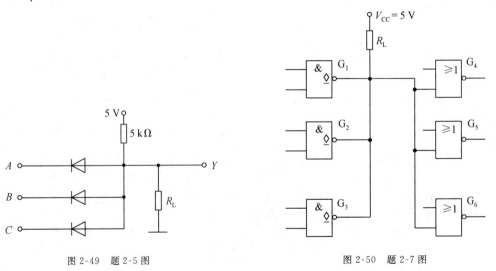

图 2-49 题 2-5 图   图 2-50 题 2-7 图

2-8 设有一 74LS00 反相器驱动两个 7404 反相器和 4 个 74LS00 反相器。(1)问驱动门是否超载?(2)若超载,试提出一改进方案;若未超载,问还可增加几个 74LS00 门?

2-9 TTL 门电路如图 2-51 所示,已知门电路的参数为 $U_{OH}=3.6$ V,$U_{OL}=0.1$ V,$U_{IHmin}=2.4$ V,$U_{ILmax}=0.4$ V,$I_{IL}=-1.4$ mA,$I_{IH}=20$ μA,$I_{OL}=10$ mA,$I_{OH}=500$ μA。为了保证电路正常工作,试确定电阻 R_1、R_2 的取值范围。

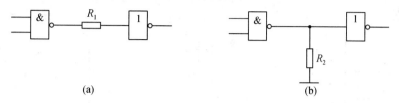

(a)　　　　　　　　　　　(b)

图 2-51 题 2-9 图

2-10 集成门电路如图 2-52 所示,写出 $Y_1 \sim Y_5$ 的逻辑表达式,并根据输入信号 A、B、C 的波形,画出输出信号 $Y_1 \sim Y_5$ 的波形。

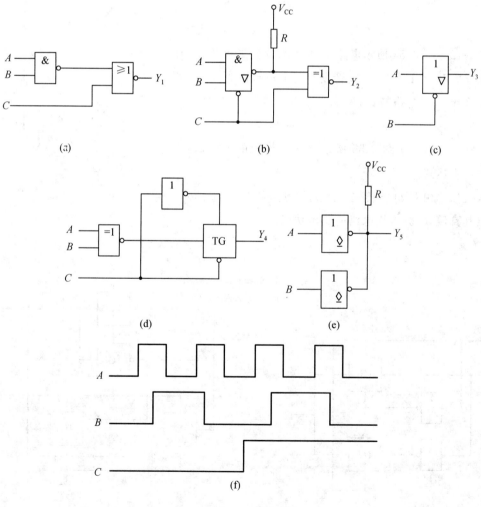

图 2-52 题 2-10 图

2-11 某厂生产的双互补对以及反相器引出端如图 2-53 所示,试分别连接构成:(1)三个反相器;(2)三输入端或非门;(3)三输入端与非门;(4)传输门(一个非门控制两个传输门分时传输)。

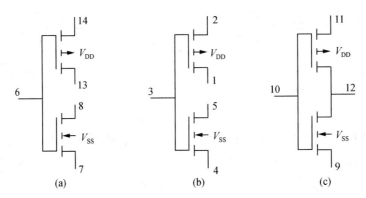

图 2-53 题 2-11 图

2-12 图 2-54 所示电路中,VD 为发光二极管,其导通压降为 $U_D=1.8$ V,二极管发光时电流范围为 $6\ mA \leqslant i_D \leqslant 12\ mA$,门电路的 $U_{OL}=0.2$ V,估算限流电阻 R 的取值范围。

2-13 试分析图 2-55 所示传输门构成的电路,写出其逻辑表达式。

2-14 由 CMOS 传输门构成的电路如图 2-56 所示,列出其真值表,分析该电路的逻辑功能。

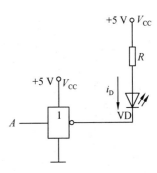

图 2-54 题 2-12 图

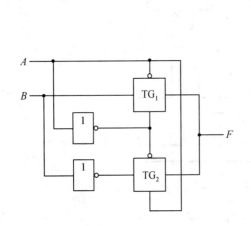

图 2-55 题 2-13 图

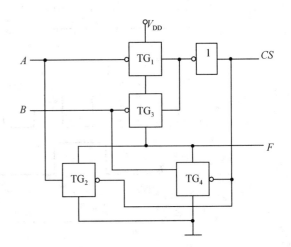

图 2-56 题 2-14 图

2-15 当 CMOS 和 TTL 两种门电路互联时,要考虑哪几个电压和电流参数?这些参数应满足怎样的关系?

2-16　当用 74LS 系列 TTL 电流驱动 74HCT 系列 CMOS 电路时,是否需要接口电路? 计算其扇出系数。

2-17　电路如图 2-57 所示,已知 CMOS 的输出电压 $U_{OH}=4.7$ V,$U_{OL}=0.1$ V,TTL 门的高电平输入电流 $I_{IH}=20$ μA,低电平输入电流 $I_{IL}=-0.4$ mA。试计算接口电路的输出电位 u_O,并说明接口参数选择是否合理?

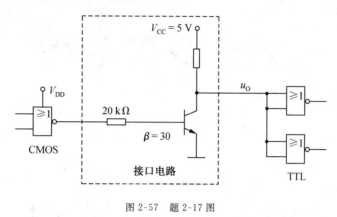

图 2-57　题 2-17 图

第**3**章

DISANZHANG

组合逻辑电路

学习目标

　　本章介绍组合逻辑电路的分析方法和设计方法,以及编码器、译码器、数据选择器、数据分配器、加法器、数值比较器等常用的中规模组合逻辑器件,重点介绍用中规模集成电路(MSI)设计组合逻辑电路。最后简单介绍组合逻辑电路中的竞争-冒险问题。

能力目标

　　理解组合逻辑电路的基本概念、特点,掌握组合逻辑电路的一般分析、设计方法。重点掌握常用中规模集成电路(MSI)的工作原理、逻辑功能、使用方法及典型应用。

3.1 组合逻辑电路的特点

　　数字电路是由各种功能的逻辑部件组成的,这些逻辑部件按其结构可分为组合逻辑电路和时序逻辑电路两大类。由门电路组成且无反馈的逻辑电路称为组合逻辑电路,门电路是组合逻辑电路的最基本单元。

1. 组合逻辑电路的定义

　　图 3-1 所示是组合逻辑电路的示意图,I_0、I_1、$\cdots$、I_{n-1} 是输入逻辑变量,Y_0、Y_1、$\cdots$、Y_{m-1} 是输出逻辑变量。任何时刻电路的稳定输出仅仅决定于该时刻各个输入变量的取值,将这样的逻辑电路称为组合逻辑电路,简称组合电路。

图 3-1　组合逻辑电路示意图

输入变量和输出变量之间的逻辑关系可以表示为

$$Y_0(t_N) = f[I_0(t_N), I_1(t_N), \cdots, I_{n-1}(t_N)]$$
$$Y_1(t_N) = f[I_0(t_N), I_1(t_N), \cdots, I_{n-1}(t_N)]$$
$$\vdots$$
$$Y_{m-1}(t_N) = f[I_0(t_N), I_1(t_N), \cdots, I_{n-1}(t_N)]$$

也可写为

$$Y(t_N) = f[I(t_N)]$$

上式表明 t_N 时刻电路的稳定输出 $Y(t_N)$ 仅决定于 t_N 时刻的输入 $I(t_N)$，$Y(t_N)$ 与 $I(t_N)$ 的逻辑关系称为组合逻辑函数。

2. 组合逻辑电路的特点

组合逻辑电路具有如下特点：

(1)输入、输出之间没有反馈延迟通路。

(2)电路中不含具有记忆功能的元件。

组合逻辑电路最重要的特点是任何时刻电路的输出只与该时刻电路的输入有关，而与电路以前的状态无关。

组合逻辑电路是组合逻辑函数的电路实现，所以表示逻辑函数的几种方法：真值表、卡诺图、逻辑表达式、时序图都可以用来表示组合逻辑电路的逻辑功能。

3.2　组合逻辑电路的分析方法和设计方法

3.2.1　组合逻辑电路的分析方法

组合逻辑电路的分析就是根据给定的逻辑电路图，分析其逻辑功能。分析组合逻辑电路的步骤如下：

(1)根据逻辑电路图，从输入到输出写出逻辑函数表达式。

(2)将得到的逻辑函数表达式进行化简和变换。

(3)根据化简后的逻辑函数表达式列出真值表。

(4)根据真值表和化简后的逻辑函数表达式对逻辑电路进行分析，最后确定其逻辑功能。

下面举例说明组合逻辑电路的分析方法。

【例 3-1】　分析如图 3-2 所示逻辑电路的逻辑功能。

解：(1)根据已知电路图写出函数表达式为

$$Z = AB + BC + AC$$

此逻辑表达式已是最简。

(2)列真值表，见表 3-1。

(3)由真值表可以看出电路的逻辑功能为：当 A、

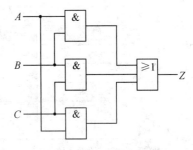

图 3-2　例 3-1 逻辑电路图

B、C 三个输入中有二个或三个输入取值为 1 时，输出 Z 为 1，其余输入组合时输出 Z 为 0，即输入多数为 1 时输出为 1。此为三输入的多数表决器电路。

表 3-1 真值表

A	B	C	Z
0	0	0	0
0	0	1	0
0	1	0	0
0	1	1	1
1	0	0	0
1	0	1	1
1	1	0	1
1	1	1	1

【例 3-2】 分析如图 3-3 所示逻辑电路图。

解:(1)根据给定逻辑电路图,写出逻辑函数表达式。

从输入端开始,逐级写出各级逻辑门的逻辑函数表达式,并用前一级门的输出作为后一级门的输入,代入各逻辑门的函数表达式,得到给定逻辑电路的逻辑函数表达式。

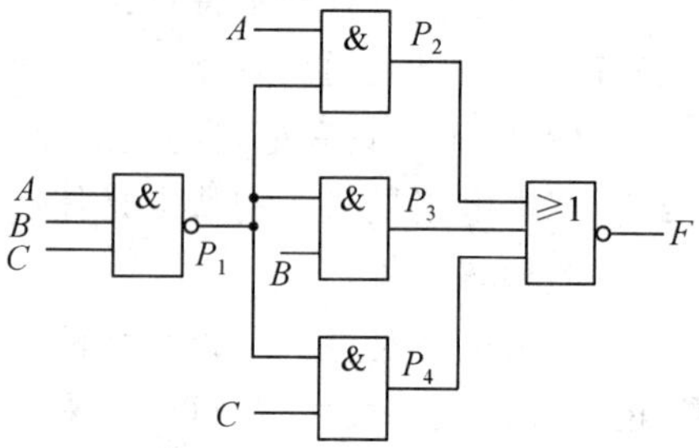

图 3-3　例 3-2 逻辑电路图

$$P_1 = \overline{ABC}$$

$$P_2 = A \cdot P_1 = A \cdot \overline{ABC}$$

$$P_3 = B \cdot P_1 = B \cdot \overline{ABC}$$

$$P_4 = C \cdot P_1 = C \cdot \overline{ABC}$$

$$F = \overline{P_2 + P_3 + P_4} = \overline{A \cdot \overline{ABC} + B \cdot \overline{ABC} + C \cdot \overline{ABC}}$$

(2)化简逻辑函数表达式。采用公式法化简逻辑表达式如下:

$$F = \overline{A \cdot \overline{ABC} + B \cdot \overline{ABC} + C \cdot \overline{ABC}} = \overline{\overline{ABC}(A + B + C)}$$

$$= ABC + \overline{A + B + C} = ABC + \overline{A}\,\overline{B}\,\overline{C}$$

(3)列出逻辑电路的真值表。根据化简后的逻辑函数表达式,得到真值表,见表 3-2。

表 3-2 真值表

A	B	C	F
0	0	0	1
0	0	1	0
0	1	0	0
0	1	1	0
1	0	0	0
1	0	1	0
1	1	0	0
1	1	1	1

(4)逻辑功能分析。从表 3-2 可以看出:当电路的输入 A、B、C 取值为 A＝B＝C 时,电路输出 F 为 1,否则均为 0。也就是说,当电路输入全 0 或全 1 时,输出为 1,而输入不统一时,输出为 0。这表明电路具有判断输入信号是否统一的逻辑功能。

3.2.2　组合逻辑电路的设计方法

组合逻辑电路的设计就是根据给出的实际逻辑问题,设计出能实现这一逻辑功能的最简逻辑电路,它与组合逻辑电路的分析过程刚好相反。

1. 组合逻辑电路的设计方法

(1)根据给定的实际问题分析其因果关系,确定输入变量和输出变量。一般把引起事件的原因作为输入变量,而把事件的结果作为输出变量。

(2)逻辑状态赋值,用 0、1 两种状态分别代表输入变量和输出变量的两种不同状态。至于 0、1 的具体含义完全由设计者根据实际问题确定。

(3)根据确定的输入变量和输出变量以及逻辑赋值,列出真值表。

(4)根据真值表写出逻辑函数表达式并进行化简。

根据真值表写出逻辑函数表达式一般遵循的原则是:将逻辑函数取值为 1 对应的自变量取值组合写为一个乘积项,其中自变量取值为 0 用反变量表示,自变量取值为 1 用原变量表示,然后将这些乘积项加起来即得逻辑函数表达式。

(5)根据实际问题的要求将化简后的逻辑函数表达式进行变换。

对于一个具体的逻辑电路,在进行设计时,要考虑实际拥有的器件特性,即逻辑门的种类、逻辑门的输入端个数、逻辑门的数量等,还要考虑逻辑电路的传输时间以及逻辑门的带负载能力等。

(6)根据逻辑函数表达式(或变换后的逻辑函数表达式),画出逻辑电路图。

以上步骤可以根据实际问题灵活处理,有时可以跳过其中某一个设计步骤。

2. 单输出函数逻辑电路设计

单输出函数逻辑电路就是在一组输入变量下具有一个输出的逻辑电路。

【例 3-3】 拳击比赛中由一名主裁判和两名副裁判共同对运动员的比赛结果进行判定,比赛规则规定:只有主裁判和至少一位副裁判同时判定运动员获胜时,才能最终判定该运动员获胜。试设计一个由三名裁判对某运动员最终比赛结果进行判定的逻辑电路。

解: (1)根据题意,输入为三名裁判,分别用 A、B、C 表示,其中 A 为主裁判,B、C 为副裁判。输出为对某运动员判定的结果,用 F 表示。

(2)逻辑状态赋值,裁判认为该运动员获胜用 1 表示,否则用 0 表示,最终判定该运动员获胜用 1 表示,否则用 0 表示。

(3)根据实际问题列真值表,见表 3-3。

表 3-3　　　　　　　　　　真值表

A	B	C	F
0	0	0	0
0	0	1	0
0	1	0	0
0	1	1	0
1	0	0	0
1	1	0	1
1	0	1	1
1	1	1	1

(4)根据真值表写逻辑函数表达式如下：

$$F = A\overline{B}C + AB\overline{C} + ABC = AC + AB$$

(5)画出逻辑电路图如图 3-4 所示。

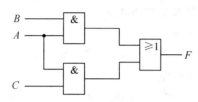

图 3-4　例 3-3 逻辑电路图

【例 3-4】　李四参加四门课程考试。规定如下：

(1)化学：及格得 1 分，不及格得 0 分。

(2)生物：及格得 2 分，不及格得 0 分。

(3)英语：及格得 4 分，不及格得 0 分。

(4)数学：及格得 5 分，不及格得 0 分。

若总得分为 8 分以上(包括 8 分)就可结业。试用与非门设计一个判定李四是否能结业的逻辑电路。

解：输入为数学、英语、生物、化学，分别用 A、B、C、D 表示，其中及格用 1 表示，不及格用 0 表示。输出为李四是否结业，用 F 表示，其中结业用 1 表示，不能结业用 0 表示。列真值表，见表 3-4。

表 3-4　　　　　　　　　　　　　　　真值表

A	B	C	D	F
0	0	0	0	0
0	0	0	1	0
0	0	1	0	0
0	0	1	1	0
0	1	0	0	0
0	1	0	1	0
0	1	1	0	0
0	1	1	1	0
1	0	0	0	0
1	0	0	1	0
1	0	1	0	0
1	0	1	1	1
1	1	0	0	1
1	1	0	1	1
1	1	1	0	1
1	1	1	1	1

根据真值表画出卡诺图,如图 3-5 所示。用卡诺图对逻辑函数表达式进行化简得:

$$F = ACD + AB$$

由于要求用与非门实现逻辑电路,故将逻辑函数表达式变换为与非-与非形式。

$$F = \overline{\overline{ACD + AB}} = \overline{\overline{ACD} \cdot \overline{AB}}$$

根据变换后的逻辑函数表达,画出逻辑电路图,如图 3-6 所示。

图 3-5 例 3-4 卡诺图

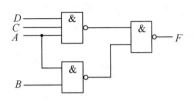

图 3-6 例 3-4 逻辑电路图

【例 3-5】 已知 $A = A_1 A_2$ 和 $B = B_1 B_2$ 是两个两位二进制数,设计一个能判别 $A > B$ 的逻辑电路。

解:根据题意,该电路有四个输入变量:A_1、A_2、B_1、B_2。输出为一个标志输出 F,当 $A_1 A_2 > B_1 B_2$ 时,$F = 1$。当 $A_1 A_2 \leqslant B_1 B_2$ 时,$F = 0$。当 $A_1 = 1$,$B_1 = 0$ 时,可以看出,不管 A_2 和 B_2 为何值,总满足 $A_1 A_2 > B_1 B_2$;当 $A_1 = B_1$ 时,只有在 $A_2 = 1$,$B_2 = 0$ 的情况下才满足 $A_1 A_2 > B_1 B_2$;除上述情况外,$A_1 A_2$ 总是小于等于 $B_1 B_2$。列出简化以后的真值表,见表 3-5,与完整的真值表相比,表 3-5 只列出了 $F = 1$ 的项,表中的"×"表示变量任意取值(0 或 1 均可)。

表 3-5　　　　　　　　　　真值表

A_1	A_2	B_1	B_2	F
1	×	0	×	1
0	1	0	0	1
1	1	1	0	1

根据真值表写出逻辑函数表达式为:

$$F = A_1 \overline{B_1} + \overline{A_1} A_2 \overline{B_1} \overline{B_2} + A_1 A_2 B_1 \overline{B_2}$$

逻辑电路图如图 3-7 所示。

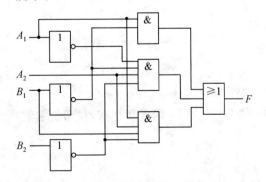

图 3-7 例 3-5 逻辑电路图

【例 3-6】 某民航客机的安全起飞装置在同时满足下列条件时,发出允许滑跑信号: (1)发动机开关接通;(2)飞行员入座,且座位保险带已扣上;(3)乘客入座,且座位保险带已扣上,或座位上无乘客。试写出允许发出滑跑信号的逻辑表达式。

解: 输入变量有:

发动机启动信号 S (发动机启动时 $S=1$,否则 $S=0$);

飞行员入座信号 A (飞行员入座时 $A=1$,否则 $A=0$);

飞行员座位保险带已扣上信号 B (飞行员座位保险带已扣上时 $B=1$,否则 $B=0$);

乘客座位状态信号 M_i (有乘客时 $M_i=1$,无乘客时 $M_i=0$,其中 $i=1,2,3,\cdots,n$);

乘客座位保险带扣上信号 N_i (乘客座位保险带扣上时 $N_i=1$,否则 $N_i=0$,其中 $i=1, 2,3,\cdots,n$);

输出变量为 F ,当允许飞机滑跑时 $F=1$,否则 $F=0$ 。

分析逻辑关系,写出逻辑函数表达式为:

$$F=f(S,A,B,M_i,N_i)$$
$$=S \cdot A \cdot B(M_1 N_1 + \overline{M_1})(M_2 N_2 + \overline{M_2}) \cdots (M_n N_n + \overline{M_n})$$

本例题中由于输入变量较多,无法用列真值表的方式得到逻辑函数表达式,而必须通过分析输入输出之间的逻辑关系直接写出逻辑函数表达式。

3. 多输出函数的组合逻辑电路设计

多输出函数电路就是在同一组输入变量下具有多个输出的逻辑电路,其框图如图 3-1 所示。图中表示的组合电路有 $m(m>1)$ 个输出,在设计输出电路时,如果把每个输出相对一组输入单独地看作一个组合电路,那么其设计方法如前所述。但是多输出电路是一个整体,这样的设计虽然从"局部"来看,每个输出电路是最简的,但从"全局"来看,多输出电路并不是最简的。

设计多输出电路的特殊问题是确定各输出函数的公用项,使整个电路为最简,而不是片面地追求每个输出函数为最简。多输出函数的公用项可通过卡诺图法求得。

【例 3-7】 用与非门实现下列多输出函数

$$F_1 = \sum m(1,3,4,5,7)$$
$$F_2 = \sum m(3,4,7)$$

解: 用卡诺图化简得

$$F_1 = C + A\overline{B}$$
$$F_2 = BC + A\overline{B}\,\overline{C}$$

按化简结果可画出电路图如图 3-8(a)所示。

如果从全局出发统一考虑 F_1 和 F_2 的各项组成,尽量使它们具有公用项 $A\overline{B}\,\overline{C}$,即

$$F_1 = C + A\overline{B}\,\overline{C}$$
$$F_2 = BC + A\overline{B}\,\overline{C}$$

按此表达式画出逻辑电路图如图 3-8(b)所示,比较可以发现,图 3-8(b)比图 3-8(a)中少用一个与非门且少两条连线。也就是说,此时 F_1 表达式虽然不是最简表达式,但由于它

和 F_2 之间存在公用项,从而使整个电路简单了。

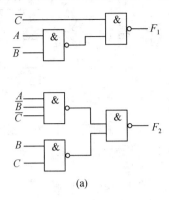
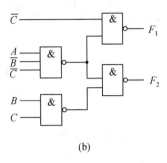

图 3-8　例 3-7 逻辑电路图

4. 考虑级数的组合逻辑电路的设计

前面所有组合逻辑电路的设计都以追求电路最简为目标,而没有考虑所设计电路的速度是否满足要求,以及电路中门电路的扇入/扇出系数是否超出现有集成电路产品的技术指标。下面就讨论这两个问题。

当电路的级数增多时,输出相对输入的传输时延就增大,以致电路的工作速度不能满足要求,此时就要设法压缩电路的级数,或者说,使所设计电路在满足速度的条件下为最简。

当所设计电路的扇入/扇出系数超出现有器件的技术指标时,需要采用增加级数的办法来降低对门电路的扇入/扇出系数的要求,或者说,使所设计的电路在满足现有器件的扇入/扇出系数要求下为最简。

上述两种考虑级数的设计思路是互斥的,因此,在设计电路时,应全面考虑级数问题。对于只要满足其中某一个要求的电路,则可以大胆的压缩级数或增加级数;而对于要同时满足上述两个要求的电路,则要反复协调,以获得一个比较好的折中方案,甚至可以采取其他措施来补救。

电路的级数反映在逻辑函数表达式中就是与、或、非运算的层次数。因此,压缩级数可以采取对逻辑函数求反或展开来减少运算层次。

【例 3-8】 用与非门、与或非门分别实现下列函数。

$$F = AB + \overline{B}C$$

解: 对上式两次求反,可得到“与非-与非”形式。即:

$$F = \overline{\overline{AB + \overline{B}C}} \tag{3-1}$$

$$F = \overline{\overline{AB} \cdot \overline{\overline{B}C}} \tag{3-2}$$

将式(3-2)变换可得与或非形式

$$F = \overline{\overline{AB} \cdot \overline{\overline{B}C}} = \overline{(\overline{A} + \overline{B})(B + \overline{C})}$$
$$= \overline{\overline{AB} + \overline{B}\overline{C}} \tag{3-3}$$

画出式(3-1)、(3-2)、(3-3)的逻辑电路图如图 3-9 所示。

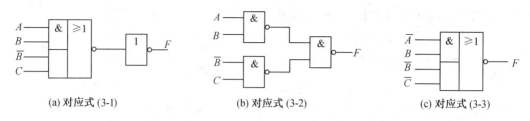

(a) 对应式 (3-1)　　　　　　(b) 对应式 (3-2)　　　　　　(c) 对应式 (3-3)

图 3-9　例 3-8 逻辑电路图

假设非门和与非门的平均传输时延为 t_d,与或非门的平均传输时延为 $1.5t_d$。则图 3-9(a) 的传输时延为 $2.5t_d$,图 3-9(b) 的传输时延为 $2t_d$,图 3-9(c) 的传输时延为 $1.5t_d$,即图 3-9(c) 逻辑电路的传输时延最短,速度最快。

3.3　常用的组合逻辑电路

随着微电子技术的发展,许多常用的组合逻辑电路被制成了中规模集成芯片。由于这些器件具有标准化程度高、通用性强、体积小、功耗小、设计灵活等特点,广泛应用于数字系统的设计中。本节介绍的编码器、译码器、数据选择器、数据分配器、加法器、数值比较器等就是典型的中规模集成组合逻辑器件。

3.3.1　编码器

新生入学,学校管理者会给每个学生一个学号;孩子出生,公安部门会给孩子一个身份证,这就是编码。总的来说,编码就是用文字、符号或者数字表示特定对象的过程。在数字电路中,用二进制代码表示特定含义的信息称为编码,编码器就是将有特定意义的输入数字信号、文字信号等编成相对应的若干位二进制代码形式输出的组合逻辑电路。

1.普通编码器

4 线-2 线编码器的真值表,见表 3-6,4 个输入 I_0 到 I_3 为高电平有效信号,输出是两位二进制代码 Y_1Y_0,任何时刻 $I_0 \sim I_3$ 中只能有一个取值为 1,并且有一组对应的二进制代码输出。除表中列出的 4 个输入变量的 4 种取值组合有效外,其余 12 种组合所对应输出均为 0。

表 3-6　　　　　　　　　　　　4 线-2 线编码器真值表

输入				输出	
I_0	I_1	I_2	I_3	Y_1	Y_0
1	0	0	0	0	0
0	1	0	0	0	1
0	0	1	0	1	0
0	0	0	1	1	1

真值表中,无论输入变量还是输出变量,凡取值为 1 的用原变量表示,取值为 0 的用反变量表示,可得逻辑函数表达式,即

$$Y_1 = \overline{I_0}\,\overline{I_1}\,I_2\,\overline{I_3} + \overline{I_0}\,\overline{I_1}\,I_2\,I_3$$

$$Y_0 = \overline{I_0}\,I_1\,\overline{I_2}\,\overline{I_3} + \overline{I_0}\,\overline{I_1}\,I_2\,I_3$$

根据逻辑表达式画出逻辑图,如图 3-10 所示。

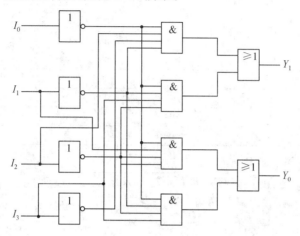

图 3-10　4 线-2 线编码器逻辑电路图

上述编码器中,如果 $I_0 \sim I_3$ 中有 2 个或 2 个以上的取值同时为 1 时,输出会出现错误编码。对于此类问题,可以用优先编码器解决。

2. 优先编码器

在优先编码器电路中,允许同时输入两个或两个以上的编码信号。设计优先编码器时,将所有输入信号按优先顺序排列,在同时存在两个或两个以上输入信号时,优先编码器只按优先级别高的输入信号编码,优先级别低的信号则不起作用。74148 是一个 8 线-3 线优先编码器。图 3-11 是 74148 的逻辑示意图及引脚图。

74148 优先编码器是 16 脚的集成芯片,其中 $\overline{I_0} \sim \overline{I_7}$ 为输入信号,$\overline{A_0}$、$\overline{A_1}$、$\overline{A_2}$ 为三位二进制编码输出信号,$\overline{EI}$ 是选通输入端,$\overline{EO}$ 是选通输出端,$\overline{GS}$ 为扩展输出端。

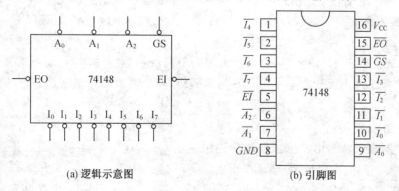

(a) 逻辑示意图　　　　(b) 引脚图

图 3-11　74148 优先编码器

表 3-7 所示为 74148 的真值表,其输入、输出信号均是用反码表示的。

表 3-7   **74148 优先编码器真值表**

输入									输出				
$\overline{EI}$	$\overline{I_0}$	$\overline{I_1}$	$\overline{I_2}$	$\overline{I_3}$	$\overline{I_4}$	$\overline{I_5}$	$\overline{I_6}$	$\overline{I_7}$	$\overline{A_2}$	$\overline{A_1}$	$\overline{A_0}$	$\overline{GS}$	$\overline{EO}$
1	×	×	×	×	×	×	×	×	1	1	1	1	1
0	1	1	1	1	1	1	1	1	1	1	1	1	0
0	×	×	×	×	×	×	×	0	0	0	0	0	1
0	×	×	×	×	×	×	0	1	0	0	1	0	1
0	×	×	×	×	×	0	1	1	0	1	0	0	1
0	×	×	×	×	0	1	1	1	0	1	1	0	1
0	×	×	×	0	1	1	1	1	1	0	0	0	1
0	×	×	0	1	1	1	1	1	1	0	1	0	1
0	×	0	1	1	1	1	1	1	1	1	0	0	1
0	0	1	1	1	1	1	1	1	1	1	1	0	1

由真值表写出逻辑表达式为

$$\begin{cases} \overline{A_0} = \overline{(I_1\overline{I_2}\overline{I_4}\overline{I_6} + I_3\overline{I_4}\overline{I_6} + I_5\overline{I_6} + I_7)EI} \\ \overline{A_1} = \overline{(I_2\overline{I_4}\overline{I_5} + I_3\overline{I_4}\overline{I_5} + I_6 + I_7)EI} \\ \overline{A_2} = \overline{(I_4 + I_5 + I_6 + I_7)EI} \end{cases}$$

选通输出端的逻辑表达式为

$$\overline{EO} = \overline{EI(\overline{I_0}\,\overline{I_1}\,\overline{I_2}\,\overline{I_3}\,\overline{I_4}\,\overline{I_5}\,\overline{I_6}\,\overline{I_7})}$$

当选通输入 $\overline{EI}=1$ 时,禁止编码,输出 $\overline{A_0}$、$\overline{A_1}$、$\overline{A_2}$ 全为 1(表 3-7 第一行)。

当选通输入 $\overline{EI}=0$ 时,允许编码,在 $\overline{I_0}\sim\overline{I_7}$ 输入中,输入 $\overline{I_7}$ 优先级别最高,其余依次降低,$\overline{I_0}$ 的优先级别最低。

$\overline{EO}$ 为选通输出端,它只在允许编码($\overline{EI}=0$)而本片又没有编码输入时为 0(表 3-7 第二行)。即 $\overline{EO}$ 的低电平输出信号表示"电路工作,但无编码输入"。

扩展输出端 $\overline{GS}$ 的逻辑表达式为

$$\overline{GS} = \overline{EI(\overline{I_0}\,\overline{I_1}\,\overline{I_2}\,\overline{I_3}\,\overline{I_4}\,\overline{I_5}\,\overline{I_6}\,\overline{I_7})} \cdot EI$$

$\overline{GS}$ 为扩展输出端,它在允许编码($\overline{EI}=0$)且有编码输入信号时为 0(表 3-7 第 3～10 行);若允许编码而无编码输入信号时为 1(表 3-7 第二行);在不允许编码($\overline{EI}=1$)时,它也为 1(表 3-7 第一行)。

当有两个或更多数码输入时,总是按出现的最高级别输入端编码,而不管其余输入端。如出现 $\overline{I_7}=0$,则 $\overline{I_0}\sim\overline{I_6}$ 无论哪一个出现 0 均不起作用,此时编码器只按 $\overline{I_7}$ 编码,输出 $\overline{A_2}$、$\overline{A_1}$、$\overline{A_0}$ 为 000(反码),见表 3-7 第三行。

3. 二-十进制编码器

二-十进制编码就是用 4 位二进制代码来表示 0～9 这十个数字。如果任意取其中的 10 个状态并按不同的次序排列,则可以得到许多不同的编码。

计算机键盘输入逻辑电路就是由编码器组成。图 3-12 所示是用 10 个按键和门电路组成的 8421 码编码器,其真值表见表 3-8。

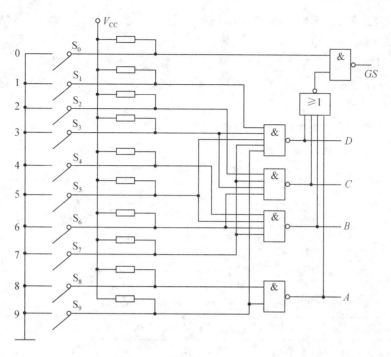

图 3-12 用 10 个按键和门电路组成的 8421 码编码器

表 3-8   10 个按键和门电路组成的 8421 码编码器真值表

输入										输出				
S_9	S_8	S_7	S_6	S_5	S_4	S_3	S_2	S_1	S_0	A	B	C	D	GS
1	1	1	1	1	1	1	1	1	1	0	0	0	0	0
1	1	1	1	1	1	1	1	1	0	0	0	0	0	1
1	1	1	1	1	1	1	1	0	1	0	0	0	1	1
1	1	1	1	1	1	1	0	1	1	0	0	1	0	1
1	1	1	1	1	1	0	1	1	1	0	0	1	1	1
1	1	1	1	1	0	1	1	1	1	0	1	0	0	1
1	1	1	1	0	1	1	1	1	1	0	1	0	1	1
1	1	1	0	1	1	1	1	1	1	0	1	1	0	1
1	1	0	1	1	1	1	1	1	1	0	1	1	1	1
1	0	1	1	1	1	1	1	1	1	1	0	0	0	1
0	1	1	1	1	1	1	1	1	1	1	0	0	1	1

由真值表和电路图可知该编码器为低电平有效,当按下 $S_0 \sim S_9$ 中的任意一个键时,即输入信号中有一个低电平时,$GS=1$,表示有信号输入,此时的输出是编码输出。而 $S_0 \sim S_9$ 都为高电平时,表示没有信号输入,$GS=0$,此时的输出为非编码输出。

3.3.2 译码器

译码是编码的逆过程,在编码时,每一种二进制代码都赋予了特定的含义,即表示了一个确定的信号或者对象。译码就是将每一组输入代码译为一个特定输出信号,以表示代码原义的组合逻辑电路。

一个 n 位二进制代码可以有 2^n 个不同的组合,译码就是将 n 个输入变量转换成 2^n 个输出函数,并且每个函数对应 n 个输入变量的一个最小项。

1. 二进制译码器

将二进制代码的各种状态,按其原义翻译成对应输出信号的电路,称为二进制译码器。

(1)2 线-4 线译码器

2 线-4 线译码器两个输入变量 A_1 和 A_0 共有 4 种不同状态组合,因而译码器有 4 个输出信号 $\overline{Y_0} \sim \overline{Y_3}$,并且输出为低电平有效,真值表见表 3-9。

表 3-9　　　　　　　　　　　　　　2 线-4 线译码器真值表

输入			输出			
$\overline{E}$	A_1	A_0	$\overline{Y_0}$	$\overline{Y_1}$	$\overline{Y_2}$	$\overline{Y_3}$
1	$\times$	$\times$	1	1	1	1
0	0	0	0	1	1	1
0	0	1	1	0	1	1
0	1	0	1	1	0	1
0	1	1	1	1	1	0

根据真值表写出逻辑表达式为

$$\overline{Y_0} = \overline{\overline{\overline{E} \, \overline{A_1} \, \overline{A_0}}} \qquad \overline{Y_1} = \overline{\overline{\overline{E} \, \overline{A_1} \, A_0}}$$

$$\overline{Y_2} = \overline{\overline{\overline{E} \, A_1 \, \overline{A_0}}} \qquad \overline{Y_3} = \overline{\overline{\overline{E} \, A_1 \, A_0}}$$

根据逻辑表达式画出逻辑电路图如图 3-13 所示。

使能端 $\overline{E}$ 为 1 时,无论 A_1、A_0 为何种状态,输出全为 1。译码器处于非工作状态。而当使能端 $\overline{E}$ 为 0 时,对应于 A_1、A_0 的某种状态组合,其中只有一个输出变量为 0,其余变量输出均为 1。由此可见,译码器是通过输出端的逻辑电平来区别不同代码的。

图 3-14 是集成的双 2 线-4 线译码器 74LS139 逻辑示意图,表 3-10 是其真值表。

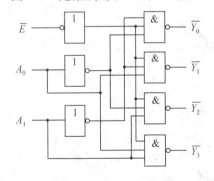

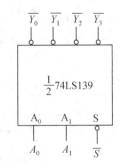

图 3-13　2 线-4 线译码器逻辑电路图　　图 3-14　集成双 2 线-4 线译码器 74LS139 逻辑示意图

$$\overline{Y_0} = \overline{\overline{\overline{S} \, \overline{A_1} \, \overline{A_0}}} = \overline{S \, \overline{A_1} \, \overline{A_0}} \qquad \overline{Y_1} = \overline{\overline{\overline{S} \, \overline{A_1} \, A_0}} = \overline{S \, \overline{A_1} \, A_0}$$

$$\overline{Y_2} = \overline{\overline{\overline{S} \, A_1 \, \overline{A_0}}} = \overline{S A_1 \, \overline{A_0}} \qquad \overline{Y_3} = \overline{\overline{\overline{S} \, A_1 \, A_0}} = \overline{S A_1 A_0}$$

表 3-10　　　　　　　　　　　　　　**74LS139 译码器真值表**

输入			输出			
$\overline{S}$	A_1	A_0	$\overline{Y_0}$	$\overline{Y_1}$	$\overline{Y_2}$	$\overline{Y_3}$
1	×	×	1	1	1	1
0	0	0	0	1	1	1
0	0	1	1	0	1	1
0	1	0	1	1	0	1
0	1	1	1	1	1	0

由真值表可得：

选通控制端 $\overline{S}=1$ 时，译码器被禁止，$\overline{Y_0}\sim\overline{Y_3}$ 均为 1；选通控制端 $\overline{S}=0$ 时，译码器工作，此时有：

$$\overline{Y_0}=\overline{\overline{A_1}\,\overline{A_0}} \qquad \overline{Y_1}=\overline{\overline{A_1}\,A_0}$$

$$\overline{Y_2}=\overline{A_1\,\overline{A_0}} \qquad \overline{Y_3}=\overline{A_1\,A_0}$$

可以看出，74LS139 的输出表达式为输入变量最小项反函数的形式，由此可以推出二进制译码器输出表达式的一般形式为：

$$\overline{Y_i}=\overline{m_i}$$

（2）集成 3 线-8 线译码器

图 3-15 是中规模集成 3 线-8 线译码器 74138 的逻辑电路图，由图可知，当 $EN=0$ 时，八个与非门输入端被封死，使输出 $\overline{Y_0}\sim\overline{Y_7}$ 均为 1，此时译码器不工作；当 $S_1=1$，$\overline{S_2}+\overline{S_3}=0$ 时，$EN=1$，八个与非门输入端被打开，译码器处于工作状态，此时由输入变量 A_2、A_1、A_0 来决定 $\overline{Y_0}\sim\overline{Y_7}$ 的状态。

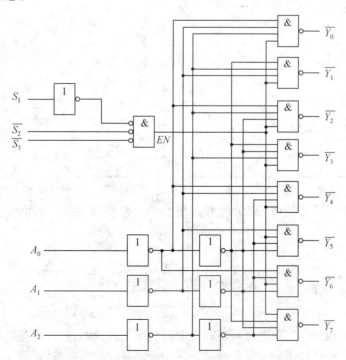

图 3-15　中规模集成 3 线-8 线译码器 74138 逻辑电路图

集成 3 线-8 线译码器 74138 的逻辑示意图和引脚图如图 3-16 所示,真值表见表 3-11,则:

$$\overline{Y_0} = \overline{\overline{A_2}\,\overline{A_1}\,\overline{A_0}} = \overline{m_0} \qquad \overline{Y_1} = \overline{\overline{A_2}\,\overline{A_1}\,A_0} = \overline{m_1}$$

$$\overline{Y_2} = \overline{\overline{A_2}\,A_1\,\overline{A_0}} = \overline{m_2} \qquad \overline{Y_3} = \overline{\overline{A_2}\,A_1\,A_0} = \overline{m_3}$$

$$\overline{Y_4} = \overline{A_2\,\overline{A_1}\,\overline{A_0}} = \overline{m_4} \qquad \overline{Y_5} = \overline{A_2\,\overline{A_1}\,A_0} = \overline{m_5}$$

$$\overline{Y_6} = \overline{A_2\,A_1\,\overline{A_0}} = \overline{m_6} \qquad \overline{Y_7} = \overline{A_2\,A_1\,A_0} = \overline{m_7}$$

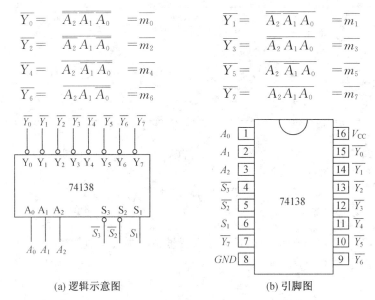

(a) 逻辑示意图　　　　　　(b) 引脚图

图 3-16　集成 3 线-8 线译码器 74138

表 3-11　　　　　　　　　　3 线-8 线译码器 74138 真值表

输入					输出							
S_1	$\overline{S_2}+\overline{S_3}$	A_2	A_1	A_0	$\overline{Y_0}$	$\overline{Y_1}$	$\overline{Y_2}$	$\overline{Y_3}$	$\overline{Y_4}$	$\overline{Y_5}$	$\overline{Y_6}$	$\overline{Y_7}$
×	1	×	×	×	1	1	1	1	1	1	1	1
0	×	×	×	×	1	1	1	1	1	1	1	1
1	0	0	0	0	0	1	1	1	1	1	1	1
1	0	0	0	1	1	0	1	1	1	1	1	1
1	0	0	1	0	1	1	0	1	1	1	1	1
1	0	0	1	1	1	1	1	0	1	1	1	1
1	0	1	0	0	1	1	1	1	0	1	1	1
1	0	1	0	1	1	1	1	1	1	0	1	1
1	0	1	1	0	1	1	1	1	1	1	0	1
1	0	1	1	1	1	1	1	1	1	1	1	0

由于任何组合逻辑函数都可以表示为最小项之和的形式,所以可以将逻辑函数最小项之和的形式取两次反,得到由其最小项构成的"与非-与非"表达式,例如:

$$F = AB + BC + \overline{A}\,\overline{B}C$$

其标准最小项与或表达式为

$$F = AB\overline{C} + ABC + \overline{A}BC + \overline{A}\,\overline{B}C = m_1 + m_3 + m_6 + m_7 \qquad (3\text{-}4)$$

对式(3-4)取两次反得

$$F = \overline{\overline{m_1 + m_3 + m_6 + m_7}} = \overline{\overline{m_1}\,\overline{m_3}\,\overline{m_6}\,\overline{m_7}} = \overline{\overline{Y_1}\,\overline{Y_3}\,\overline{Y_6}\,\overline{Y_7}}$$

由此可见,可以利用二进制译码器和与非门实现逻辑函数,只需将逻辑函数包含的变量加到译码器的输入端,将逻辑函数最小项对应的译码器的输出端接到与非门的输入端,则与非门的输出即为此逻辑函数。在应用中需注意译码器变量输入端的个数决定着能实现的逻辑函数所含有的变量的个数。

【例 3-9】 试用 3 线-8 线译码器 74138 构成 4 线-16 线译码器。

解：3 线-8 线译码器有 3 个译码输入端和 3 个使能输入端，而 4 线-16 线译码器需要 4 个译码输入端，可以用 3 线-8 线译码器的使能端扩展出一个译码输入端。根据表 3-11，画出 4 线-16 线译码器的电路如图 3-17 所示。

图 3-17 所示电路工作原理为：当控制端 $\overline{S_0}=1$ 时，两片译码器都不工作；当控制端 $\overline{S_0}=0$ 时，输入四位二进制代码中，若高位 $A_3=0$ 时，片(1)的 $\overline{S_3}=0$，片(1)工作，片(2)的 $S_1=0$，片(2)不工作，输出 $\overline{Y_0}\sim\overline{Y_7}$ 是 $0A_2A_1A_0$ 的译码；若高位 $A_3=1$ 时，片(1)的 $\overline{S_3}=1$，片(1)不工作，片(2)的 $S_1=1$，片(2)工作，输出 $\overline{Y_8}\sim\overline{Y_{15}}$ 是 $1A_2A_1A_0$ 的译码。

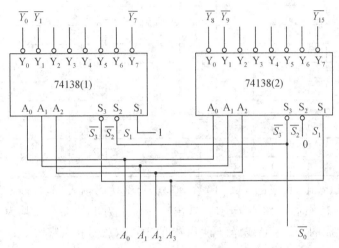

图 3-17　用 74138 构成的 4 线-16 线译码器

图 3-18 是用三片 74138 构成的 5 线-24 线译码器，可以自己分析该电路的工作原理。

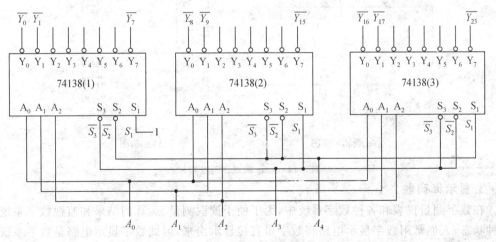

图 3-18　用 74138 构成的 5 线-24 线译码器

2. 二-十进制译码器

将表示 0～9 十个数字的 BCD 码翻译成对应的 10 个输出的电路称为二-十进制译码器。二-十进制译码器有 4 个输入端，10 个输出端，所以也叫 4 线-10 线译码器。表 3-12 是集成的 4 线-10 线译码器 7442 的真值表。

表 3-12　　　　　　　　　　集成的 4 线-10 线译码器 7442 的真值表

输入				输出									
A_3	A_2	A_1	A_0	$\overline{Y_0}$	$\overline{Y_1}$	$\overline{Y_2}$	$\overline{Y_3}$	$\overline{Y_4}$	$\overline{Y_5}$	$\overline{Y_6}$	$\overline{Y_7}$	$\overline{Y_8}$	$\overline{Y_9}$
0	0	0	0	0	1	1	1	1	1	1	1	1	1
0	0	0	1	1	0	1	1	1	1	1	1	1	1
0	0	1	0	1	1	0	1	1	1	1	1	1	1
0	0	1	1	1	1	1	0	1	1	1	1	1	1
0	1	0	0	1	1	1	1	0	1	1	1	1	1
0	1	0	1	1	1	1	1	1	0	1	1	1	1
0	1	1	0	1	1	1	1	1	1	0	1	1	1
0	1	1	1	1	1	1	1	1	1	1	0	1	1
1	0	0	0	1	1	1	1	1	1	1	1	0	1
1	0	0	1	1	1	1	1	1	1	1	1	1	0
1	0	1	0	1	1	1	1	1	1	1	1	1	1
1	0	1	1	1	1	1	1	1	1	1	1	1	1
1	1	0	0	1	1	1	1	1	1	1	1	1	1
1	1	0	1	1	1	1	1	1	1	1	1	1	1
1	1	1	0	1	1	1	1	1	1	1	1	1	1
1	1	1	1	1	1	1	1	1	1	1	1	1	1

由真值表可以看出,集成的 4 线-10 线译码器拒绝伪码输入,即当输入端出现未使用的代码状态 1010～1111 时,电路不予响应,输出 $\overline{Y_0}$～$\overline{Y_9}$ 全为 1,也就是说均为无效状态。

图 3-19 是集成的 4 线-10 线译码器 7442 的逻辑示意图和引脚图。

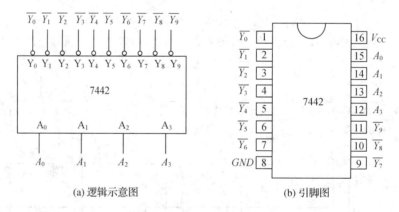

(a) 逻辑示意图　　　　　　　　　(b) 引脚图

图 3-19　4 线-10 线译码器 7442

3. 显示译码器

在数字测量仪表和各种数字系统中,为了便于读取测量、运算的结果和监视数字系统的各种状态,人们常用数字显示电路将数字量直接显示出来,因此数字显示电路是数字系统的重要组成部分,它一般由译码器、驱动器和显示器组成。

(1)数码显示器

数码显示器是用来显示数字、文字或符号的器件,按显示方式分为三种:第一种是字形重叠式,将电极作成字符的形状,然后重叠起来,要显示某字符,只需使相应的电极发亮即可,如辉光放电管、边光显示管等。第二种是分段式显示,数码是由分布在同一平面上若干段发光的笔画组成的,如荧光数码管等。目前数字显示方式以分段式七段显示器和八段显示器应用最广,如图 3-20 所示。第三种是点阵式,将可发光的点按一定的规律排列成点阵,利用光点的不同组合来显示不同的数码。如球场的大屏幕 LED 显示器。

按发光物质不同,数码显示器可分为下列几类:第一种是半导体显示器,即发光二极管(LED)显示器;第二种是荧光数字显示器,如荧光数码管等;第三种是液体数字显示器,如液晶显示器、电泳显示器等;第四种是气体放电显示器,如辉光数码管、等离子体显示板等。下面简单介绍目前运用最广的半导体显示器和液晶显示器。

一些特殊的半导体材料(例如磷砷化镓)做成的 PN 结,当外加正向电压时,可以将电能转化成光能,发出光线。这样的材料做成的二极管就是发光二极管(LED)。发光二极管可以封装成分段式显示器和点阵式显示器。

发光二极管可以用三极管或 TTL 与非门驱动,如图 3-21 所示。图中 VD 为发光二极管(或数码管中的一段),TTL 与非门输出低电平或者 T 导通时 VD 发光。VD 的工作电压一般为 $1.5 \sim 3$ V,工作电流为几到几十毫安,调节 R,可以改变 VD 上的电压和流过的电流,从而控制发光二极管的亮度。

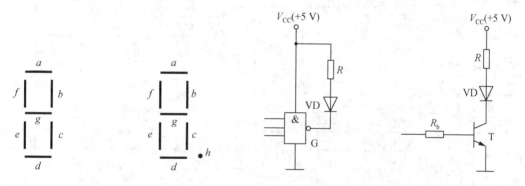

图 3-20　分段式七段显示器和八段显示器　　　　图 3-21　发光二极管驱动电路

发光二极管构成的七段显示器有共阴极和共阳极两种,如图 3-22 所示,共阴极电路中,七个发光二极管的阴极连在一起接低电平,如果需要某一段发光,就将相应二极管的阳极接高电平。共阳极显示器则刚好相反。

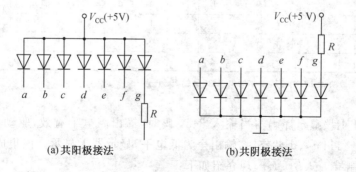

(a)共阳极接法　　　　　　　(b)共阴极接法

图 3-22　七段发光二极管的两种接法

半导体显示器的特点是工作电压低($1.5 \sim 3$ V)、体积小、寿命长(> 1000 h)、响应速度快($1 \sim 10$ ns)、颜色丰富(有红、绿、黄等颜色)、工作可靠。

液晶是一种介于液体和晶体之间的有机化合物,常温下既有液体的流动性和连续性,又有晶体的某些光学特性。液晶显示器件本身不发光,在黑暗中不能显示数字,它依靠在外界电场作用下产生的光电效应,调节外界光线使液晶不同部位显示出反差,从而显示字形。

液晶显示器(LCD)是一种平板薄型显示器件,其驱动电压很低、工作电流很小,与 CMOS 电路结合起来可以组成微功耗系统,广泛应用于电子钟表、电子计算器和各种仪器仪表中。

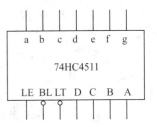

图 3-23   74HC4511 逻辑符号

(2)译码/驱动器

显示器需译码/驱动器配合才能完成其显示功能。典型七段译码/驱动器 74HC4511 的逻辑符号如图 3-23 所示,功能表见表 3-13。

表 3-13   74HC4511 功能表

功能	输入							输出							显示
	LE	$\overline{BL}$	$\overline{LT}$	D	C	B	A	a	b	c	d	e	f	g	
0	0	1	1	0	0	0	0	1	1	1	1	1	1	0	0
1	0	1	1	0	0	0	1	0	1	1	0	0	0	0	1
2	0	1	1	0	0	1	0	1	1	0	1	1	0	1	2
3	0	1	1	0	0	1	1	1	1	1	1	0	0	1	3
4	0	1	1	0	1	0	0	0	1	1	0	0	1	1	4
5	0	1	1	0	1	0	1	1	0	1	1	0	1	1	5
6	0	1	1	0	1	1	0	0	0	1	1	1	1	1	6
7	0	1	1	0	1	1	1	1	1	1	0	0	0	0	7
8	0	1	1	1	0	0	0	1	1	1	1	1	1	1	8
9	0	1	1	1	0	0	1	1	1	1	0	0	1	1	9
10	0	1	1	1	0	1	0	0	0	0	0	0	0	0	熄灭
11	0	1	1	1	0	1	1	0	0	0	0	0	0	0	熄灭
12	0	1	1	1	1	0	0	0	0	0	0	0	0	0	熄灭
13	0	1	1	1	1	0	1	0	0	0	0	0	0	0	熄灭
14	0	1	1	1	1	1	0	0	0	0	0	0	0	0	熄灭
15	0	1	1	1	1	1	1	0	0	0	0	0	0	0	熄灭
灯测试	×	×	0	×	×	×	×	1	1	1	1	1	1	1	8
灭灯	×	0	1	×	×	×	×	0	0	0	0	0	0	0	熄灭
锁存	1	1	1	×	×	×	×				*				*

* 表示输出状态取决于 LE 由 0 跳变 1 时 BCD 码的输入。

74HC4511 七段显示译码器当输入 8421 码时,输出高电平有效,驱动共阴极显示器。当输入为 1010~1111 六个状态时,输出全为低电平,显示器无显示。该集成显示译码器设有三个辅助控制端 LE、$\overline{BL}$、$\overline{LT}$,现介绍如下:

①灯测试输入 $\overline{LT}$

当 $\overline{LT}=0$ 时,无论其他输入端是什么状态,所有各段输出 $a\sim g$ 均为 1,显示字形 8。该输入端常用于检查译码器本身及显示器各段的好坏。

②灭灯输入 $\overline{BL}$

当 $\overline{BL}=0$，并且 $\overline{LT}=1$ 时，无论其他输入端是什么电平，所有各段输出 $a\sim g$ 均为 0，字形熄灭。该输入端用于将不必要显示的零熄灭。例如一个 5 位数字 031.20，将首尾多余的 0 熄灭，则显示为 31.2，使显示结果更加清楚。

③锁存使能输入 LE

在 $\overline{BL}=\overline{LT}=1$ 的条件下，当 $LE=0$ 时，锁存器不工作，译码器的输出随输入码的变化而变化；但 LE 由 0 跳变为 1 时，输入码被锁存，输出只取决于锁存器的内容，不再随输入端变化而变化。

【例 3-10】 图 3-24 所示为用四片 74HC4511 构成的电子表译码电路，试分析小时高位是否具有灭零功能。

解：根据 74HC4511 功能表可知，译码器正常工作时，LE 接低电平，$\overline{BL}=\overline{LT}=1$。如果小时高位输入的 8421 码为 0000 时，或门输出为 0，使 $\overline{BL}=0$，此时 $LE=0$，$\overline{LT}=1$，查功能表可知小时高位零不显示。

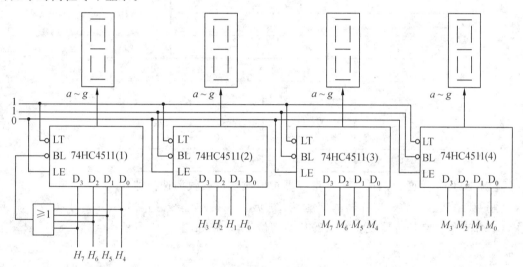

图 3-24 例 3-10 逻辑示意图

3.3.3 数据选择器和数据分配器

数据选择器是指把多路输入的数据中的某一路数据传送到公共数据线上输出的逻辑电路。

1. 四选一数据选择器

图 3-25 是四选一数据选择器的示意图和逻辑电路图，表 3-14 是四选一数据选择器的功能表。

由图 3-25 和表 3-14 可知，使能端 $\overline{E}=1$ 时，这时选择器与门全被封堵，输入信号到不了输出端，此时输出 $Y=0$。当 $\overline{E}=0$ 时，选择器与门全被打开，地址输入 S_1S_0 为 00 时，$Y=D_0$；地址输入 S_1S_0 为 01 时，$Y=D_1$；地址输入 S_1S_0 为 10 时，$Y=D_2$；地址输入 S_1S_0 为 11 时，$Y=D_3$。即根据输入地址，将对应的输入信号送到输出端输出。

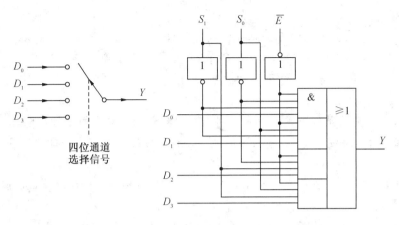

图 3-25　四选一数据选择器示意图及逻辑电路图

表 3-14　　　　　　　四选一数据选择器功能表

输入			输出
使能	地址		
$\overline{E}$	S_1	S_0	Y
1	×	×	0
0	0	0	D_0
0	0	1	D_1
0	1	0	D_2
0	1	1	D_3

【例 3-11】　用两片四选一数据选择器扩展成八选一数据选择器。

解:利用四选一数据选择器的使能端$\overline{E}$扩展出一条地址线A_2,当$A_2=1$时,(1)片不工作,(2)片工作,故(1)片为低位片,(2)片为高位片,电路如图 3-26 所示。

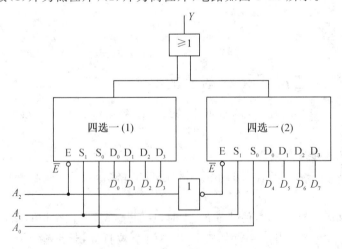

图 3-26　例 3-11 逻辑电路图

2. 集成数据选择器

集成八选一数据选择器 74HC151 的逻辑示意图及引脚图如图 3-27 所示，功能表见表 3-15。

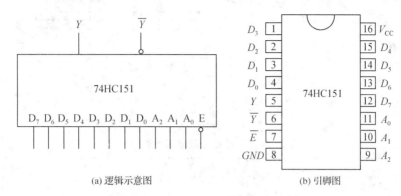

(a) 逻辑示意图　　　　　　(b) 引脚图

图 3-27　74HC151 逻辑示意图及引脚图

表 3-15　　　　　　　　　八选一数据选择器的功能表

输入					输出	
D_i	$\overline{E}$	A_2	A_1	A_0	Y	$\overline{Y}$
$\times$	1	$\times$	$\times$	$\times$	0	1
D_0	0	0	0	0	D_0	$\overline{D_0}$
D_1	0	0	0	1	D_1	$\overline{D_1}$
D_2	0	0	1	0	D_2	$\overline{D_2}$
D_3	0	0	1	1	D_3	$\overline{D_3}$
D_4	0	1	0	0	D_4	$\overline{D_4}$
D_5	0	1	0	1	D_5	$\overline{D_5}$
D_6	0	1	1	0	D_6	$\overline{D_6}$
D_7	0	1	1	1	D_7	$\overline{D_7}$

图 3-27 所示八选一数据选择器有 8 个数据输入端 $D_0 \sim D_7$，三个地址输入端 $A_0 \sim A_2$，一个选通控制端 $\overline{E}$，两个互补输出端 Y 和 $\overline{Y}$。当 $\overline{E}=1$ 时，选择器被禁止，输入数据和地址都不起作用；当 $\overline{E}=0$ 时，选择器被选中，正常工作。

由真值表可得输出表达式为：

$$Y = D_0 \, \overline{A_2} \, \overline{A_1} \, \overline{A_0} + D_1 \, \overline{A_2} \, \overline{A_1} A_0 + \cdots + D_7 A_2 A_1 A_0$$

$$= D_0 m_0 + D_1 m_1 + \cdots + D_7 m_7 = \sum_{i=0}^{7} D_i m_i$$

3. 数据分配器

数据分配器是将公共数据线上的数据根据需要送到不同的输出端输出。实现数据分配功能的逻辑电路称为数据分配器。数据分配器的功能刚好和数据选择器的功能相反，它实现的是将一路输入根据地址送到 m 个输出端中的一个输出端输出。图 3-28 是一分四数据分配器的示意图和逻辑电路图。

一分四数据分配器的功能表见表 3-16。

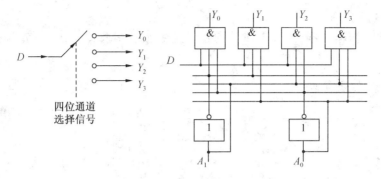

图 3-28 一分四数据分配器示意图及逻辑电路图

表 3-16 一分四数据分配器功能表

	输入		输出			
	A_1	A_0	Y_0	Y_1	Y_2	Y_3
	0	0	D	0	0	0
D	0	1	0	D	0	0
	1	0	0	0	D	0
	1	1	0	0	0	D

由功能表写出逻辑表达式为

$$Y_0 = D\overline{A_1}\,\overline{A_0} = Dm_0 \qquad Y_1 = D\overline{A_1}A_0 = Dm_1$$

$$Y_2 = DA_1\overline{A_0} = Dm_2 \qquad Y_3 = DA_1A_0 = Dm_3$$

从逻辑表达式可以看出,分配器的一个输出是输入和地址的一个最小项相与,这样,可以用译码器实现数据分配器的功能。

3.3.4 加法器

常见的加、减、乘、除运算,在数字系统中都要通过加法器来实现,所以加法器是数字系统中不可或缺的组成单元。

1. 半加器和全加器

(1)半加器

两个一位二进制相加,只考虑两个加数本身,而不考虑来自低位进位的加法运算,称为半加。实现半加运算的逻辑电路称为半加器。

设两个加数分别为 A_i 和 B_i,半加和为 S_i,向高位的进位为 C_i,半加器的真值表见表 3-17。

半加器的逻辑表达式为

$$S_i = \overline{A_i}B_i + A_i\,\overline{B_i} = A_i \oplus B_i$$

$$C_i = A_iB_i$$

表 3-17 半加器真值表

A_i	B_i	S_i	C_i
0	0	0	0
0	1	1	0
1	0	1	0
1	1	0	1

半加器的逻辑电路图如图 3-29 所示。

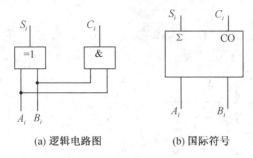

(a) 逻辑电路图   (b) 国际符号

图 3-29 半加器

(2) 全加器

如果用 A_i 和 B_i 分别表示 A、B 两个二进制数中的第 i 位,C_{i-1} 表示低位(第 $i-1$ 位)向本位(第 i 位)的进位,C_i 表示本位(第 i 位)向高位(第 $i+1$ 位)的进位,S_i 表示全加和。全加器的真值表见表 3-18。

表 3-18   全加器真值表

A_i	B_i	C_{i-1}	S_i	C_i
0	0	0	0	0
0	0	1	1	0
0	1	0	1	0
0	1	1	0	1
1	0	0	1	0
1	0	1	0	1
1	1	0	0	1
1	1	1	1	1

全加器的逻辑表达式为

$$S_i = \overline{A_i}\,\overline{B_i}C_{i-1} + \overline{A_i}B_i\,\overline{C_{i-1}} + A_i\,\overline{B_i}\,\overline{C_{i-1}} + A_iB_iC_{i-1} = A_i \oplus B_i \oplus C_{i-1}$$

$$C_i = A_iB_i + A_i\,\overline{B_i}C_{i-1} + \overline{A_i}B_iC_{i-1} = A_iB_i + (A_i \oplus B_i)C_{i-1}$$

全加器的逻辑电路图如图 3-30 所示。

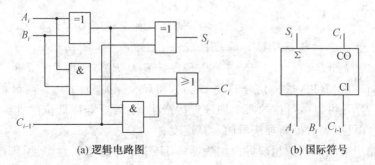

(a) 逻辑电路图   (b) 国际符号

图 3-30 全加器

2. 多位数加法器

（1）串行进位加法器

若有两个四位的二进制数 $A_3A_2A_1A_0$ 和 $B_3B_2B_1B_0$ 相加，只要将四个全加器低位的进位输出串接到高位的进位输入上，就组成一个四位的串行进位加法器，如图 3-31 所示。

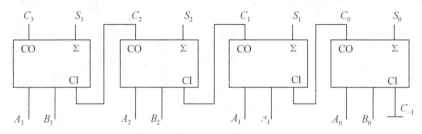

图 3-31 四位串行进位加法器

由于串行进位加法器将低位的进位输出信号接到高位的进位输入端，这样，任意一位的加法运算必须在低一位的运算完成之后才进行，因此这种加法器的逻辑电路虽然简单，但运算速度不高。为了提高运算速度，常采用超前进位加法器。

（2）超前进位加法器

全加器的全加和 S_i 和进位 C_i 的逻辑表达式为：

$$S_i = A_i \oplus B_i \oplus C_{i-1} \tag{3-5}$$

$$C_i = A_iB_i + (A_i \oplus B_i)C_{i-1} \tag{3-6}$$

定义两个中间变量 G_i 和 P_i，且

$$G_i = A_iB_i \tag{3-7}$$

$$P_i = A_i \oplus B_i \tag{3-8}$$

因为 $A_i = B_i = 1$ 时，$G_i = 1$，由式（3-6）得 $C_i = 1$，即产生了进位，故 G_i 称为进位产生变量；若 $P_i = 1$ 时，则 $A_iB_i = 0$，由式（3-6）得 $C_i = C_{i-1}$，即 $P_i = 1$ 时，低位的进位能传输到高位的进位输出端，故 P_i 称为进位传输变量。

引入进位产生变量 G_i 和进位传输变量 P_i 后，全加器的逻辑表达式为

$$S_i = P_i \oplus C_{i-1} \tag{3-9}$$

$$C_i = G_i + P_iC_{i-1} \tag{3-10}$$

由式（3-10）可得四位加法器各位进位信号的逻辑表达式为：

$$C_0 = G_0 + P_0C_{-1}$$

$$C_1 = G_1 + P_1C_0 = G_1 + P_1G_0 + P_1P_0C_{-1} \tag{3-11}$$

$$C_2 = G_2 + P_2C_1 = G_2 + P_2G_1 + P_2P_1G_0 + P_2P_1P_0C_{-1}$$

$$C_3 = G_3 + P_3C_2 = G_3 + P_3G_2 + P_3P_2G_1 + P_3P_2P_1G_0 + P_3P_2P_1P_0C_{-1}$$

由式（3-11）可以看出，进位信号只与 G_i、P_i 和 C_{-1} 有关，而 C_{-1} 是向最低位的进位信号，其值为 0，G_i，P_i 可以由每位的两个加数直接产生，不需要等待低位的进位信号，这就是超前进位。这样可以大大提高加法器的运算速度。

图 3-32 是用集成的四位超前进位加法器 74HC283 的逻辑示意图、引脚图及其构成的八位加法器。

由图 3-32 可以看出，每片超前进位加法器 74HC283 内部虽然是并行进位，但片与片之间的进位却是串行进位，当级联数目增加时，会降低运算速度，为解决此问题，专门设计出了

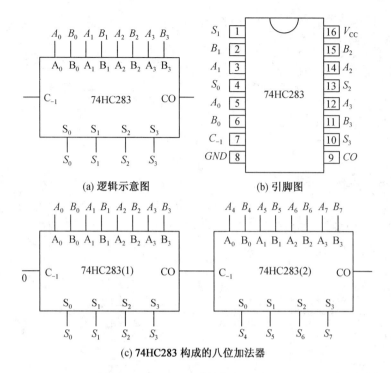

(a) 逻辑示意图　　　　　　(b) 引脚图

(c) 74HC283 构成的八位加法器

图 3-32　74HC283 及其构成的八位加法器

超前进位产生器,并用它将加法器以并行进位的方式级联起来,大大地提高了加法器的运算速度。

3.3.5　数值比较器

数字系统中,有时需要比较两个数值的大小,数值比较器就是能对两个二进制数的大小进行比较的逻辑电路。两个数比较的结果有三种情况:$A>B$、$A<B$、$A=B$。

1. 一位数值比较器

A 和 B 是一位二进制数,它们的取值有 0 和 1 两种情况,它们比较的结果有三种情况,分别为 $A>B$、$A<B$ 和 $A=B$,一位比较器的真值表见表 3-19。

表 3-19　　　　　　　　一位比较器真值表

输入		输出		
A	B	$F_{A>B}$	$F_{A<B}$	$F_{A=B}$
0	0	0	0	1
0	1	0	1	0
1	0	1	0	0
1	1	0	0	1

由真值表写出逻辑表达式为

$$F_{A>B}=A\overline{B}$$

$$F_{A<B}=\overline{A}B$$

$$F_{A=B}=\overline{A}\overline{B}+AB=\overline{A\overline{B}+\overline{A}B}$$

由逻辑表达式画出逻辑电路图如图 3-33 所示。

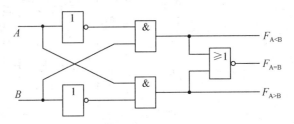

图 3-33 一位比较器逻辑电路图

2. 四位数值比较器

两个四位的二进制数 $A=A_3A_2A_1A_0$ 和 $B=B_3B_2B_1B_0$。比较它们大小的方法是从高位开始比较,依次逐位进行,直到比较出结果为止。集成的四位比较器 74LS85 的逻辑示意图及引脚图如图 3-34 所示,真值表见表 3-20。

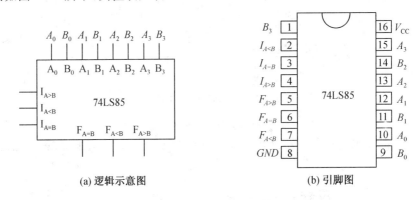

(a) 逻辑示意图　　　　　　　　　　　　　　　　(b) 引脚图

图 3-34　74LS85 逻辑示意图及引脚图

表 3-20　　　　　　　　　　　　　　　　四位数值比较器真值表

输入				级联输入			输出		
A_3B_3	A_2B_2	A_1B_1	A_0B_0	$I_{A>B}$	$I_{A<B}$	$I_{A=B}$	$F_{A>B}$	$F_{A<B}$	$F_{A=B}$
$A_3>B_3$	×	×	×	×	×	×	1	0	0
$A_3<B_3$	×	×	×	×	×	×	0	1	0
$A_3=B_3$	$A_2>B_2$	×	×	×	×	×	1	0	0
$A_3=B_3$	$A_2<B_2$	×	×	×	×	×	0	1	0
$A_3=B_3$	$A_2=B_2$	$A_1>B_1$	×	×	×	×	1	0	0
$A_3=B_3$	$A_2=B_2$	$A_1<B_1$	×	×	×	×	0	1	0
$A_3=B_3$	$A_2=B_2$	$A_1=B_1$	$A_0>B_0$	×	×	×	1	0	0
$A_3=B_3$	$A_2=B_2$	$A_1=B_1$	$A_0<B_0$	×	×	×	0	1	0
$A_3=B_3$	$A_2=B_2$	$A_1=B_1$	$A_0=B_0$	1	0	0	1	0	0
$A_3=B_3$	$A_2=B_2$	$A_1=B_1$	$A_0=B_0$	0	1	0	0	1	0
$A_3=B_3$	$A_2=B_2$	$A_1=B_1$	$A_0=B_0$	×	×	1	0	0	1
$A_3=B_3$	$A_2=B_2$	$A_1=B_1$	$A_0=B_0$	1	1	0	0	0	0
$A_3=B_3$	$A_2=B_2$	$A_1=B_1$	$A_0=B_0$	0	0	0	1	1	0

由真值表可以看出,为了扩展功能,增加了三个扩展端以供多片间连接时用。3 个扩展端分别为 $I_{A>B}$、$I_{A<B}$、$I_{A=B}$。可得输出的逻辑表达式为:

$$F_{A<B} = \overline{A_3}B_3 + (A_3 \odot B_3)\overline{A_2}B_2 + (A_3 \odot B_3)(A_2 \odot B_2)\overline{A_1}B_1 + (A_3 \odot B_3)(A_2 \odot B_2)(A_1$$
$$\odot B_1)\overline{A_0}B_0 + (A_3 \odot B_3)(A_2 \odot B_2)(A_1 \odot B_1)(A_0 \odot B_0)I_{A<B}$$

$$F_{A=B} = (A_3 \odot B_3)(A_2 \odot B_2)(A_1 \odot B_1)(A_0 \odot B_0)I_{A=B}$$

$$F_{A>B} = \overline{F_{A<B} + F_{A=B} + \overline{I_{A>B}}}$$

在比较两个四位二进制数时,应将扩展端 $I_{A>B}$ 和 $I_{A<B}$ 接低电平,$I_{A=B}$ 接高电平。在比较多于四位的数时,需要将两片以上的芯片组合成位数更多的比较器。

3. 数值比较器的位扩展

数值比较器的位扩展有串联和并联两种。图 3-35 所示是两个四位比较器串联而成的一个八位数值比较器。图中低四位的输出与高四位比较器的 $I_{A>B}$、$I_{A<B}$、$I_{A=B}$ 连接。总的比较结果由高四位的输出端输出。

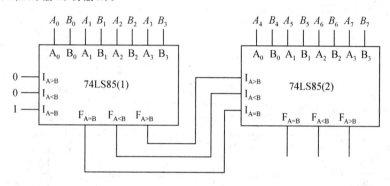

图 3-35 串联的八位数值比较器

当位数较多而且满足一定的速度要求时,可以采用并联方式。图 3-36 所示为十六位并联数值比较器原理图。共用了 5 片四位数值比较器 74LS85,前四片是并联方式,后边一片与前四片是串联方式。

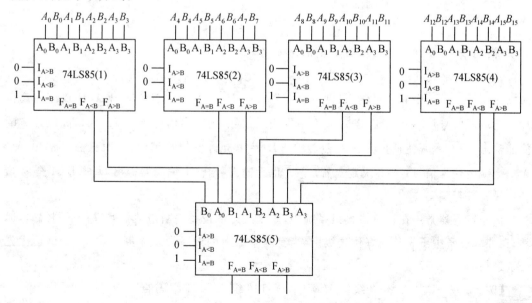

图 3-36 十六位并联数值比较器原理图

3.4 用中规模集成电路(MSI)设计组合逻辑电路

组合逻辑器件根据需要可以直接相连,独立实现某个功能,也可以作为基本部件,经过适当设计后完成其他各种逻辑功能。下面分别以编码器、译码器、数据选择器、加法器为例,介绍用中规模集成电路(MSI)设计组合逻辑电路。

3.4.1 用编码器设计组合逻辑电路

【例3-12】 用两片8线-3线优先编码器74148组成16线-4线优先编码器,其逻辑图如图3-37所示,试分析其工作原理。

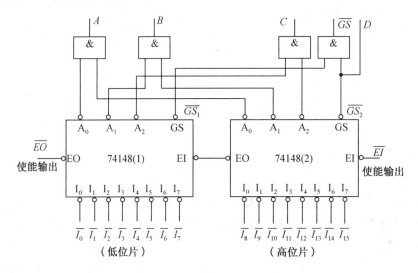

图3-37 16线-4线优先编码器

解:根据74148的真值表,对图3-37逻辑图分析如下:

若高位片2的使能端$\overline{EI}=0$,则整个编码器允许编码,否则就不允许编码。若高位片2的输入信号$\overline{I_{15}} \sim \overline{I_8}$中有信号输入,则输出信号$D=\overline{GS_2}=0$;其他三位输出$A$、$B$、$C$则由高位片2的输入信号$\overline{I_{15}} \sim \overline{I_8}$决定;若$\overline{I_{15}} \sim \overline{I_8}$中无输入信号,则输出信号$D=\overline{GS_2}=1$,高位片2的使能输出端$\overline{EO}=0$,使低位片1的使能输入$\overline{EI}=0$,允许低位片编码,此时低三位输出$A_2$、$A_1$、$A_0$就由输入信号$\overline{I_7} \sim \overline{I_0}$决定。若$\overline{I_7} \sim \overline{I_0}$也无输入,则整个编码器输出$D$、$C$、$B$、$A$全为1,表示没有进行编码。

优先编码器常用在计算机接口系统中,用来给外部设备中断申请信号进行不同编码,通常,在外部设备中事先分配好优先级别,当有两个以上的设备要求中断申请编码时,给优先级别最高的设备编码。

【例3-13】 试用8线-3线优先编码器74148组成8421编码器。

解:图3-38所示是用74148和门电路组成的8421编码器,输入仍为低电平有效,输出为8421码。工作原理为:

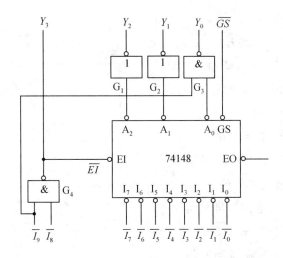

图 3-38　74148 组成 8421 编码器

当 $\overline{I_9}$、$\overline{I_8}$ 无输入(即 $\overline{I_9}$、$\overline{I_8}$ 均为高电平)时,与非门 G_4 的输出 $Y_3=0$,同时使 74148 的 $\overline{EI}=0$,允许 74148 工作,74148 对输入 $\overline{I_7}\sim\overline{I_0}$ 进行编码。如 $\overline{I_5}=0$,则 $A_2A_1A_0=010$,经门 G_1、G_2、G_3 处理后,$Y_2Y_1Y_0=101$,总输出 $Y_3Y_2Y_1Y_0=0101$,这正是 5 的 8421 码。

当 $\overline{I_9}$ 或 $\overline{I_8}$ 有输入(低电平)时,与非门 G_4 的输出 $Y_3=1$,同时使 74148 的 $\overline{EI}=1$,禁止 74148 工作,使 $A_2A_1A_0=111$。如果此时 $\overline{I_8}=0$,总输出 $Y_3Y_2Y_1Y_0=1000$;如果 $\overline{I_9}=0$,总输出 $Y_3Y_2Y_1Y_0=1001$。正好是 8 和 9 的 8421 码。

3.4.2　用译码器设计组合逻辑电路

【例 3-14】　用 74138 和适当的门电路设计一个一位二进制全减器。

解:设被减数为 A_i,减数为 B_i,低位向本位的借位为 C_{i-1},本位向高位的借位为 C_i,差为 S_i,根据题意写出真值表见表 3-21。

表 3-21　　　　　　　　　　　全减器真值表

输入			输出	
A_i	B_i	C_{i-1}	S_i	C_i
0	0	0	0	0
0	0	1	1	1
0	1	0	1	1
0	1	1	0	1
1	0	0	1	0
1	0	1	0	0
1	1	0	0	0
1	1	1	1	1

根据真值表写出逻辑函数表达式为:

$$S_i=\overline{A_i}\,\overline{B_i}C_{i-1}+\overline{A_i}B_i\,\overline{C_{i-1}}+A_i\,\overline{B_i}\,\overline{C_{i-1}}+A_iB_iC_{i-1}=m_1+m_2+m_4+m_7$$

$$C_i=\overline{A_i}\,\overline{B_i}C_{i-1}+\overline{A_i}B_i\,\overline{C_{i-1}}+\overline{A_i}B_iC_{i-1}+A_iB_iC_{i-1}=m_1+m_2+m_3+m_7$$

对上式取两次反得：

$$S_i = \overline{\overline{m_1}\,\overline{m_2}\,\overline{m_4}\,\overline{m_7}}$$

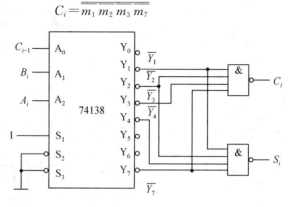

$$C_i = \overline{\overline{m_1}\,\overline{m_2}\,\overline{m_3}\,\overline{m_7}}$$

由于译码器能产生逻辑函数的所有最小项，所以将全减器的输入变量 A_i、B_i、C_{i-1} 分别与译码器的输入变量 A_2、A_1、A_0 相连，译码器的使能端接固定信号，即 $S_1 = 1$、$\overline{S_2} + \overline{S_3} = 0$。这样，译码器的输出端可得到所需输入变量的最小项，再将相应最小项送至"与非门"，即可得所需输出 S_i 和 C_i。逻辑图如图 3-39 所示。

图 3-39 例 3-14 逻辑电路图

【例 3-15】 用 74138 和适当的门电路实现逻辑函数

$$F = \sum m(2,4,6,8,10,12,14)$$

解：给出的逻辑函数有四个逻辑变量，显然需用 4 线-16 线译码器来实现。将给定的逻辑函数进行变换得：

$$F = \overline{\overline{m_2}\,\overline{m_4}\,\overline{m_6}\,\overline{m_8}\,\overline{m_{10}}\,\overline{m_{12}}\,\overline{m_{14}}}$$

利用 74138 的使能端，用两片 74138 扩展为 4 线-16 线译码器，将逻辑变量 B、C、D 分别接至译码器芯片(1)和译码器芯片(2)的输入端 A_2、A_1、A_0，逻辑变量 A 接至译码器芯片(1)的使能端 $\overline{S_2}$ 和芯片(2)的使能端 S_1。逻辑电路如图 3-40 所示。

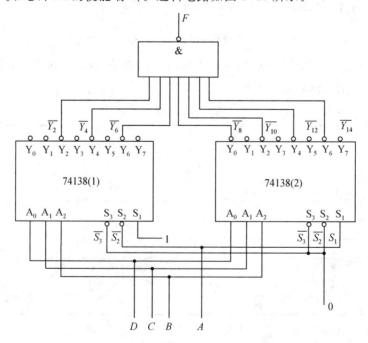

图 3-40 例 3-15 逻辑电路图

【例 3-16】 试用 3 线-8 线译码器构成一分八数据分配器。

解：将 3 线-8 线译码器的三个数码输入端作为地址输入端，在三个使能输入端中选择其中一个作为数据输入端，八个译码输出作为数据输出端，则可实现一分八数据分配器的功能。电路如图 3-41 所示。

将数据 D 送到 3 线-8 线译码器的 $\overline{S_3}$ 输入端，译码器的输入端 $A_0 \sim A_2$ 作为数据分配器的地址输入端，S_1 作为片选控制端，$\overline{S_2}$ 接地，即构成了一分八的数据分配器。

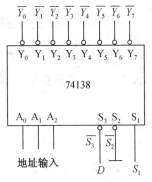

图 3-41 例 3-16 逻辑电路图

【例 3-17】 设某计算机系统的地址线为 16 条，现在要连接两片存储器和三个外部设备，它们占用的地址空间见表 3-22，设计存储器和外设的译码电路。

表 3-22 存储器和外设占用的地址空间

类型和序号	占用的地址空间
存储器 1	0000H～3FFFH
存储器 2	4000H～7FFFH
外设 1	A000H～BFFFH
外设 2	C000H～DFFFH
外设 3	E000H～FFFFH

解：计算机系统的地址线为 16 条，共有 $2^{16}=10000H$ 个存储器单元，地址范围为 0000H～FFFFH。对于存储器 1，其占用的地址空间 0000H～3FFFH，占用的地址单元数目是 $2^{14}=16384$，这些地址的共同特点是高两位都为 0，即如果选中存储器 1，就要求高两位地址为 00。

同理，通过分析可知，要选中存储器 2，则要求高两位地址为 01；要选中外设 1，则要求高 3 位地址为 101；要选中外设 2，则要求高 3 位地址为 110；要选中外设 3，则要求高 3 位地址为 111。

如果将高 3 位地址 A_{15}、A_{14}、A_{13} 作为 3 线-8 线译码器的 3 个译码输入端，则译码器的 $\overline{Y_0}$ 和 $\overline{Y_1}$ 输出有效时，应选存储器 1；而译码器的 $\overline{Y_2}$ 和 $\overline{Y_3}$ 输出有效时，应选存储器 2；译码器的 $\overline{Y_5}$ 输出有效时，应选外设 1；译码器的 $\overline{Y_6}$ 输出有效时，应选外设 2；译码器的 $\overline{Y_7}$ 输出有效时，应选外设 3。

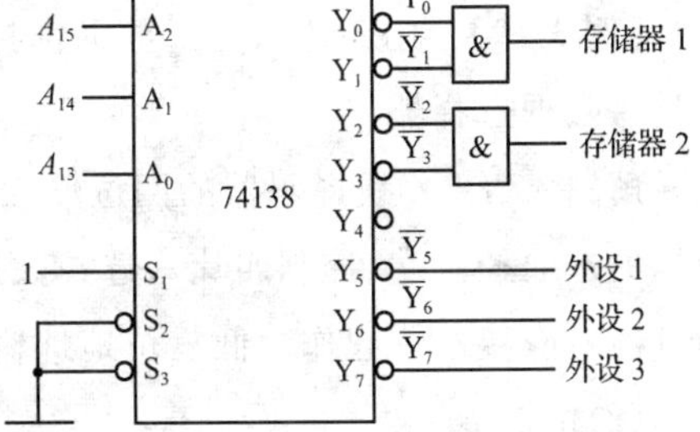

图 3-42 例 3-17 逻辑电路图

每个存储器或外设的选择信号只能有一个，而译码器的输出有效电平是低电平，因此 $\overline{Y_0}$ 和 $\overline{Y_1}$ 相与之后的输出为存储器 1 的选择信号；$\overline{Y_2}$ 和 $\overline{Y_3}$ 相与之后的输出为存储器 2 的选择信号。译码电路如图 3-42 所示。

3.4.3　用数据选择器设计组合逻辑电路

1. 用数据选择器实现逻辑函数

八选一数据选择器输入输出的关系为

$$Y = D_0 m_0 + D_1 m_1 + \cdots + D_7 m_7 = \sum_{i=0}^{7} D_i m_i$$

由上式可以看出,输出 Y 是输入地址 $A_0 \sim A_2$ 和输入数据 $D_0 \sim D_7$ 的与或函数,式中 m_i 是地址 $A_0 \sim A_2$ 构成的最小项,当 $D_i = 0$ 时,对应的最小项就不出现;当 $D_i = 1$ 时,对应的最小项就出现,利用这个特点,可以用数据选择器实现逻辑函数。

【例 3-18】　利用八选一数据选择器 74HC151 实现逻辑函数 $F = AB\overline{C} + A\overline{B}C + \overline{A}\,\overline{B}C + ABC$。

解:令 $A = A_2$、$B = A_1$、$C = A_0$,则式可以写为:

$$F = AB\overline{C} + A\overline{B}C + \overline{A}\,\overline{B}C + ABC = A_2 A_1 \overline{A_0} + A_2 \overline{A_1} A_0 + \overline{A_2}\,\overline{A_1} A_0 + A_2 A_1 A_0$$

$$= m_1 + m_5 + m_6 + m_7 = D_1 m_1 + D_5 m_5 + D_6 m_6 + D_7 m_7$$

可以看出,将函数变量 A、B、C 分别接八选一数据选择器的地址端 A_2、A_1、A_0。数据输入端 $D_1 = D_5 = D_6 = D_7 = 1$,$D_0 = D_2 = D_3 = D_4 = 0$,且使选通控制端 $\overline{E} = 0$,输出即为逻辑函数 F。如图 3-43 所示。

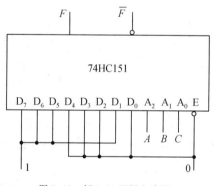

图 3-43　例 3-18 逻辑电路图

2. 数据选择器的扩展

(1)字扩展

字扩展利用合适的逻辑器件,通过数据选择器的选通控制端控制数据选择器交替工作,从而实现输入地址端的扩展。

【例 3-19】　用四片八选一数据选择器 74LS151 和 1 片 2 线-4 线译码器构成一个三十二选一数据选择器。

解:将 2 线-4 线译码器的两位输入作为地址高位输入,输出分别接四片八选一数据选择器的选通控制端,控制四片八选一数据选择器交替工作;将四片八选一数据选择器的三个地址线对应接在一起作为低三位地址输入,电路图如图 3-44 所示。

(2)位扩展

将几个一位的数据选择器选通控制端连接在一起作为总的选通控制端,地址端分别连接在一起作为总的地址输入端,则可实现数据选择器的位扩展。

【例 3-20】　用一位八选一数据选择器构成一个两位的八选一数据选择器。

解:将两片一位八选一数据选择器的选通控制端作为总的选通控制端、三个地址端分别连接在一起作为总的地址输入端,构成的一个两位的八选一数据选择器如图 3-45 所示。

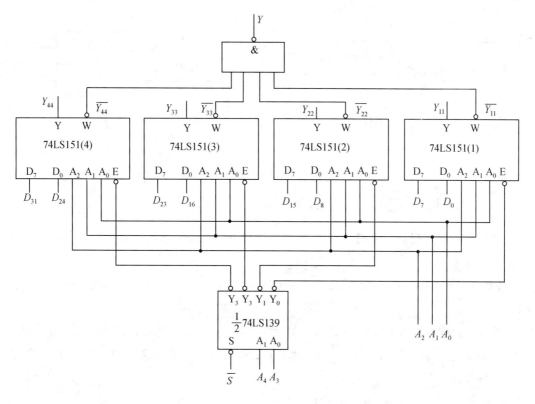

图 3-44　三十二选一数据选择器

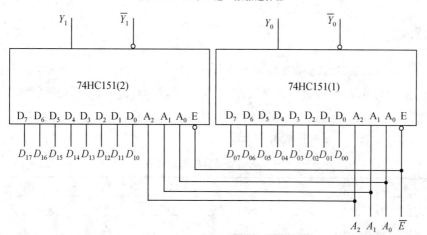

图 3-45　两位 8 选 1 数据选择器

3. 实现并行数据到串行数据的转换

图 3-46 所示为由八选一数据选择器构成的并/串行转换电路图，地址输入端 $A_2A_1A_0$ 依次从 000 变到 111 时，并行送到输入端 $D_0 \sim D_7$ 的数据依次从输出端输出，即实现了将输入的并行数据变为串行数据输出。

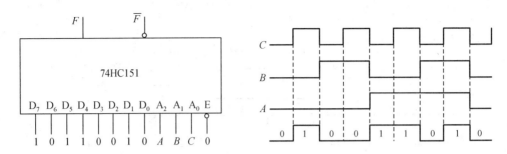

图 3-46　并/串行转换电路图及波形图

3.4.4　用加法器设计组合逻辑电路

加法器不仅能完成二进制数的加法运算,而且可以实现二进制减法运算、码制变换和十进制的运算等。

【例 3-21】　用四位二进制加法器 74HC283 实现 8421 码数的加法运算,结果仍然为 8421 码。

解:8421 码表示的十进制数加法类似于 4 位无符号二进制数加法,但如果结果超过 1001,则必须将其结果再加校正因子校正,校正因子就是十六进制与十进制最大数的差,即 0110。例如

$$
\begin{array}{cc}
5 & 0101 \\
+\ 9 & +\ 1001 \\
\hline
14 & 1110 \\
& +\ 0110 \quad 修正 \\
\hline
10+4 & 10100
\end{array}
\qquad
\begin{array}{cc}
8 & 1000 \\
+\ 8 & +\ 1000 \\
\hline
16 & 10000 \\
& +\ 0110 \quad 修正 \\
\hline
10+6 & 10110
\end{array}
$$

两个 8421 码数按二进制规则相加的结果分别用 C_4、S_3、S_2、S_1、S_0 表示,由于输入的是 8421 码数,最大为 9,两数相加的结果最大为 18,如果低位有进位,则相加的结果最大为 19。F 表示修正函数,0 表示不修正,1 表示修正。根据上述分析,结果大于 9 时需要修正,而小于等于 9 时不需要修正,列出真值表见表 3-23。

表 3-23　　　　　　　　　　BCD 码相加运算修正真值表

结果值	C_4	S_3	S_2	S_1	S_0	F	结果值	C_4	S_3	S_2	S_1	S_0	F
0	0	0	0	0	0	0	10	0	1	0	1	0	1
1	0	0	0	0	1	0	11	0	1	0	1	1	1
2	0	0	0	1	0	0	12	0	1	1	0	0	1
3	0	0	0	1	1	0	13	0	1	1	0	1	1
4	0	0	1	0	0	0	14	0	1	1	1	0	1
5	0	0	1	0	1	0	15	0	1	1	1	1	1
6	0	0	1	1	0	0	16	1	0	0	0	0	1
7	0	0	1	1	1	0	17	1	0	0	0	1	1
8	0	1	0	0	0	0	18	1	0	0	1	0	1
9	0	1	0	0	1	0	19	1	0	0	1	1	1

根据真值表写出修正逻辑函数表达式为

$$F = C_4 + S_3 S_2 + S_3 S_1$$

当 $F=1$ 时,需要对 $S_3 S_2 S_1 S_0$ 再加 0110,因此还需要一个四位加法器。8421 码加法器电路如图 3-47 所示。

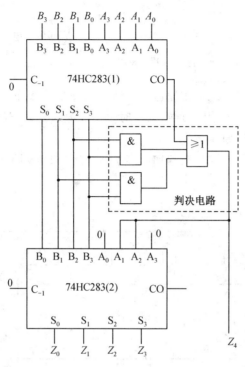

图 3-47　例 3-21 逻辑电路图

【例 3-22】　用四位二进制加法器 74HC283 设计四位二进制加法/减法器。

解:要实现加法和减法双重功能,需要有功能选择信号,用 M 表示。设 $A = A_3 A_2 A_1 A_0$ 为四位二进制被加数(或被减数),$B = B_3 B_2 B_1 B_0$ 为四位二进制加数(或减数),当 $M=0$ 时,电路实现 $A+B$ 的加法运算;而当 $M=1$ 时,电路实现 $A-B$ 的减法运算。

减法运算可以转化为加法运算,设两个数 A、B 相减,可得

$$A - B = A + B_{补} - 2^n = A + B_{反} + 1 - 2^n$$

上式表明,A 减 B 可由 A 加 B 的补码减 2^n 得到。下面分两种情况分析减法运算过程。

(1)$A - B \geqslant 0$ 的情况。设 $A = 0101$,$B = 0001$,求补相加演算和直接作减法演算过程如下

$$
\begin{array}{r}
0101 \quad (A) \\
1110 \quad (B_反) \\
+ \quad\quad 1 \quad (\text{加 1}) \\
\hline
10100 \\
\downarrow \\
00100 \quad (\text{进位反相}) \\
(\text{借位}) \end{array}
\qquad
\begin{array}{r}
0101 \quad (A) \\
- 0001 \quad (B) \\
\hline
0010 \quad (\text{差})
\end{array}
$$

比较两种运算的结果,它们完全相同。在 $A - B \geqslant 0$ 时,所得的差值就是差的原码,借位信号为 0。

(2)$A-B<0$的情况。设$A=0001,B=0101$。

求补相加演算和直接作减法演算过程如下

$$
\begin{array}{r}
0001 \quad (A)\\
1010 \quad (B_{反})\\
+ \quad\quad 1 \quad (加1)\\
\hline
01100
\end{array}
\qquad
\begin{array}{r}
0001 \quad (A)\\
- 0101 \quad (B)\\
\hline
- 0100 \quad (差)
\end{array}
$$

$$11100 \quad (进位反相)$$

(借位) \qquad\qquad (符号)

比较两种运算结果可知,求补相加运算的结果刚好是直接作减法运算结果的绝对值的补码,借位信号为1时表示差值为负数,为0时表示差值为正数,若要以原码的形式输出,则需对其结果再求补码,即得原码。

综合上述情况,画出用四位二进制加法器74HC283设计四位二进制加法/减法器电路如图3-48所示。

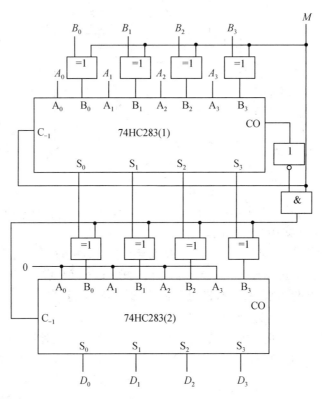

图3-48 四位二进制加法/减法器逻辑电路图

【例3-23】 用四位二进制加法器74HC283实现8421码与余3码的转换。

解: 设8421码$A=A_3A_2A_1A_0$,余3码$Y=Y_3Y_2Y_1Y_0$,8421码与余3码之间的关系为

$$Y_3Y_2Y_1Y_0=A_3A_2A_1A_0+0011$$

$$A_3A_2A_1A_0=Y_3Y_2Y_1Y_0-0011=Y_3Y_2Y_1Y_0+1101$$

因此,将8421码转换为余3码只需将8421码加0011;将余3码转换为8421码只需将余3码加1101,并将进位丢掉。电路如图3-49所示。

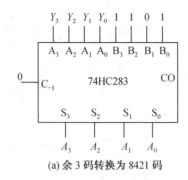

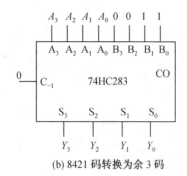

(a) 余 3 码转换为 8421 码　　　　　　(b) 8421 码转换为余 3 码

图 3-49　8421 码与余 3 码转换逻辑电路图

3.5　组合逻辑电路中的竞争-冒险现象

3.5.1　竞争-冒险现象及其成因

在实际逻辑电路中,由于组成电路的逻辑门和导线延迟时间的影响,输入信号通过不同的路径到达输出端的时间会有先后之分,这一现象称为竞争。竞争的结果是随机的,有时竞争不影响电路的逻辑功能,有时竞争会导致逻辑错误,使电路产生错误输出。

通常把不会使电路产生错误输出的竞争称为非临界竞争,而使电路产生错误输出的竞争称为临界竞争。如果组合逻辑电路出现错误输出,说明此电路存在冒险。

组合逻辑电路的冒险是一种瞬态现象,它表现为在电路的输出端产生了不该出现的尖脉冲,暂时破坏了电路的正常逻辑关系。但当瞬态过程结束后,又恢复了电路的正常逻辑关系。

例如,如图 3-50 所示组合逻辑电路。

由逻辑图可写出逻辑函数表达式为

$$F=\overline{\overline{AB}\,\overline{\overline{A}C}}=AB+\overline{A}C$$

设输入 $B=C=1$,则上述表达式为

$$F=A+\overline{A}$$

由上式可以看出,当 $B=C=1$ 时,无论 A 怎样变化,函数 F 的值都应该保持为 1,然而这是一种理想状态下的结论,考虑到实际电路中存在时延,当 $B=C=1$ 时,电路的输出、输入关系可用图 3-51 的波形图来说明。

由图 3-51 可以看出:当 A 由 0 变 1 时,在图①处存在一次非临界竞争,输出 F 仍保持为 1,没有出现错误。但当 A 由 1 变 0 时,在图②处存在一次临界竞争,输出 F 产生了错误,也就是说,竞争的结果产生了冒险。

组合逻辑电路的冒险分为静态冒险和动态冒险。如果在输入变化而输出不应发生变化的情况下产生了短暂的错误输出,这种冒险称为静态冒险。如果在输入变化而输出应该发生变化时,在变化的过程中产生了短暂的错误输出,这种冒险称为动态冒险。

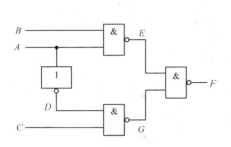

图 3-50　组合逻辑电路

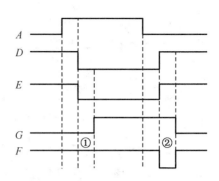

图 3-51　波形图

图 3-51 出现的冒险为静态冒险,是在输入变化而输出应为 1 的情况下出现瞬时的 0,即 1→0→1 型的输出,这种冒险通常称为偏 1 型冒险。反之,在输入变化而输出应当为 0 的情况下,出现瞬时的 1,即有 0→1→0 型的输出,这种冒险则称为偏 0 型冒险。

动态冒险也有偏 1 型冒险和偏 0 型冒险之分。如果输入变化,而输出在正常情况下应由 0 变为 1,但在变化过程中又出现了瞬时的 0,即有 0→1→0→1→1 型的输出,这种冒险称为动态偏 1 冒险。同样,如果输入变化,输出在正常情况下应由 1 变为 0,但在变化过程中又出现了瞬时的 1,即有 1→0→1→0→0 型输出,这种冒险称为动态偏 0 型冒险。

组合逻辑电路的动态冒险一般由静态冒险引起,因此,消除了电路的静态冒险也就消除了动态冒险。

不管哪种类型的冒险,尽管出现的错误是暂时的,但仍可能引起电路工作不可靠,因此,必须识别并消除组合逻辑电路的冒险。

判断一个电路是否存在冒险有代数判别法和卡诺图判别法。

1. 代数判别法

在逻辑函数表达式中,假如不同的"与"项彼此包含着互补变量,这样,在某种输入变量组合下,函数表达式可能形成互补"或"项,该函数表达式所对应的逻辑电路就有可能出现冒险。同理,对于函数表达式,假如不同的"或"项彼此包含着互补变量,这样,在某种输入变量组合下,函数表达式可能形成互补"与"项,该函数表达式所对应的逻辑电路就有可能出现冒险。但冒险究竟会不会产生,还要结合电路的时间延迟,通过时间图仔细观察和分析。

代数判别法是从函数表达式的结构来判别是否具有产生冒险的条件。若函数表达式中某个变量 A 同时以原变量和反变量形式存在,则将函数表达式中其他变量的各种取值组合依次代入,把它们从函数表达式中消去,仅保留被研究的变量 A。如果函数表达式出现 $A+\overline{A}$ 或 $A \cdot \overline{A}$ 形式,说明对应的逻辑电路可能会产生冒险。

例如,给定组合逻辑电路的函数为

$$F=\overline{A}\,\overline{C}+\overline{A}B+AC$$

从函数表达式可知,变量 A 和 C 同时以原变量和反变量形式出现在函数表达式中,则在 A 或 C 发生变化时,与该函数表达式对应的组合逻辑电路可能由于竞争而产生冒险。现在对 A、C 两个变量分别进行分析。

将 B 和 C 的各种取值组合分别代入函数表达式中,则:

当 $BC=00$ 时,$F=\overline{A}$;

当 $BC=01$ 时,$F=A$;

当 $BC=10$ 时,$F=\overline{A}$;

当 $BC=11$ 时,$F=A+\overline{A}$。

由此可见,当 $BC=11$ 时,变量 A 改变状态可能使逻辑电路产生偏 1 型冒险。

同样,将 A 和 B 的各种取值组合分别代入函数表达式中,则:

当 $AB=00$ 时,$F=\overline{C}$;

当 $AB=01$ 时,$F=\overline{C}+1$;

当 $AB=10$ 时,$F=C$;

当 $AB=11$ 时,$F=C$。

由此可见,当 AB 在各种取值组合时,变量 C 改变状态均不会使逻辑电路产生冒险。

2. 卡诺图判别法

将函数用卡诺图表示,并画出能合并项的对应圈;若发现两个圈"相切",即两个圈之间存在被不同圈包含的相邻最小项,该逻辑电路就可能产生冒险。

例如,某逻辑电路对应的函数表达式为

$$F=\overline{A}D+\overline{A}C+AB\overline{C}$$

将函数表示在卡诺图上,并画出函数表达式中各合并项对应的圈,如图 3-52 所示。

观察卡诺图可发现,"与"项 $\overline{A}D$ 包含最小项 m_1、m_3、m_5、m_7,"与"项 $AB\overline{C}$ 包含最小项 m_{12} 和 m_{13}。它们分别被各"与"项对应的圈包含,当变量 $ABCD$ 由 1101 变为 0101 时,即由 m_{13} 转移到 m_5,由于 m_5 和 m_{13} 被不同的"与"项所包含,当两个"与"项的值都发生变化时,就有可能产生冒险。在卡诺图

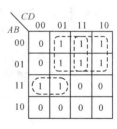

图 3-52　卡诺图判别法

上,最小项 m_5 和 m_{13} 相邻,分别被不同的圈包含,两个圈彼此"相切",这种情况下,函数表达式所对应的电路就可能产生冒险。

3.5.2 消除竞争-冒险现象的方法

当判别出所设计的组合逻辑电路存在冒险时,就必须采取适当的措施来消除它。

1. 修改逻辑设计,增加冗余项

当竞争冒险是由单个变量改变状态引起时,通常的办法是在逻辑函数最简"与-或"表达式(或"或-与"表达式)中增加冗余项,该项应包含而且只能包含彼此相邻但属于不同"与"项(或者"或"项)的相邻最小项(或最大项),使原函数不可能在某些条件下出现 $A+\overline{A}$ 或 $A \cdot \overline{A}$ 形式,从而消除可能产生的冒险。

例如,给定逻辑电路的函数表达式为

$$F=AB+\overline{A}C$$

将该函数表示在卡诺图上,如图 3-53 所示。

由图 3-53 可以看出,若增加冗余项 BC,则冗余项 BC 正好包含最小项 m_3 和 m_7,且只包含最小项 m_3 和 m_7。函数的表达式变为:

$$F=AB+\overline{A}C+BC$$

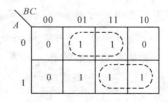

图 3-53　增加冗余项

对该函数表达式,当变量 ABC 由 111 变到 011,或者由 011 变到 111 时,是否产生冒险,可进行如下验证:

由于变量 A 具备竞争条件,将 BC 的各种取值组合代入函数表达式中,则:

当 $BC=00$ 时,$F=0$;

当 $BC=01$ 时,$F=\overline{A}$;

当 $BC=10$ 时,$F=A$;

当 $BC=11$ 时,$F=1$。

可见,加入冗余项 BC 后,消除了可能出现的冒险。

在函数表达式中,加入冗余项并不影响原函数的逻辑功能。但所加入的冗余项应尽可能简单。

2. 接入滤波电容

因为竞争冒险产生的干扰脉冲一般很窄,所以可以采用在输出端并接一个不大的滤波电容的方法,消除干扰脉冲。

3. 加入选通脉冲

加入选通脉冲控制可能产生竞争冒险的逻辑门,使其在产生竞争冒险期间门电路被封死,而在竞争冒险过后,门电路被打开,允许正常输出。

设计组合逻辑电路时,不可能一开始就设计出没有竞争冒险的最简电路,实际的设计步骤是:在不考虑冒险的情况下,首先获得最简电路,然后再判别可能存在的冒险,并采用适当办法消除冒险。

组合逻辑电路是由若干个门电路组合而成,它的特点是不论任何时候,输出信号仅仅决定于当时的输入信号,而与电路原来的状态无关。

组合逻辑电路的分析就是根据给定的逻辑电路图,得出输出与输入变量之间的逻辑关系。步骤是:写出整个电路的输出函数逻辑表达式并进行化简,再根据逻辑函数表达式列出真值表,最后根据逻辑函数表达式或真值表判断出电路的逻辑功能。

组合逻辑电路的设计就是根据给定的实际问题,分析其中的逻辑关系,确定输入、输出变量,列出真值表,再根据真值表写出逻辑函数表达式并进行化简和变换,最后根据化简或变换后的逻辑函数表达式画出逻辑电路图。

常用的中规模组合逻辑器件包括编码器、译码器、数据选择器、数值比较器、加法器等。为了增加使用的灵活性和便于功能扩展,在多数中规模组合逻辑器件中都设置了输入、输出使能端或输入、输出扩展端。它们既可控制器件的工作状态,又便于构成较复杂的逻辑系统。应用中规模组合逻辑器件进行组合逻辑电路设计的一般原则是:使用 MSI 芯片的个数和品种型号最少,芯片之间的连线最少。

负载电路对脉冲信号比较敏感时,电路中的竞争-冒险将会引起电路的逻辑错误。可以用代数法和卡诺图法判断一个电路是否存在竞争-冒险。

<<< 习 题 >>>

3-1 写出如图 3-54 所示电路输出信号的逻辑表达式,并说明其功能。

3-2 分析如图 3-55 所示组合逻辑电路。

3-3 分析如图 3-56 所示组合逻辑电路。

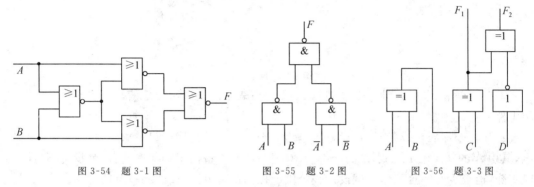

图 3-54 题 3-1 图　　　　图 3-55 题 3-2 图　　　　图 3-56 题 3-3 图

3-4 写出如图 3-57 所示电路输出信号的逻辑表达式,并说明其功能。

3-5 分析如图 3-58 所示逻辑电路的功能。

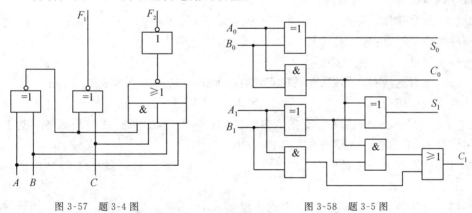

图 3-57 题 3-4 图　　　　　　　图 3-58 题 3-5 图

3-6 试分析如图 3-59 所示逻辑电路的功能。

3-7 试分析如图 3-60 所示逻辑电路的功能。

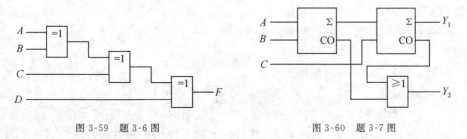

图 3-59 题 3-6 图　　　　　　图 3-60 题 3-7 图

3-8 已知如图 3-61 所示是一个受 M_1、M_2 控制的原码、反码和 0、1 转换器,试分析该转换器各在 M_1、M_2 的什么状态下实现上述转换。

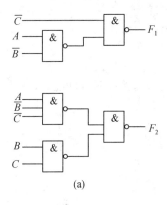

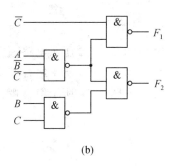

(a)   (b)

图 3-61 题 3-8 图

3-9 试用与非门设计一个能判别 8421 码所表示的十进制数之值是否大于等于 5 的逻辑电路。

3-10 今有四台设备,每台设备用电均为 $10\ kW$。若这四台设备由 A、B 两台发电机供电,其中 A 的功率为 $10\ kW$,B 的功率为 $20\ kW$;四台设备的工作情况是:四台设备不可能同时工作,但至少有一台工作。试设计一个供电控制逻辑电路,以达到节电的目的。

3-11 设计一个检测电路,检测输入的四位二进制码中 1 的个数是否为奇数,若 1 的个数为奇数则输出为 1,否则输出为 0。

3-12 某足球评委会由一位教练和三位球迷组成,对裁判员的判罚进行表决,当满足以下条件时表示同意:有三人或三人以上同意;或者有两人同意,但其中一人是教练。使用两输入与非门设计该表决电路。

3-13 某雷达站有 3 部雷达 A、B、C,其中 A 和 B 功率消耗相等,C 的功率是 A 的两倍。这些雷达由两台发电机 X 和 Y 供电,发电机 X 的最大输出功率等于雷达 A 的功率消耗,发电机 Y 的最大输出功率是 X 的 3 倍。试设计一个逻辑电路,能够根据各雷达的启动和关闭信号,以最大节约电能的方式启、停发电机。

3-14 试设计一个逻辑电路,它能检测出输入的 9 位二进制数中 1 的个数是否为奇数个。

3-15 设计一个 5 人表决电路,参加表决的 5 个人,同意为 1,不同意为 0;同意过半则表决通过,绿灯亮,否则红灯亮。

3-16 某药房有药材 35 种,编号为 1~35。在配方时必须遵守下列规定:

(1)第 3 号与第 16 号不能同时使用。

(2)第 5 号与第 21 号不能同时使用。

(3)第 12、22、30 号不能同时使用。

(4)用第 7 号时,必须同时配用第 17 号。

(5)当第 10 号和第 20 号一起使用时,必须同时配用第 6 号。

设计一个组合电路,要求在违反上述任何一项规定时,都能给出指示信号。

3-17 试设计一个组合逻辑电路,能够对输入的 4 位二进制数进行求反且加 1 运算。

3-18 使用与非门设计一个 4 输入的优先编码器,要求输入、输出及工作状态均为高电平有效。

3-19 试用 2 线-4 线译码器 74139 构成一个 4 线-16 线译码器。

3-20 使用 74138 和适当的逻辑门实现函数 $F=\overline{A}B\overline{C}+A\overline{B}\,\overline{C}+AB\overline{C}+\overline{A}BC$。

3-21 用 74HC151 实现下列函数:

(1) $L(A,B,C)=\sum m(0,2,4,6,7)$

(2) $F(A,B,C,D)=\sum m(0,3,4,5,7,13,15)$

(3) $F=AB\overline{C}+\overline{A}\,\overline{B}C+A\overline{B}CD+\overline{A}BD+ABC+A\overline{B}C\,\overline{D}$

(4) $\begin{cases} F=A\overline{B}+BC+CD+DA \\ AB+AC=0 \end{cases}$

3-22 使用 74138 和门电路设计一个地址译码器,地址范围为 00H～3FH。

3-23 试用 74138 实现下列逻辑函数

(1) $F(A,B,C,D)=ABD+AB\overline{C}+\overline{A}CD$。

(2) $F=\sum m(0,3,6,9)$

(3) $F=\sum m(0,2,3,6,7,8)+\sum m(10,11,12,13,14,15)$

3-24 使用 74138 和必要的门电路设计一个乘法器电路,能实现二位二进制数相乘,并输出结果。(提示:先构成 4 线-16 线译码器)

3-25 使用四选一数据选择器 74HC153 产生逻辑函数 $L(A,B,C)=\sum m(1,2,5,7)$。

3-26 用若干片 74HC151 构成一个二位十六选一数据选择器。

3-27 应用中规模组合逻辑电路设计一个数据传输电路,其功能为在八位通道选择信号的控制下,能将 16 个输入数据中的任何一个数据传送到 16 个输出端的任何一个,如图 3-62 所示。

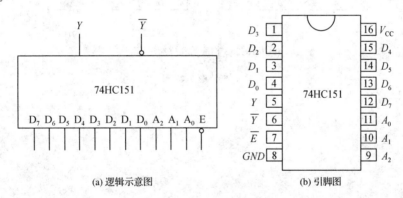

图 3-62 题 3-27 图

3-28 使用数值比较器 74HC85 设计一个能比较两个十二位数值大小的数值比较器

3-29 使用与非门和或门设计一个二位的数值比较器。

3-30 判断下列函数是否存在竞争冒险,并消除可能出现的冒险。

(1) $F_1=AB+\overline{A}CD+BC$

(2) $F_2=AB\overline{C}+\overline{A}CD+\overline{A}BC+ACD$

3-31 判断下列逻辑函数是否有可能产生竞争冒险,如果可能产生竞争冒险,请想办法消除。

(1) $L_1(A, B, C, D) = \sum m(5, 7, 13, 15)$

(2) $L_2(A, B, C, D) = \sum m(5, 7, 8, 9, 10, 11, 13, 15)$

(3) $L_3(A, B, C, D) = \sum m(0, 2, 4, 6, 8, 10, 12, 14)$

(4) $L_4(A, B, C, D) = \sum m(0, 2, 4, 6, 12, 13, 14, 15)$

3-32 判断如图 3-63 所示电路是否存在竞争冒险,如存在,请修改电路消除它。

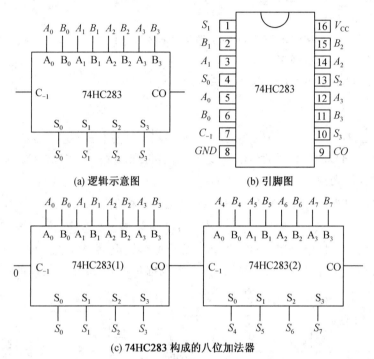

(a) 逻辑示意图   (b) 引脚图

(c) 74HC283 构成的八位加法器

图 3-63 题 3-32 图

第4章

DISIZHANG

触发器

学习目标

本章首先介绍基本 RS 触发器、同步触发器、主从触发器和边沿触发器的组成原理、特点和逻辑功能。然后较详细地讨论 RS 触发器、JK 触发器、D 触发器、T 触发器、T′触发器的逻辑功能及其描述方法以及各类触发器之间的相互转换。最后简单介绍集成触发器的脉冲工作特性和主要技术指标。

能力目标

理解并掌握基本 RS 触发器、同步触发器、主从触发器和边沿触发器的组成原理和动作特点。掌握各类触发器的逻辑功能及其描述方法以及各类触发器之间的相互转换。了解常用的集成触发器的逻辑功能、脉冲工作特性和主要技术指标。

4.1 概 述

在各种复杂的数字电路中,不仅需要对二值信号进行算术运算和逻辑运算,还经常需要将这些信号和运算结果储存起来。因此,需要使用具有记忆功能的基本单元。触发器(Flip-Flop)就是一种能够存储一位二值信号的逻辑单元电路。

触发器是最简单的一种时序数字电路,是构成时序逻辑电路的基本单元。触发器广泛应用于计数器、运算器、存储器等电子部件中。各种触发器均可由分立元件构成,也可由集成电路来实现,但随着集成电路技术的发展,集成触发器品种越来越多,性能更加优良,应用日益广泛。

触发器有以下两个特点:

第一,具有两个能自行保持的稳定状态(0 状态和 1 状态)。

第二,在输入信号作用下,根据不同的输入信号可以置成 0 状态或 1 状态。

根据电路结构不同,触发器可分为:基本 RS 触发器、同步触发器、主从触发器和维持-阻塞边沿触发器等。

根据触发方式不同,触发器可分为:电平触发器、边沿触发器和主从触发器等。

根据逻辑功能不同,触发器可分为:RS 触发器、D 触发器、JK 触发器、T 触发器和 T′触发器等。

本章主要讨论基本 RS 触发器、主从触发器、边沿触发器的电路结构与工作原理、逻辑功能的描述方法,以及各类触发器之间的相互转换。

4.2 基本 RS 触发器

4.2.1 与非门组成的基本 RS 触发器

1. 电路结构及工作原理

由两个与非门的输入、输出端交叉耦合,即可构成基本 RS 触发器。其逻辑图和逻辑符号如图 4-1 所示。它有两个输入端 $\overline{R}$、$\overline{S}$,有两个输出端 Q、$\overline{Q}$。一般情况下 Q、$\overline{Q}$ 是互补的。定义 $Q=1$、$\overline{Q}=0$ 为触发器的 1 状态,$Q=0$、$\overline{Q}=1$ 为触发器的 0 状态。$\overline{S}$ 端称为置位端或置 1 输入端,$\overline{R}$ 端称为复位端或置 0 输入端。

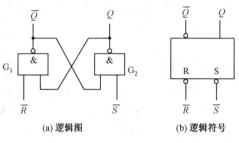

(a) 逻辑图　　　　(b) 逻辑符号

图 4-1　与非门组成的基本 RS 触发器

(1)当 $\overline{R}=1$、$\overline{S}=0$ 时,触发器的输出 $Q=1$、$\overline{Q}=0$。在 $\overline{S}=0$ 的信号消失以后(即 $\overline{S}$ 回到 1 状态),由于有 $\overline{Q}$ 端的低电平接回到 G_2 的另一个输入端,因而电路的 1 状态得以保持。

(2)当 $\overline{R}=0$、$\overline{S}=1$ 时,触发器的输出 $Q=0$、$\overline{Q}=1$。在 $\overline{R}=0$ 的信号消失以后(即 $\overline{R}$ 回到 1 状态),由于有 Q 端的低电平接回到 G_1 的另一个输入端,因而电路的 0 状态得以保持。

(3)当 $\overline{R}=1$、$\overline{S}=1$ 时,触发器保持原来的状态。

(4)当 $\overline{R}=0$、$\overline{S}=0$ 时,触发器的输出 $Q=1$、$\overline{Q}=1$,不满足 Q、$\overline{Q}$ 互补的条件。因此在正常工作时输入信号应遵守 $\overline{R}+\overline{S}=1$ 的约束条件,即不允许输入 $\overline{R}=\overline{S}=0$ 的信号。

2. 逻辑功能表

设触发器的现态用 Q^n 表示,次态用 Q^{n+1} 表示。由前面的分析可以得出用两个与非门组成的基本 RS 触发器的逻辑功能见表 4-1。

表 4-1　　　　与非门组成的基本 RS 触发器的逻辑功能表

$\overline{R}$	$\overline{S}$	Q^n	Q^{n+1}	功能说明
0	0	0 1	× ×	不稳定状态
0	1	0 1	0 0	置 0(复位)
1	0	0 1	1 1	置 1(置位)
1	1	0 1	0 1	保持原状态

【例 4-1】 用与非门组成的基本 RS 触发器如图 4-1(a)所示,设初始状态为 0,已知输入端 $\overline{R}$、$\overline{S}$ 的波形图如图 4-2 所示,画出输出 Q、$\overline{Q}$ 的波形图。

解:根据表 4-1 可画出输出 Q、$\overline{Q}$ 的波形如图 4-2 所示。

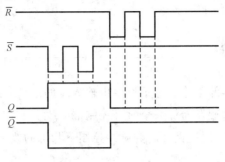

图 4-2　例 4-1 的波形图

4.2.2　用或非门组成的基本 RS 触发器

用或非门组成的基本 RS 触发器的逻辑图和逻辑符号如图 4-3 所示。这种触发器是以高电平作为输入信号的,所以用 S 和 R 分别表示置 1 输入端和置 0 输入端。表 4-2 是或非门组成的基本 RS 触发器的逻辑功能表。由表 4-2 可以看出,用或非门组成的基本 RS 触发器在正常工作时输入信号应遵守 RS=0,即不允许输入 $R=S=1$ 的信号。

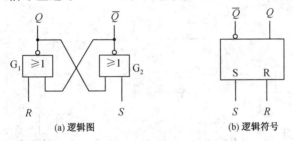

(a) 逻辑图　　　　　　(b) 逻辑符号

图 4-3　或非门组成的基本 RS 触发器

表 4-2　　　　　**或非门组成的基本 RS 触发器的逻辑功能表**

R	S	Q^n	Q^{n+1}	功能说明
0	0	0	0	保持原状态
		1	1	
0	1	0	1	置 1(置位)
		1	1	
1	0	0	0	置 0(复位)
		1	0	
1	1	0	×	不稳定状态
		1	×	

综上所述,触发器的次态 Q^{n+1} 不仅与输入状态有关,也与触发器现态 Q^n 有关。总结基本 RS 触发器的特点如下:

(1)有两个互补的输出端,有两个稳态(0 状态和 1 状态)。

(2)有复位($Q=0$)、置位($Q=1$)、保持原状态三种功能。

(3)R 为复位输入端,S 为置位输入端,可以是低电平有效,也可以是高电平有效,取决于触发器的结构。

（4）由于反馈线的存在，无论是复位还是置位，有效信号只需作用很短的一段时间，即"一触即发"。

4.3   同步触发器

在实际应用中，触发器的工作状态不仅要由输入端的信号来决定，而且还希望触发器按一定的节拍翻转。因此，给触发器加一个时钟控制端 CP，只有在 CP 端上出现时钟脉冲时，触发器的状态才能变化。我们定义在时钟脉冲控制下状态的改变与时钟脉冲同步的触发器为同步触发器。

4.3.1   同步 RS 触发器

1. 同步 RS 触发器的电路结构

同步 RS 触发器的电路结构和逻辑符号如图 4-4 所示。电路是由两部分组成的：由与非门 G_1、G_2 组成的基本 RS 触发器和由与非门 G_3、G_4 组成的输入控制电路。

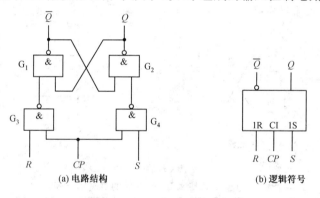

(a) 电路结构   (b) 逻辑符号

图 4-4   同步 RS 触发器

2. 逻辑功能

由图 4-4(a)可以看出，输入信号要通过控制门 G_3、G_4 传递，这两个门同时受 CP 信号控制。

（1）当 $CP=0$ 时，控制门 G_3、G_4 被封锁，都输出 1。这时，不管 R 端和 S 端的信号如何变化，触发器的状态保持不变。

（2）当 $CP=1$ 时，G_3、G_4 被打开，R、S 端的输入信号才能通过这两个门传送到基本 RS 触发器的输入端，从而决定触发器的输出状态。同步 RS 触发器的功能见表 4-3。

由此可以看出，同步 RS 触发器的状态转换分别由 R、S 和 CP 控制。其中，R、S 控制状态转换的方向，即转换为何种次态，并且仍要遵守 $RS=0$ 的约束条件；CP 控制状态转换的时刻，即何时发生转换。

表 4-3		同步 RS 触发器的功能表		
R	S	Q^n	Q^{n+1}	功能说明
0	0	0	0	保持
		1	1	
0	1	0	1	输出状态与 S 状态相同
		1	1	置 1
1	0	0	0	输出状态与 S 状态相同
		1	0	置 0
1	1	0	×	输出状态不定
		1	×	

【例 4-2】　已知同步 RS 触发器的输入信号波形如图 4-5 所示，试画出 Q、$\overline{Q}$ 端的波形。设触发器的初始状态为 $Q=0$。

解：根据同步 RS 触发器的功能表，在 $CP=0$ 期间，触发器保持原来的状态；在 $CP=1$ 期间，根据输入信号 R、S 确定触发器的状态。波形如图 4-5 所示。

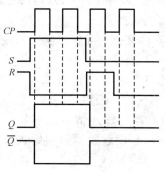

图 4-5　例 4-2 的波形图

4.3.2　同步 D 触发器

为了解决 R、S 之间有约束的问题，可以将图 4-4(a) 同步 RS 触发器的 R 端接至 G_4 门的输出端，并将 S 改为 D，便构成了图 4-6(a) 所示的同步 D 触发器，其逻辑符号如图 4-6(b) 所示。图 4-6(a) 中，控制门 G_1、G_2 组成基本 RS 触发器，控制门 G_3、G_4 组成输入控制电路。

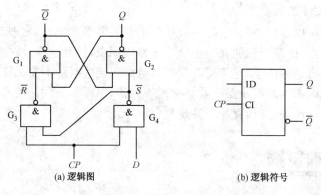

(a) 逻辑图　　　　　　　　　　(b) 逻辑符号

图 4-6　同步 D 触发器

(1) 当 $CP=0$ 时，控制门 G_3、G_4 被封锁，都输出 1。这时，不管 D 端的信号如何变化，触发器的状态保持不变。

（2）当 $CP=1$ 时，G_3、G_4 被打开，若 $D=1$，基本 RS 触发器的输入信号 $\bar{R}=1$、$\bar{S}=0$，触发器的输出 $Q=1$，$\bar{Q}=0$；若 $D=0$，基本 RS 触发器的输入信号 $\bar{R}=0$、$\bar{S}=1$，触发器的输出 $Q=0$、$\bar{Q}=1$。同步 D 触发器的功能见表 4-4。

表 4-4   同步 D 触发器的功能表

D	Q^n	Q^{n+1}	功能说明
0	0	0	置0
	1	0	
1	0	1	置1
	1	1	

4.3.3　同步触发器的动作特点

由上述分析，总结同步触发器的动作特点如下：

（1）只有当 CP 变为有效电平（这里是 $CP=1$）时，触发器才能接收输入信号，并按照输入信号将触发器的输出置成相应的状态。

（2）在 $CP=1$ 期间，输入状态的变化引起输出状态的改变。在 CP 回到 0 以后，触发器保存的是 CP 回到 0 以前瞬间的状态，并在 $CP=0$ 期间，触发器保持该状态不变。

根据上述同步触发器的动作特点可以看出，如果在 $CP=1$ 期间输入的状态多次发生变化，那么触发器输出的状态也将多次发生翻转，这就降低了触发器的抗干扰能力。

【例 4-3】　已知同步 RS 触发器的输入信号波形如图 4-7 所示，试画出 Q、$\bar{Q}$ 端的波形。设触发器的初始状态为 $Q=0$。

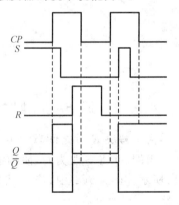

解：由给定的输入信号波形可知，在第一个 CP 高电平期间先是 $S=1$、$R=0$，输出被置成 $Q=1$、$\bar{Q}=0$。随后输入变成了 $S=R=0$，因而输出状态保持不变。最后输入又变为 $S=0$、$R=1$，将输出置成 $Q=0$、$\bar{Q}=1$。故 CP 回到低电平以后触发器停留在 $Q=0$、$\bar{Q}=1$ 的状态。

在第二个 CP 高电平期间若 $S=R=0$，则触发器的输出状态应保持不变。但由于在此期间 S 端出现了一个干扰脉冲，因而触发器被置成了 $Q=1$。

图 4-7　同步 RS 触发器的波形图

从前面的分析可以看出：在一个时钟周期的整个高电平期间，触发器都能接收输入信号并改变触发器的状态，由此引起的在一个时钟脉冲周期中，触发器发生多次翻转的现象叫作空翻。空翻是一种有害的现象，它使得时序逻辑电路不能按时钟节拍工作，造成系统的误动作。造成空翻现象的原因是同步触发器结构的不完善，下面将要讨论的几种触发器，都是从结构上采取措施加以改进，从而克服空翻现象。

4.4　主从触发器

主从触发器由两级触发器构成，其中一级直接接收输入信号，称为主触发器；另一级接收主触发器的输出信号，称为从触发器。两级触发器的时钟信号互补，能够有效地克服空翻现象。下面介绍主从触发器的工作原理。

4.4.1 主从RS触发器

由两个同步RS触发器组成的主从RS触发器的逻辑图和逻辑符号如图4-8所示。其工作原理是：

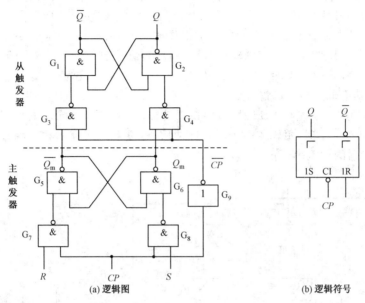

(a) 逻辑图   (b) 逻辑符号

图4-8 主从RS触发器

（1）当$CP=1$时，$\overline{CP}=0$，从触发器被封锁，保持原状态不变。这时，控制门G_7、G_8打开，主触发器工作，接收R端和S端的输入信号。

（2）当CP由1跃变到0时，即$CP=0$，$\overline{CP}=1$。主触发器被封锁，输入信号R、S不再影响主触发器的状态。而这时，由于$\overline{CP}=1$，控制门G_3、G_4打开，从触发器接收主触发器输出端的状态，作为从触发器的输入信号。

由以上分析可知，主从触发器的翻转是在CP由1变为0时刻（CP下降沿）发生的，CP一旦变为0后，主触发器被封锁，其状态不再受R、S影响，故主从触发器对输入信号的敏感时间大大缩短，只在CP由1变为0的时刻触发翻转，因此不会有空翻现象。但由于主触发器本身是电平触发器，所以在$CP=1$期间Q_m、$\overline{Q_m}$的状态仍然会随着R、S状态的变化而多次改变，而且输入信号仍需遵守$RS=0$的约束条件。

【例4-4】 在图4-8所示的主从RS触发器电路中，若CP、S和R的波形如图4-9所示，试画出Q、$\overline{Q}$端的波形。设触发器的初始状态为$Q=0$。

解：首先根据$CP=1$期间S、R的状态可得到主触发器输出Q_m、$\overline{Q_m}$的波形。然后，根据CP下

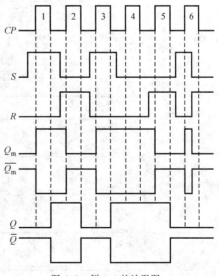

图4-9 例4-4的波形图

降沿到达时 Q_m、$\overline{Q_m}$ 的状态即可画出从触发器输出 Q、$\overline{Q}$ 的波形,如图 4-9 所示。由图可知,在第 6 个 CP 高电平期间,Q_m、$\overline{Q_m}$ 的状态虽然改变了两次,但输出端 Q、$\overline{Q}$ 的状态并不改变。

4.4.2 主从 JK 触发器

RS 触发器的特性方程中有一约束条件 $SR=0$,即在工作时,不允许输入信号 R、S 同时为 1。这一约束条件使得 RS 触发器在使用时,有时感觉不方便。如何解决这一问题呢?我们注意到,触发器的两个输出端 Q、$\overline{Q}$ 在正常工作时是互补的。因此,如果把这两个信号通过两根反馈线分别引到 G_7、G_8 门的输入端,一根从 Q 端引到 G_7 门的输入端,一根从 $\overline{Q}$ 端引到 G_8 门的输入端,并把原来的 S 端改为 J 端,把原来的 R 端改为 K 端。这样就构成了主从 JK 触发器,其逻辑图和逻辑符号如图 4-10 所示。

JK 触发器的逻辑功能与 RS 触发器的逻辑功能基本相同,不同之处是 JK 触发器没有约束条件,在 $J=K=1$ 时,每输入一个时钟脉冲后,触发器向相反的状态翻转一次。表 4-5 为主从 JK 触发器的功能表。

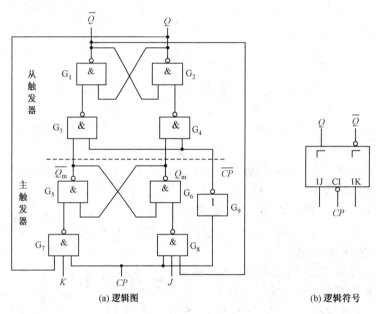

(a) 逻辑图　　　　　　　　　　(b) 逻辑符号

图 4-10　主从 JK 触发器

表 4-5　　　　　　　　　　　主从 **JK** 触发器的功能表

CP	J	K	Q^n	Q^{n+1}	功能
⬐	0	0	0 1	0 1	保持
⬐	0	1	0 1	0 0	输出状态与 J 状态相同 置0
⬐	1	0	0 1	1 1	输出状态与 J 状态相同 置1
⬐	1	1	0 1	1 0	翻转

【例 4-5】 设主从 JK 触发器的初始状态为 0,已知输入 J、K 的波形如图 4-11 所示,画

出输出 Q 的波形。

解: 根据主从 JK 触发器的功能表,可以看出只有在 CP 下降沿到达时,触发器的状态根据此时的输入信号 J、K 发生变化,输出的波形如图 4-11 所示。

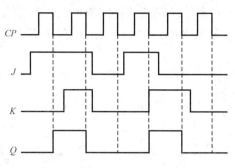

图 4-11　例 4-5 的波形图

4.4.3　主从触发器的动作特点

通过上面的分析可以看出,主从触发器的动作特点为:

(1)触发器的翻转分两步。第一步,在 CP 为有效电平(这里 $CP=1$)期间主触发器接收输入端的信号,并被置成相应的状态,而从触发器保持原状态不变。第二步,在 CP 下降沿到来时从触发器根据主触发器的状态翻转。也就是说 Q、$\overline{Q}$ 端状态的改变发生在 CP 的下降沿。

(2)由于主触发器是电平触发器,所以在 $CP=1$ 期间输入信号都将对主触发器起控制作用。

(3)如果在 $CP=1$ 期间输入信号的状态保持不变,可以根据 CP 下降沿到来时的输入信号的状态直接确定 Q、$\overline{Q}$ 端的状态。

对于主从 JK 触发器,由于 Q、$\overline{Q}$ 的信号通过两根反馈线分别引到输入端,所以在 $Q=0$ 时主触发器只能接收置 1 输入信号,而在 $Q=1$ 时主触发器只能接收置 0 输入信号。其结果是在 $CP=1$ 期间主触发器只有可能翻转一次,一旦翻转了就不会返回到原来的状态。我们把这种现象称为一次变化现象(或一次翻转现象)。

【例 4-6】 主从 JK 触发器如图 4-10(a)所示,设初始状态为 0,已知输入 J、K 的波形如图 4-12 所示,画出输出 Q 的波形。

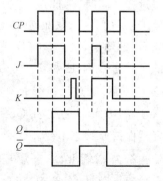

图 4-12　例 4-6 的波形图

解: 由图 4-12 可知,第一个 CP 的高电平期间始终为 $J=1$、$K=0$,CP 下降沿到达后触发器置 1。

第二个 CP 的高电平期间 K 端状态发生过变化,因而不能简单地以 CP 下降沿到达时 J、K 的状态来决定触发器的次态。因为在 CP 高电平期间出现过短时间的 $J=0$、$K=1$ 状态,此时主触发器便被置 0,所以虽然 CP 下降沿到达时输入状态回到了 $J=K=0$,但从触发器仍按主触发器的状态被置 0。

第三个 CP 下降沿到达时 $J=0$、$K=1$。如果以这时的输入状态决定触发器次态,应保持 $Q=0$。但由于 CP 高电平期间曾出现过 $J=K=1$ 状态,CP 下降沿到达之前主触发器已被置 1,所以 CP 下降沿到达后从触发器被置 1。

从前面的分析可以看出,在第二个 CP 和第三个 CP 高电平期间,主触发器的状态发生了翻转,出现了一次变化现象。

一次变化现象也是一种有害的现象,如果在 $CP=1$ 期间,输入端出现干扰信号,就可能造成触发器的误动作。为了避免发生一次变化现象,在使用主从 JK 触发器时,要保证在 $CP=1$ 期间,输入 J、K 保持状态不变。

要解决一次变化问题,仍应从电路结构入手,让触发器只接收 CP 触发沿到来前一瞬间的输入信号。这种触发器称为边沿触发器。

4.5 边沿触发器

边沿触发器不仅将触发器的触发翻转控制在 CP 触发沿到来的一瞬间,而且将接收输入信号的时间也控制在 CP 触发沿到来的前一瞬间。因此,边沿触发器既没有空翻现象,也没有一次变化问题,从而可以提高触发器工作的可靠性和抗干扰能力。

4.5.1 维持-阻塞边沿 D 触发器

1. 维持-阻塞边沿 D 触发器的结构及工作原理

如图 4-13 所示为维持-阻塞边沿 D 触发器的逻辑图,在图中引入三根反馈线 L_1、L_2、L_3,其工作原理从以下两种情况分析。

(1)输入 $D=1$。在 $CP=0$ 时,G_3、G_4 被封锁,$Q_3=1$,$Q_4=1$,G_1、G_2 组成的基本 RS 触发器保持原状态不变。因 $D=1$,G_5 输入全为 1,输出 $Q_5=0$,它使 $Q_3=1$,$Q_6=1$。当 CP 由 0 变为 1 时,G_4 输入全为 1,输出 Q_4 变为 0。继而,Q 翻转为 1,$\overline{Q}$ 翻转为 0,完成了使触发器翻转为 1 状态的全过程。同时,一旦 Q_4 变为 0,通过反馈线 L_1 封锁了 G_6 门,这时如果 D 信号由 1 变为 0,只会影响 G_5 的输出,不会影响 G_6 的输出,维持了触发器的 1 状态。因此,称 L_1 线为置 1 维持线。同理,

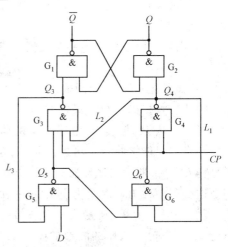

图 4-13　维持-阻塞边沿 D 触发器

Q_4 变 0 后,通过反馈线 L_2 也封锁了 G_3 门,从而阻塞了置 0 通路,故称 L_2 线为置 0 阻塞线。

(2)输入 $D=0$。在 $CP=0$ 时,G_3、G_4 被封锁,$Q_3=1$,$Q_4=1$,G_1、G_2 组成的基本 RS 触发器保持原状态不变。$D=0$,$Q_5=1$,G_6 输入全为 1,输出 $Q_6=0$。当 CP 由 0 变为 1 时,G_3 输入全为 1,输出 Q_3 变为 0。继而,$\overline{Q}$ 翻转为 1,Q 翻转为 0,完成了使触发器翻转为 0 状态的全过程。同时,一旦 Q_3 变为 0,通过反馈线 L_3 封锁了 G_5 门,这时无论 D 信号再怎么变化,也不会影响 G_5 的输出,从而维持了触发器的 0 状态。因此,称 L_3 线为置 0 维持线。

可见,维持-阻塞触发器是利用了维持线和阻塞线,将触发器的触发翻转控制在 CP 上升沿到来的一瞬间,并接收 CP 上升沿到来前一瞬间的 D 信号。维持-阻塞触发器因此而

得名。其逻辑功能见表 4-6。

表 4-6　　　　　　　　　　D 触发器功能表

CP	D	Q^n	Q^{n+1}	功能
⬏	0	0 1	0 0	输出状态与 D 状态相同 置 0
⬏	1	0 1	1 1	输出状态与 D 状态相同 置 1

【例 4-7】 维持-阻塞 D 触发器如图 4-13 所示,设初始状态为 0,已知输入 D 的波形如图 4-14 所示,画出输出 Q 的波形。

解:根据 D 触发器的功能表,可画出输出端 Q 的波形如图 4-14 所示。

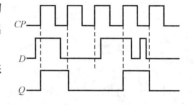

图 4-14　例 4-7 波形图

2. 带有 $\overline{R_D}$ 和 $\overline{S_D}$ 端的维持-阻塞 D 触发器

带有异步置 0 端和置 1 端的维持-阻塞 D 触发器如图 4-15 所示。该电路 $\overline{R_D}$ 端和 $\overline{S_D}$ 端都为低电平有效,并且不受时钟信号 CP 的制约,具有最高的优先级。

$\overline{R_D}$ 和 $\overline{S_D}$ 的作用主要是用来给触发器设置初始状态,或对触发器的状态进行特殊的控制。在使用时要注意,任何时刻,只能一个信号有效,不能同时有效。

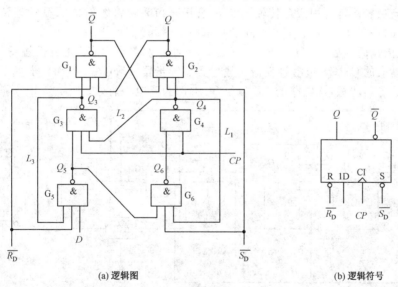

(a) 逻辑图　　　　　　　　　　　　　　　(b) 逻辑符号

图 4-15　带有 $\overline{R_D}$ 和 $\overline{S_D}$ 端的维持-阻塞 D 触发器

4.5.2　CMOS 主从结构的边沿触发器

1.电路结构

图 4-16 所示是用 CMOS 逻辑门和 CMOS 传输门组成的主从 D 触发器。G_1、G_2 和 TG_1、TG_2 组成主触发器,G_3、G_4 和 TG_3、TG_4 组成从触发器。CP 和 $\overline{CP}$ 为互补的时钟脉冲。由于引入了传输门,该电路虽为主从结构,却没有一次变化问题,具有边沿触发器的特性。

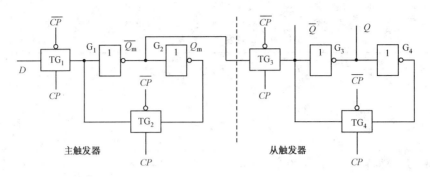

图 4-16   主从 D 触发器

2. 工作原理

(1)当 $CP=1$ 时,则 $\overline{CP}=0$。这时 TG_1 开通,TG_2 关闭。主触发器接收输入端 D 的信号。设 $D=1$,经 TG_1 传到 G_1 的输入端,使 $\overline{Q_m}=0$,$Q_m=1$。同时,TG_3 关闭,切断了主、从两个触发器间的联系,TG_4 开通,从触发器保持原状态不变。

(2)当 CP 由 1 变为 0 时,则 $\overline{CP}$ 变为 1。这时 TG_1 关闭,切断了 D 信号与主触发器的联系,使 D 信号不再影响触发器的状态,而 TG_2 开通,将 G_1 的输入端与 G_2 的输出端连通,使主触发器保持原状态不变。与此同时,TG_3 开通,TG_4 关闭,将主触发器的状态 $\overline{Q_m}=0$ 送入从触发器,使 $\overline{Q}=0$,经 G_3 反相后,输出 $Q=1$。至此完成了整个触发翻转的全过程。

可见,该触发器是利用四个传输门交替地开通和关闭将触发器的触发翻转控制在 CP 下降沿到来的一瞬间,并接收 CP 下降沿到来前一瞬间的 D 信号。

如果将传输门的控制信号 CP 和 $\overline{CP}$ 互换,可使触发器变为 CP 上升沿触发。

同样,集成的 CMOS 边沿触发器一般也具有异步置 0 端(R_D 端)和异步置 1 端(S_D 端),如图 4-17 所示。注意,该电路的 R_D 端和 S_D 端都为高电平有效。

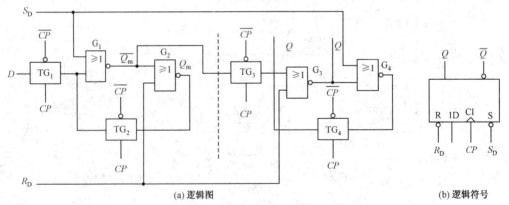

(a) 逻辑图   (b) 逻辑符号

图 4-17   带有 R_D 和 S_D 端的 CMOS 边沿触发器

4.5.3   边沿触发器的动作特点

通过前面的分析,可以看出边沿触发器的动作特点为:

(1)触发器的触发翻转发生在时钟脉冲的触发沿(上升沿或下降沿)。

(2)触发器的输出状态由时钟脉冲触发沿到来前一瞬间输入信号的状态来确定。

【例 4-8】 已知边沿 JK 触发器的逻辑符号及各输入端的波形如图 4-18 所示,试画出 Q、$\overline{Q}$ 端的波形。设初态为 $Q=0$。S_D 为高电平置 1 端,R_D 为高电平置 0 端,触发器为 CP 下降沿触发。

解：由图 4-18(b)可以看出该触发器有异步置 0 信号 R_D，并且 R_D 为高电平时置 0。除此之外，在每个 CP 的下降沿到来时，触发器按照 JK 触发器的功能改变输出状态，非下降沿则保持不变。其输出 Q、$\overline{Q}$ 端的波形如图 4-18(b)所示。

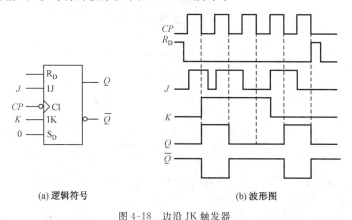

(a) 逻辑符号　　　　　　　　　　　(b) 波形图

图 4-18　边沿 JK 触发器

4.6　触发器的逻辑功能及相互转换

4.6.1　触发器逻辑功能的分类

按照触发器逻辑功能的不同特点，通常将时钟控制的触发器分为 RS、JK、D、T、T′ 五种类型。触发器的逻辑功能可以用功能表、特性方程、状态转换图、驱动表、波形图等来描述。

1. RS 触发器

RS 触发器具有保持、置 0、置 1 的逻辑功能。

(1)特性方程

触发器次态 Q^{n+1} 与输入状态 R、S 及现态 Q^n 之间关系的逻辑表达式称为触发器的特性方程。根据前面介绍的同步 RS 触发器的功能表 4-3，可画出同步 RS 触发器 Q^{n+1} 的卡诺图，如图 4-19 所示。由此可得同步 RS 触发器的特性方程为：

$$Q^{n+1} = S + \overline{R}Q^n \tag{4-1}$$

$$RS = 0 \quad (\text{约束条件})$$

(2)状态转换图

状态转换图表示触发器从一个状态变化到另一个状态或保持原状态不变时，对输入信号的要求。画出 RS 触发器的状态转换图，如图 4-20 所示。

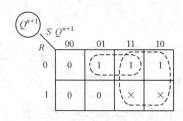

图 4-19　同步 RS 触发器 Q^{n+1} 的卡诺图

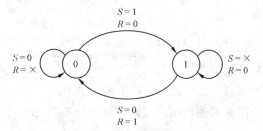

图 4-20　同步 RS 触发器的状态转换图

（3）驱动表

驱动表是用表格的方式表示触发器从一个状态变化到另一个状态或保持原状态不变时，对输入信号的要求。表 4-7 所示是根据表 4-3 画出的同步 RS 触发器的驱动表。驱动表对时序逻辑电路的设计是很有用的。

表 4-7　同步 RS 触发器的驱动表

$Q^n \rightarrow Q^{n+1}$		R	S
0	0	×	0
0	1	0	1
1	0	1	0
1	1	0	×

2. JK 触发器

JK 触发器具有保持、置 0、置 1、翻转的逻辑功能。

（1）特性方程

根据 JK 触发器的功能表 4-5，可画出 JK 触发器次态 Q^{n+1} 的卡诺图，如图 4-21 所示。由此可得 JK 触发器的特性方程为：

$$Q^{n+1} = J\overline{Q^n} + \overline{K}Q^n \tag{4-2}$$

（2）状态转换图

由 JK 触发器的功能表可得到 JK 触发器的状态转换图，如图 4-22 所示。

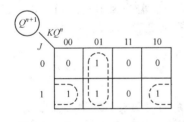

图 4-21　JK 触发器次态 Q^{n+1} 的卡诺图

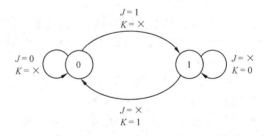

图 4-22　JK 触发器的状态转换图

（3）驱动表

根据表 4-5 可得 JK 触发器的驱动表，见表 4-8。

表 4-8　　JK 触发器的驱动表

$Q^n \rightarrow Q^{n+1}$		J	K
0	0	0	×
0	1	1	×
1	0	×	1
1	1	×	0

3. T 触发器

如果将 JK 触发器的 J 和 K 相连作为 T 输入端就构成了 T 触发器，具有保持、翻转的逻辑功能。其逻辑图和逻辑符号如图 4-23 所示。

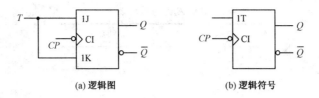

(a) 逻辑图　　　　　　　(b) 逻辑符号

图 4-23　用 JK 触发器构成的 T 触发器

（1）功能表

T 触发器的功能见表 4-9。

表 4-9　　　　　　　　　T 触发器的功能表

T	Q^n	Q^{n+1}	功能说明
0	0	0	保持
	1	1	
1	0	1	翻转
	1	0	

（2）特性方程

T 触发器特性方程：

$$Q^{n+1} = T\overline{Q^n} + \overline{T}Q^n = T \oplus Q^n \tag{4-3}$$

（3）状态转换图

T 触发器的状态转换图如图 4-24 所示。

当 T 触发器的输入端 $T=1$ 时，则触发器每输入一个时钟脉冲 CP，状态便翻转一次，这种状态的触发器称为 T' 触发器。T' 触发器的特性方程为：

$$Q^{n+1} = \overline{Q^n} \tag{4-4}$$

4. D 触发器

D 触发器具有置 0、置 1 的逻辑功能。

（1）特性方程

根据 D 触发器的功能表 4-6，可得 D 触发器的特性方程为：

$$Q^{n+1} = D \tag{4-5}$$

（2）状态转换图

D 触发器的状态转换图如图 4-25 所示。

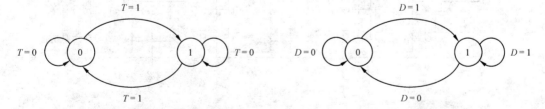

图 4-24　T 触发器的状态转换图　　　　　图 4-25　D 触发器的状态转换图

（3）驱动表

D 触发器的驱动表见表 4-10。

表 4-10 D 触发器的驱动表

$Q^n \rightarrow Q^{n+1}$		D
0	0	0
0	1	1
1	0	0
1	1	1

4.6.2 不同类型的触发器之间的转换

由各种触发器的功能比较可知,JK 触发器的逻辑功能最强,它包含了触发器的所有功能。在集成触发器产品中,最常见的是 JK 触发器和 D 触发器,T 触发器、T′触发器没有集成产品。如需要时,可用一种类型的触发器转换成其他类型的触发器。例如,在需要 RS 触发器时,只要将 JK 触发器的 J、K 端当作 S、R 端使用,就可实现 RS 触发器的功能。

1. 用 JK 触发器转换成其他功能的触发器

(1)JK→D

JK 触发器的特性方程为:

$$Q^{n+1} = J\,\overline{Q^n} + \overline{K}\,Q^n$$

D 触发器的特性方程为:

$$Q^{n+1} = D = D(Q^n + \overline{Q^n}) = D\,\overline{Q^n} + DQ^n$$

比较以上两式得:$J = D, K = \overline{D}$。

画出用 JK 触发器转换成 D 触发器的逻辑图如图 4-26(a)所示。

(2)JK→T(T′)

T 触发器的特性方程为:

$$Q^{n+1} = T\,\overline{Q^n} + \overline{T}\,Q^n$$

与 JK 触发器的特性方程比较得:$J = T, K = T$。

画出用 JK 触发器转换成 T 触发器的逻辑图如图 4-26(b)所示。

令 $T = 1$,即可得 T′触发器,如图 4-26(c)所示。

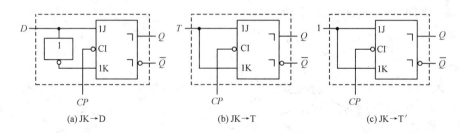

(a)JK→D   (b)JK→T   (c)JK→T′

图 4-26 JK 触发器转换成其他功能的触发器

2. 用 D 触发器转换成其他功能的触发器

(1)D→JK

D 触发器和 JK 触发器的特性方程为:

$$Q^{n+1} = D$$

$$Q^{n+1}=J\,\overline{Q^n}+\overline{K}Q^n$$

比较两式可得：$D=J\,\overline{Q^n}+\overline{K}Q^n$

画出用 D 触发器转换成 JK 触发器的逻辑图如图 4-27(a)所示。

(2) D→T

D 触发器和 T 触发器的特性方程为：

$$Q^{n+1}=D$$
$$Q^{n+1}=T\overline{Q^n}+\overline{T}Q^n$$

比较两式可得：$D=T\overline{Q^n}+\overline{T}Q^n=T\oplus Q^n$

画出用 D 触发器转换成 T 触发器的逻辑图如图 4-27(b)所示。

(3) D→T'

D 触发器和 T' 触发器的特性方程为：

$$Q^{n+1}=D$$
$$Q^{n+1}=\overline{Q^n}$$

比较两式可得：$D=\overline{Q^n}$

画出用 D 触发器转换成 T' 触发器的逻辑图如图 4-27(c)所示。

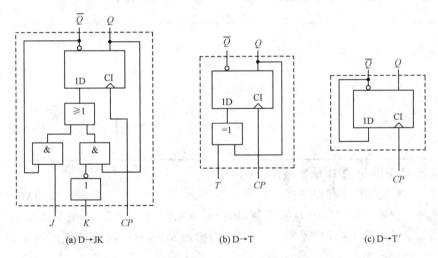

(a) D→JK   (b) D→T   (c) D→T'

图 4-27　D 触发器转换成其他功能的触发器

　　由前面的分析可以看出，用已有的触发器构成其他功能的触发器，实际上就是求已有触发器的驱动方程，然后根据驱动方程画出逻辑图。

4.7　集成触发器

4.7.1　集成触发器举例

1. TTL 主从 JK 触发器 74LS72

　　74LS72 的逻辑符号和引脚排列如图 4-28 所示。74LS72 为多输入端的单 JK 触发器，它有 3 个 J 端和 3 个 K 端，3 个 J 端之间是与逻辑关系，3 个 K 端之间也是与逻辑关系。

使用中如有多余的输入端,应将其接高电平。该触发器带有直接置 0 端 $\overline{R_D}$ 和直接置 1 端 $\overline{S_D}$,都为低电平有效,不用时应接高电平。74LS72 为主从型触发器,CP 下降沿触发,其功能见表 4-11。

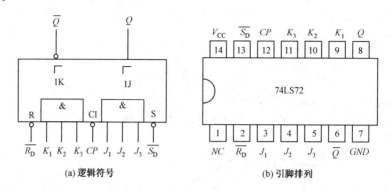

图 4-28 TTL 主从 JK 触发器 74LS72

表 4-11　　　　　　　　　　　　　**74LS72 的功能表**

输　入					输　出	
$\overline{R_D}$	$\overline{S_D}$	CP	J	K	Q	$\overline{Q}$
0	1	×	×	×	0	1
1	0	×	×	×	1	0
1	1	↓	0	0	Q	$\overline{Q}$
1	1	↓	0	1	0	1
1	1	↓	1	0	1	0
1	1	↓	1	1	$\overline{Q}$	Q

2. 高速 CMOS 边沿 D 触发器 74HC74

74HC74 的逻辑符号和引脚排列如图 4-29 所示。74HC74 为单输入端的双 D 触发器。一块芯片里封装着两个相同的 D 触发器,每个触发器只有一个 D 端,它们都带有直接置 0 端 $\overline{R_D}$ 和直接置 1 端 $\overline{S_D}$,为低电平有效。CP 上升沿触发。74HC74 的功能见表 4-12。

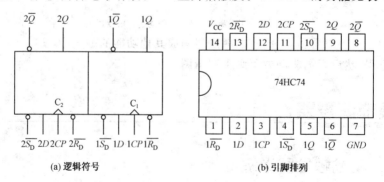

图 4-29 高速 CMOS 边沿 D 触发器 74HC74

表 4-12		74HC74 的功能表			
输 入				输 出	
$\overline{R_D}$	$\overline{S_D}$	CP	D	Q	$\overline{Q}$
0	1	×	×	0	1
1	0	×	×	1	0
1	1	↑	0	0	1
1	1	↑	1	1	0

4.7.2 集成触发器的脉冲工作特性和主要指标

1. 触发器的脉冲工作特性

触发器的脉冲工作特性是指触发器对时钟脉冲、输入信号以及它们之间相互配合的时间关系的要求。掌握这种工作特性对触发器的应用非常重要。

(1)维持-阻塞边沿 D 触发器的脉冲工作特性

如图 4-13 所示的维持-阻塞边沿 D 触发器,在 CP 上升沿到来时,G_3、G_4 门将根据 G_5、G_6 门的输出状态控制触发器翻转。因此在 CP 上升沿到达之前,G_5、G_6 门必须要有稳定的输出状态。而从信号加到 D 端开始到 G_5、G_6 门的输出稳定下来,需要经过一段时间,我们把这段时间称为触发器的建立时间 t_{set}。即输入信号必须比 CP 脉冲早 t_{set} 时间到达。由图 4-13 可以看出,该电路的建立时间为两级与非门的延迟时间,即 $t_{set} = 2t_{Pd}$。

其次,为使触发器可靠翻转,信号 D 还必须维持一段时间,我们把在 CP 触发沿到来后输入信号需要维持的时间称为触发器的保持时间 t_H。当 $D=0$ 时,这个 0 信号必须维持到 Q_3 由 1 变 0 后将 G_5 封锁为止,若在此之前 D 变为 1,则 Q_5 变为 0,将引起触发器误触发。所以 $D=0$ 时的保持时间 $t_H = t_{Pd}$。当 $D=1$ 时,CP 上升沿到达后,经过 t_{Pd} 的时间 Q_4 变为 0,将 G_6 封锁。但若 D 信号变化,传到 G_6 的输入端也同样需要 t_{Pd} 的时间,所以 $D=1$ 时的保持时间 $t_H = t_{Pd}$。综合以上两种情况,取 $t_H = t_{Pd}$。

另外,为保证触发器可靠翻转,$CP=1$ 的状态也必须保持一段时间,直到触发器的 Q、$\overline{Q}$ 端电平稳定,这段时间称为触发器的维持时间 t_{CPH}。我们把从时钟脉冲触发沿开始到一个输出端由 0 变 1 所需的时间称为 t_{CPLH};把从时钟脉冲触发沿开始到另一个输出端由 1 变 0 所需的时间称为 t_{CPHL}。由图 4-13 可以看出,该电路的 $t_{CPLH} = 2t_{Pd}$,$t_{CPHL} = 3t_{Pd}$,所以触发器的 $t_{CPH} \geqslant t_{CPHL} = 3t_{Pd}$。

图 4-30 所示给出了上述几个时间参数的相互关系。

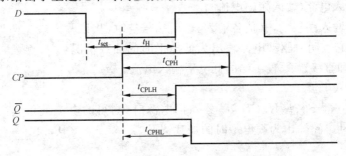

图 4-30 维持-阻塞边沿 D 触发器的脉冲工作特性

（2）主从 JK 触发器的脉冲工作特性

在图 4-10 所示的主从 JK 触发器电路中，当时钟脉冲 CP 上升沿到达时，输入信号 J、K 送入主触发器，由于 J、K 和 CP 同时接到 G_7、G_8 门，所以 J、K 信号只要不迟于 CP 上升沿即可，所以 $t_{set}=0$。

由图 4-10 可知，在 CP 上升沿到达后，要经过三级与非门的延迟时间，主触发器才翻转完毕。所以 $t_{CPH} \geqslant 3t_{Pd}$。

等 CP 下降沿到达后，从触发器翻转，主触发器立即被封锁，所以，输入信号 J、K 可以不再保持，即 $t_H=0$。

从 CP 下降沿到达时刻到触发器输出状态稳定，也需要一定的传输时间，即 $CP=0$ 的状态也必须保持一段时间，这段时间称为 t_{CPL}。由图 4-10 可以看出，该电路的 $t_{CPLH}=2t_{Pd}$，$t_{CPHL}=3t_{Pd}$，所以触发器的 $t_{CPL} \geqslant t_{CPHL}=3t_{Pd}$。

综上所述，主从 JK 触发器要求 CP 的最小工作周期 $T_{min}=t_{CPH}+t_{CPL}$。

图 4-31 所示给出了上述几个时间参数的相互关系。

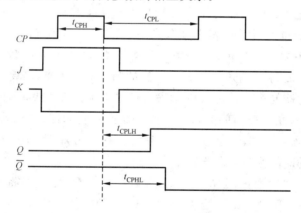

图 4-31　主从 JK 触发器的脉冲工作特性

2. 集成触发器的主要指标

集成触发器的参数可以分为直流参数和开关参数两大类。下面以 TTL 集成 JK 触发器为例进行简单介绍。

（1）直流参数

①电源电流 I_{CC}

所有输入端和输出端悬空时电源向触发器提供的电流为电源电流 I_{CC}，它表明该电路的空载功耗。

②低电平输入电流（输入短路电流）I_{IL}

当触发器某输入端接地，其他各输入、输出端悬空时，从该输入端流向地的电流为低电平输入电流 I_{IL}，它表明对驱动电路输出为低电平时的加载情况。JK 触发器的该参数包括 J、K 端，时钟端和直接置 0、置 1 端的低电平输入电流。

③高电平输入电流 I_{IH}

将各输入端（R_D、S_D、J、K、CP 等）分别接电源时，测得的电流就是其高电平输入电流 I_{IH}，它表明对驱动电路输出为高电平时的加载情况。

④输出高电平 V_{OH} 和输出低电平 V_{OL}

触发器输出端 Q 或 $\overline{Q}$ 输出高电平时的对地电压值为 V_{OH}，输出低电平时的对地电压值为 V_{OL}。

（2）开关参数

①最高时钟频率 f_{max}

最高时钟频率 f_{max} 是指触发器在计数状态下能正常工作的最高工作频率，是表明触发器工作速度的一个指标。在测试 f_{max} 时，Q 和 $\overline{Q}$ 端应带上额定的电流负载和电容负载，这在生产厂家的产品手册中均有明确规定。

②对时钟信号的延迟时间（t_{CPLH} 和 t_{CPHL}）

从时钟脉冲的触发沿到触发器输出端由 0 状态变到 1 状态的延迟时间为 t_{CPLH}；从时钟脉冲的触发沿到触发器输出端由 1 状态变到 0 状态的延迟时间为 t_{CPHL}。一般，t_{CPHL} 比 t_{CPLH} 约大一级门的延迟时间。它们表明对时钟脉冲 CP 的要求。

③ 对直接置 $0(R_D)$ 或置 $1(S_D)$ 端的延迟时间（t_{RLH}、t_{RHL} 或 t_{SLH}、t_{SHL}）

从置 0 脉冲触发沿到输出端由 0 变为 1 的延迟时间为 t_{RLH}，到输出端由 1 变为 0 的延迟时间为 t_{RHL}；从置 1 脉冲触发沿到输出端由 0 变 1 的延迟时间为 t_{SLH}，到输出端由 1 变 0 的延迟时间为 t_{SHL}。

CMOS 触发器的参数定义与以上介绍的参数基本一致，这里不再做介绍。

触发器的应用非常广泛，是时序逻辑电路重要的组成部分，其典型应用将在下一章中做较详细的介绍。

<<< 本章小结 >>>

触发器有两个基本性质：(1)在一定条件下，触发器可维持在两种稳定状态(0 或 1 状态)之一而保持不变；(2)在一定的外加信号作用下，触发器可从一个稳定状态转变到另一个稳定状态。这就使得触发器能够记忆二进制信息 0 和 1，常被用作二进制存储单元。

触发器的逻辑功能是指触发器输出的次态与输出的现态及输入信号之间的逻辑关系。描述触发器逻辑功能的方法主要有特性表、特性方程、驱动表、状态转换图和波形图(又称时序图)等。按照结构不同，触发器可分为：基本 RS 触发器、同步触发器、主从触发器、边沿触发器。根据逻辑功能的不同，触发器可分为：RS 触发器、JK 触发器、D 触发器、T 触发器和 T′ 触发器。

同一电路结构的触发器可以做成不同的逻辑功能；同一逻辑功能的触发器可以用不同的电路结构来实现；不同结构的触发器具有不同的触发条件和动作特点，触发器逻辑符号中 CP 端有小圆圈的为下降沿触发；没有小圆圈的为上升沿触发。利用特性方程可实现不同功能触发器间逻辑功能的相互转换。

<<< 习 题 >>>

4-1 画出图 4-32(a)所示由与非门组成的基本 RS 触发器输出端 Q、$\overline{Q}$ 的波形，输入端 $\overline{S}$、$\overline{R}$ 的波形如图 4-32(b)所示。

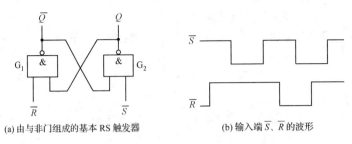

(a) 由与非门组成的基本 RS 触发器   (b) 输入端 $\overline{S}$、$\overline{R}$ 的波形

图 4-32 题 4-1 图

4-2 画出图 4-33 所示由或非门组成的基本 RS 触发器输出端 Q、$\overline{Q}$ 的波形,输入端 S、R 的波形如图 4-33(b)所示。

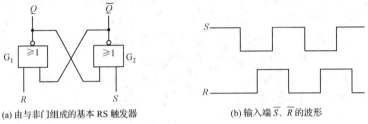

(a) 由与非门组成的基本 RS 触发器   (b) 输入端 $\overline{S}$、$\overline{R}$ 的波形

图 4-33 题 4-2 图

4-3 试分析图 4-34 所示电路的逻辑功能,列出真值表,写出逻辑函数式。

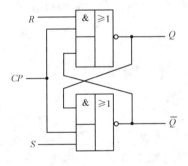

图 4-34 题 4-3 图

4-4 图 4-35(a)所示为一个由基本 RS 触发器构成的防抖动输出的开关电路。当拨动开关 K 时,由于开关触点接触瞬间发生振颤,使 $\overline{S}$、$\overline{R}$ 的波形如图 4-35(b)所示,试画出 Q、$\overline{Q}$ 端对应的波形。

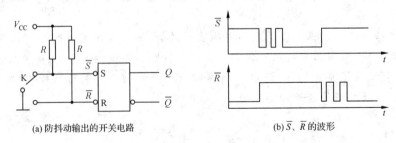

(a) 防抖动输出的开关电路   (b) $\overline{S}$、$\overline{R}$ 的波形

图 4-35 题 4-4 图

4-5 在图 4-36(a)所示电路中,若 CP、S、R 的波形如图 4-36(b)中所示,试画出 Q、$\overline{Q}$ 端的波形。假定触发器的初始状态为 $Q=0$。

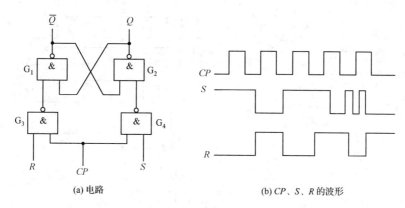

(a) 电路   (b) CP、S、R 的波形

图 4-36 题 4-5 图

4-6 若将同步 RS 触发器的 Q 与 R、$\overline{Q}$ 与 S 相连如图 4-37 所示,试画出在 CP 信号作用下 Q 和 $\overline{Q}$ 端的波形。已知 CP 信号的宽度 $t_w = 4t_{Pd}$。t_{Pd} 为门电路的平均传输延迟时间,假定 $t_{Pd} \approx t_{PHL} \approx t_{PLH}$,设触发器的初始状态为 $Q = 0$。

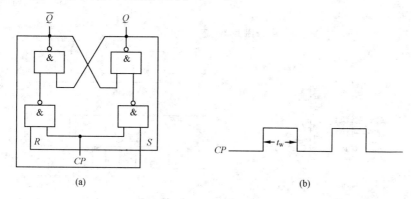

(a)   (b)

图 4-37 题 4-6 图

4-7 若主从结构 RS 触发器各输入端的波形如图 4-38(b) 所示,试画出 Q、$\overline{Q}$ 端对应的波形。设触发器的初始状态为 $Q = 0$。

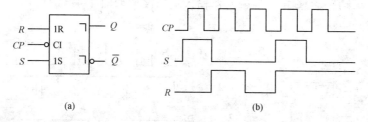

(a)   (b)

图 4-38 题 4-7 图

4-8 若主从结构 RS 触发器的 CP、S、R、$\overline{R_D}$ 各输入端的波形如图 4-39(b) 所示,$\overline{S_D} = 1$。试画出 Q、$\overline{Q}$ 端对应的波形。

4-9 已知主从结构 JK 触发器输入端 J、K 和 CP 的波形如图 4-40(b) 所示。试画出 Q、$\overline{Q}$ 端对应的波形。设触发器的初始状态为 $Q = 0$。

4-10 若主从结构 JK 触发器 CP、$\overline{R_D}$、$\overline{S_D}$、J、K 端的波形如图 4-41(b) 所示,试画出 Q、$\overline{Q}$ 端对应的波形。

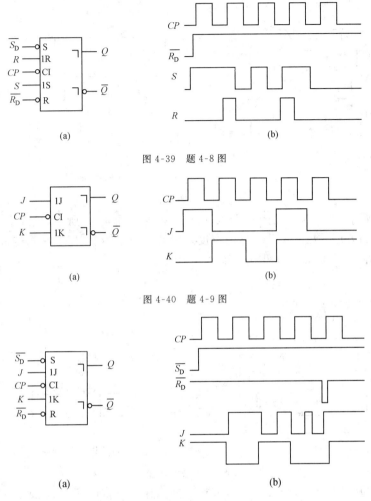

图 4-39　题 4-8 图

图 4-40　题 4-9 图

图 4-41　题 4-10 图

4-11　已知维持-阻塞结构 D 触发器输入端的波形如图 4-42(b)所示。试画出 Q、$\overline{Q}$端对应的波形。

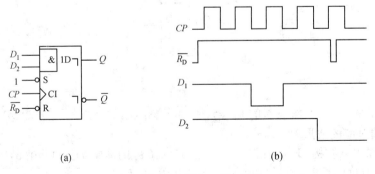

图 4-42　题 4-11 图

4-12　已知 CMOS 边沿触发结构 JK 触发器各输入端的波形如图 4-43(b)所示,试画出 Q、$\overline{Q}$端对应的波形。

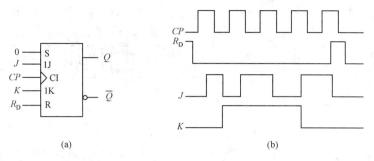

图 4-43 题 4-12 图

4-13 设图 4-44 中各触发器的初始状态皆为 $Q=0$。试画出在 CP 信号连续作用下各触发器输出端的波形。

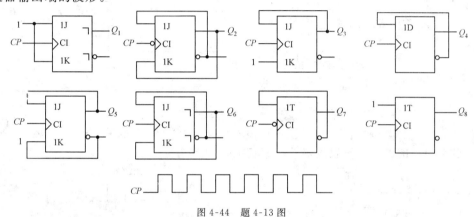

图 4-44 题 4-13 图

4-14 试写出图 4-45(a) 中各电路的次态函数(即 Q_1^{n+1}、Q_2^{n+1}、Q_3^{n+1}、Q_4^{n+1})与现态和输入变量之间的函数式,并画出在图 4-45(b) 给定信号的作用下 Q_1、Q_2、Q_3、Q_4 的波形。假定各触发器的初始状态均为 $Q=0$。

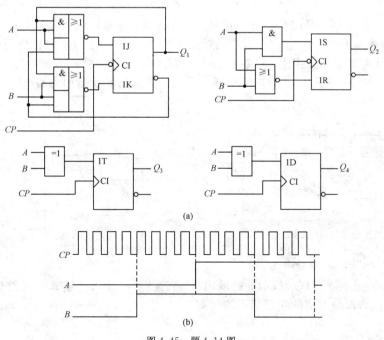

图 4-45 题 4-14 图

4-15　在图 4-46(a)所示主从结构 JK 触发器电路中,已知 CP 和输入信号 T 的波形如图 4-46(b)所示。试画出触发器输出端 Q 和 $\overline{Q}$ 的波形,设触发器的初始状态为 $Q=0$。

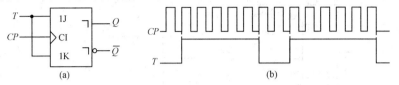

图 4-46　题 4-15 图

4-16　在图 4-47(a)所示电路中,触发器为维持-阻塞结构,初始状态为 $Q=0$。已知输入信号 u_1 的电压波形如图 4-47(b)所示,试画出与之对应的输出电压 u_O 的波形。（提示:应考虑触发器和异或门的传输延迟时间。）

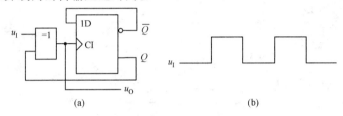

图 4-47　题 4-16 图

4-17　在图 4-48(a)所示的主从 JK 触发器电路中,CP 和 A 的波形如图 4-48(b)所示。试画出 Q 端对应的波形。设触发器的初始状态为 $Q=0$。

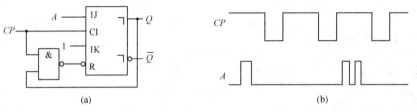

图 4-48　题 4-17 图

4-18　图 4-49 所示是用 CMOS 边沿触发器和或非门组成的脉冲分频电路。试画出在一系列 CP 脉冲作用下,Q_1、Q_2 和 Z 端对应的输出波形。设触发器的初始状态皆为 $Q=0$。

4-19　图 4-50 所示是用维持-阻塞结构 D 触发器组成的脉冲分频电路。试画出在一系列 CP 脉冲作用下输出端 Y 对应的波形。设触发器的初始状态均为 $Q=0$。

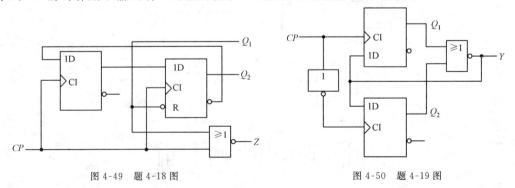

图 4-49　题 4-18 图　　　　　　　　图 4-50　题 4-19 图

4-20　试画出图 4-51(a)所示电路输出 Y、Z 的波形。输入信号 A 和时钟 CP 的波形如图 4-51(b)所示,设触发器的初始状态均为 $Q=0$。

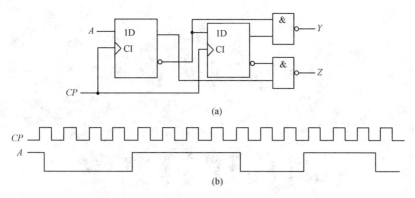

(a)

(b)

图 4-51 题 4-20 图

4-21 试画出图 4-52 所示电路输出端 Q_2 的波形。输入信号 A 和 CP 的波形与上题相同,触发器为主从结构,初始状态均为 $Q = 0$。

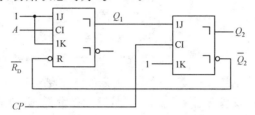

图 4-52 题 4-21 图

4-22 试画出图 4-53 所示电路在一系列 CP 信号作用下输出 Q_1、Q_2、Q_3 端的波形,触发器为边沿触发结构,初始状态为 $Q=0$。

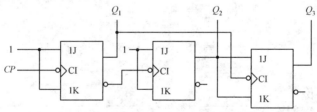

图 4-53 题 4-22 图

4-23 试画出图 4-54(a)所示电路在图 4-54(b)所示 CP、$\overline{R_D}$ 信号作用下 Q_1、Q_2、Q_3 的输出波形,并说明 Q_1、Q_2、Q_3 输出信号的频率与 CP 信号频率之间的关系。

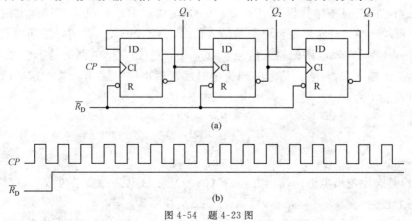

(a)

(b)

图 4-54 题 4-23 图

第5章

DIWUZHANG

时序逻辑电路

学习目标

本章首先介绍时序逻辑电路的基本概念、特点及时序逻辑电路的一般分析方法。然后重点讨论典型的集成时序逻辑部件寄存器和计数器的工作原理、逻辑功能、使用方法及典型应用。最后介绍时序逻辑电路的设计方法。

能力目标

理解时序逻辑电路的基本概念、特点,掌握时序逻辑电路的一般分析、设计方法。重点掌握常用集成时序逻辑部件寄存器和计数器的工作原理、逻辑功能、使用方法及典型应用。

5.1 概 述

5.1.1 时序逻辑电路的结构及特点

时序逻辑电路的基本结构框图如图 5-1 所示,是由组合逻辑电路和存储电路两部分组成,其中 $X(X_1,\cdots,X_i)$ 是时序逻辑电路的输入信号,$Z(Z_1,\cdots,Z_j)$ 是时序逻辑电路的输出信号;$D(D_1,\cdots,D_m)$ 是存储电路的输入信号,$Q(Q_1,\cdots,Q_m)$ 是存储电路的输出信号,它反馈到组合逻辑电路的输入端,与输入信号共同决定时序逻辑电路的输出状态。这些信号之间的逻辑关系可以表示为:

$$Z = F_1(X, Q^n) \tag{5-1}$$

$$D = F_2(X, Q^n) \tag{5-2}$$

$$Q^{n+1} = F_3(D, Q^n) \tag{5-3}$$

式(5-1)是时序逻辑电路的输出方程,式(5-2)是存储电路的驱动方程,式(5-3)是存储电路的状态方程。

由以上所述可以看出,在时序逻辑电路中,电路任何一个时刻的输出状态不仅取决于该

时刻的输入信号,还与电路的原状态有关。与第三章介绍的组合逻辑电路相比,时序逻辑电路有以下两个特点:

(1)时序逻辑电路包含组合逻辑电路和存储电路两部分,存储电路具有记忆能力,最常用的是触发器。

(2)存储电路的状态反馈到组合逻辑电路的输入端,与外部输入信号共同决定组合逻辑电路的输出。

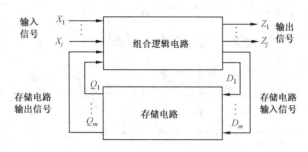

图 5-1 时序逻辑电路基本结构框图

5.1.2 时序逻辑电路的分类

按照电路状态转换情况不同,时序逻辑电路分为同步时序逻辑电路和异步时序逻辑电路两大类。同步时序逻辑电路有一个统一的时钟脉冲,分别送到各触发器的 CP 端,因此各触发器状态的变化都发生在时钟脉冲触发沿(上升沿或下降沿)时刻,所以同步时序逻辑电路是与时钟脉冲同步工作的。异步时序逻辑电路没有统一的时钟脉冲,各触发器 CP 端的时钟脉冲不会同时变化,因此各触发器的状态也就不可能同时发生变化。

按照电路中输出变量是否和输入变量直接相关,时序逻辑电路又分为米里(Mealy)型和莫尔(Moore)型。米里型逻辑电路的外部输出信号 Z 既与触发器的状态 Q^n 有关,又与外部输入信号 X 有关。而莫尔型逻辑电路的外部输出信号 Z 仅与触发器的状态 Q^n 有关,而与外部输入信号 X 无关。

本章主要研究时序逻辑电路的原理、功能、分析方法与设计方法以及常用的时序逻辑集成器件的外部功能与应用。

5.2 时序逻辑电路的分析方法

时序逻辑电路的分析就是根据给定的时序逻辑电路,通过分析,求出电路状态的转换规律,以及输出与输入、电路状态之间的关系,进而得出该时序逻辑电路的逻辑功能。下面介绍时序逻辑电路的一般分析方法。

5.2.1 时序逻辑电路的一般分析方法

1.根据给定的时序逻辑电路,写出下列各逻辑方程。

(1)各触发器的时钟方程;

(2)时序逻辑电路的输出方程;

（3）各触发器的驱动方程。

2. 将驱动方程代入相应触发器的特性方程,求得各触发器的次态方程,也就是时序逻辑电路的状态方程。

3. 根据状态方程和输出方程,列出该时序逻辑电路的状态转换表,画出状态转换图或时序图。

4. 根据电路的状态转换表或状态转换图,说明该时序逻辑电路的逻辑功能。

下面举例说明时序逻辑电路的具体分析方法。

5.2.2 同步时序逻辑电路的分析举例

【例 5-1】 试分析图 5-2 所示的时序逻辑电路。

解: 由于图 5-2 为同步时序逻辑电路,图中的两个触发器都接同一个时钟脉冲 CP,所以各触发器的时钟方程可以不写。

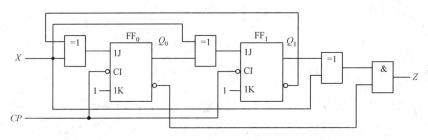

图 5-2　例 5-1 图

（1）写出输出方程:

$$Z=(X\oplus Q_1^n)\overline{Q_0^n} \tag{5-4}$$

（2）写出驱动方程:

$$J_0=X\oplus\overline{Q_1^n} \qquad K_0=1 \tag{5-5}$$

$$J_1=X\oplus\overline{Q_0^n} \qquad K_1=1 \tag{5-6}$$

（3）将各驱动方程代入 JK 触发器的特性方程 $Q^{n+1}=J\overline{Q^n}+\overline{K}Q^n$,得两个触发器的次态方程为:

$$Q_0^{n+1}=J_0\overline{Q_0^n}+\overline{K_0}Q_0^n=(X\oplus\overline{Q_1^n})\overline{Q_0^n} \tag{5-7}$$

$$Q_1^{n+1}=J_1\overline{Q_1^n}+\overline{K_1}Q_1^n=(X\oplus\overline{Q_0^n})\overline{Q_1^n} \tag{5-8}$$

（4）作状态转换表及状态转换图

由于输入控制信号 X 可取 1,也可取 0,所以分两种情况列状态转换表和画状态转换图。

① $X=0$ 时

将 $X=0$ 代入输出方程(5-4),则输出方程简化为:

$$Z=Q_1^n\overline{Q_0^n} \tag{5-9}$$

将 $X=0$ 代入触发器的次态方程(5-7)和(5-8),触发器的次态方程简化为:

$$Q_0^{n+1}=\overline{Q_1^n}\overline{Q_0^n},Q_1^{n+1}=Q_0^n\overline{Q_1^n} \tag{5-10}$$

设电路的初始状态为 $Q_1^nQ_0^n=00$,依次代入上述触发器的次态方程和输出方程中进行计算,得到电路的状态转换表见表 5-1。

表 5-1　　　　　　　　　　　　　　**X＝0 时的状态转换表**

现态		次态		输出
Q_1^n	Q_0^n	Q_1^{n+1}	Q_0^{n+1}	Z
0	0	0	1	0
0	1	1	0	0
1	0	0	0	1
1	1	0	0	0

根据表 5-1 所示的状态转换表，可得状态转换图如图 5-3 所示。

② $X＝1$ 时

将 $X＝1$ 分别代入输出方程(5-4)以及触发器的次态方程(5-7)和(5-8)，可使输出方程简化为：

$$Z=\overline{Q_1^n} \cdot \overline{Q_0^n}$$

触发器的次态方程简化为：

$$Q_0^{n+1}=Q_1^n \overline{Q_0^n} , Q_1^{n+1}=\overline{Q_0^n} \overline{Q_1^n}$$

设电路的初始状态为 $Q_1^n Q_0^n＝00$，计算可得电路的状态转换表见表 5-2，画出状态转换图如图 5-4 所示。

表 5-2　　　　　　　　　　　　　　**X＝1 时的状态转换表**

现态		次态		输出
Q_1^n	Q_0^n	Q_1^{n+1}	Q_0^{n+1}	Z
0	0	1	0	1
0	1	0	0	0
1	0	0	1	0
1	1	0	0	0

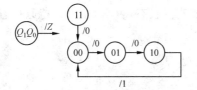

图 5-3　X＝0 时的状态转换图

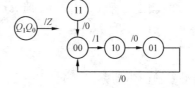

图 5-4　X＝1 时的状态转换图

将图 5-3 和图 5-4 合并起来，就是电路完整的状态转换图，如图 5-5 所示。

(5)画时序波形图

电路的时序波形图如图 5-6 所示。

(6)逻辑功能分析

该电路一共有 3 个有效状态 00、01、10。当 $X＝0$ 时，按照加 1 规律从 00→01→10→00 循环变化，并且每当转换为 10 状态(最大数)时，输出 $Z＝1$。当 $X＝1$ 时，按照减 1 规律从 10→01→00→10 循环变化，并且每当转换为 00 状态(最小数)时，输出 $Z＝1$。所以该电路是一个可控的 3 进制计数器，当 $X＝0$ 时，作加法计数，Z 是进位信号；当 $X＝1$ 时，作减法计数，Z 是借位信号。

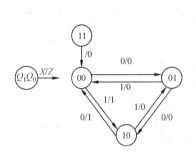

图 5-5　例 5-1 电路完整的状态转换图

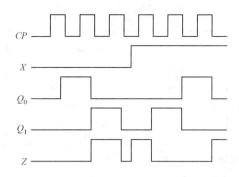

图 5-6　例 5-1 电路的时序波形图

5.2.3　异步时序逻辑电路的分析举例

在异步时序逻辑电路中,由于没有统一的时钟脉冲,因此,分析异步时序逻辑电路时必须列写时钟方程。

【例 5-2】　试分析图 5-7 所示的时序逻辑电路。

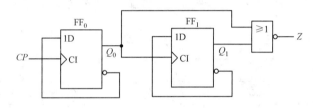

图 5-7　例 5-2 图

解:(1)写出各逻辑方程式

①时钟方程:

$CP_0 = CP$(时钟脉冲的上升沿触发)

$CP_1 = Q_0$(当 FF$_0$ 的 Q_0 由 0→1 时,Q_1 才可能改变状态,否则 Q_1 将保持原状态不变)

② 输出方程:

$$Z = \overline{Q_1^n + Q_0^n} = \overline{Q_1^n}\,\overline{Q_0^n} \tag{5-11}$$

③各触发器的驱动方程:

$$D_0 = \overline{Q_0^n}, \quad D_1 = \overline{Q_1^n} \tag{5-12}$$

(2)将各驱动方程代入 D 触发器的特性方程 $Q^{n+1} = D$,得各触发器的次态方程

$$Q_0^{n+1} = D_0 = \overline{Q_0^n} \quad (CP \text{ 由 } 0→1 \text{ 时此式有效}) \tag{5-13}$$

$$Q_1^{n+1} = D_1 = \overline{Q_1^n} \quad (Q_0 \text{ 由 } 0→1 \text{ 时此式有效}) \tag{5-14}$$

(3)作状态转换表、状态转换图、时序图

设电路的初始状态为 $Q_1^n Q_0^n = 00$,计算可得电路的状态转换表见表 5-3。

表 5-3　　　　　　　　　　　　　　　　例 5-2 电路的状态转换表

现态		次态		输出	时钟脉冲	
Q_1^n	Q_0^n	Q_1^{n+1}	Q_0^{n+1}	Z	CP_1	CP_0
0	0	1	1	1	↑	↑
1	1	1	0	0	0	↑
1	0	0	0	0	↑	↑
0	1	0	0	0	0	↑

根据状态转换表可得状态转换图,如图 5-8 所示,时序图如图 5-9 所示。

(4)逻辑功能分析

由状态转换图可知:该电路一共有 4 个状态 00、01、10、11,在时钟脉冲作用下,按照减 1 规律循环变化,所以是一个 4 进制减法计数器,Z 是借位信号。

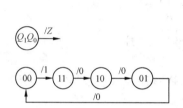

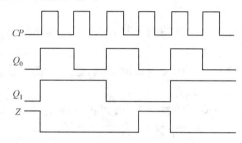

图 5-8　例 5-2 电路的状态转换图　　　　图 5-9　例 5-2 电路的时序图

5.3　计数器

计数器通常是数字系统中广泛使用的主要器件,是用于统计输入脉冲 CP 个数的电路,主要由触发器组合构成。计数器除了具有计数功能外,还可用于分频、定时、产生节拍脉冲以及进行数字运算等。

5.3.1　计数器的特点和分类

1.计数器的特点

(1)计数器

广义地讲,一切能够完成计数工作的器物都是计数器,算盘是计数器,里程表是计数器,钟表是计数器,温度计等都是计数器,具体的各式各样的计数器,可以说是不胜枚举,无计其数。

(2)数字电路中的计数器

在数字电路中,把记忆输入 CP 脉冲个数的操作叫作计数,能实现计数操作的电子电路称为计数器。它的主要特点是:

①一般来说,这种计数器除了输入计数脉冲 CP 信号之外,很少有另外的输入信号,其输出通常也都是现态的函数,是一种 Moore 型的时序电路,而输入计数脉冲 CP 是当作触发器的时钟信号对待的。

②从电路组成看,其主要组成单元是时钟触发器。

计数器应用十分广泛,从各种各样的小型数字仪表,到大型电子数字计算机,几乎是无所不在,是任何数字仪表乃至数字系统中不可缺少的组成部分。

2. 计数器的分类

(1)按数的进制分

①二进制计数器

当输入计数脉冲到来时,按二进制数规律进行计数的电路都叫作二进制计数器。

②十进制计数器

按十进制数规律进行计数的电路称为十进制计数器。

③N 进制计数器

除了二进制和十进制计数器之外的其他进制的计数器,都叫作 N 进制计数器。例如,$N=12$ 时的十二进制计数器,$N=60$ 时的六十进制计数器等。

(2)按计数时是递增还是递减分

①加法计数器

当输入计数脉冲到来时,按递增规律进行计数的电路叫作加法计数器。

②减法计数器

当输入计数脉冲到来时,进行递减计数的电路称为减法计数器。

③可逆计数器

在加减信号的控制下,既可进行递增计数,也可进行递减计数的电路叫作可逆计数器。

(3)按计数器中触发器翻转是否同步分

①同步计数器

当输入计数脉冲到来时,要更新状态的触发器都是同时翻转的计数器,叫作同步计数器。从电路结构上看,计数器中各个时钟触发器的时钟信号都是输入计数脉冲。

②异步计数器

当输入计数脉冲到来时,要更新状态的触发器,有的先翻转有的后翻转,是异步进行的,这种计数器称为异步计数器。从电路结构上看,计数器中各个时钟触发器,有的触发器其时钟信号是输入计数脉冲,有的触发器其时钟信号却是其他触发器的输出。

(4)按计数器中使用的开关元件分

①TTL 计数器

这是一种问世较早、品种规格十分齐全的计数器,多为中规模集成电路。

②CMOS 计数器

问世较 TTL 计数器晚,但品种规格也很多,它具有 CMOS 集成电路的共同特点,集成度可以做得很高。

总之,计数器不仅应用十分广泛,分类方法多,而且规格品种也很多。但是,就其工作特点、基本分析及设计方法而言,差别不大。

5.3.2　二进制计数器

1. 二进制同步计数器

(1)二进制同步加法计数器

图 5-10 所示为由 4 个 JK 触发器组成的四位二进制同步加法计数器的逻辑图。图中各触发器的时钟脉冲输入端接同一计数脉冲 CP,显然,这是一个同步时序逻辑电路。

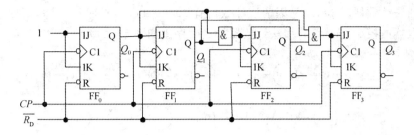

图 5-10　四位二进制同步加法计数器

写出各触发器的驱动方程分别为：

$$J_0 = K_0 = 1$$
$$J_1 = K_1 = Q_0$$
$$J_2 = K_2 = Q_1 Q_0$$
$$J_3 = K_3 = Q_2 Q_1 Q_0$$

设初始状态 $Q_3 Q_2 Q_1 Q_0 = 0000$，由于该电路的驱动方程规律性较强，根据驱动方程可列出计数器的状态转换表，见表 5-4。

表 5-4　　　　　　　　　　四位二进制同步加法计数器的状态转换表

计数脉冲	电路状态				等效 十进制数
	Q_3	Q_2	Q_1	Q_0	
0	0	0	0	0	0
1	0	0	0	1	1
2	0	0	1	0	2
3	0	0	1	1	3
4	0	1	0	0	4
5	0	1	0	1	5
6	0	1	1	0	6
7	0	1	1	1	7
8	1	0	0	0	8
9	1	0	0	1	9
10	1	0	1	0	10
11	1	0	1	1	11
12	1	1	0	0	12
13	1	1	0	1	13
14	1	1	1	0	14
15	1	1	1	1	15
16	0	0	0	0	0

根据状态转换表，画出状态转换图如图 5-11 所示。由状态转换图可知，从初态 0000（由清零脉冲所置）开始，每输入一个计数脉冲，计数器的状态按二进制加法规律加 1，所以

是二进制加法计数器(4 位)。又因为该计数器有 0000～1111 共 16 个状态,所以也称 16 进制加法计数器或模 16($M=16$)加法计数器。其时序图如图 5-12 所示。

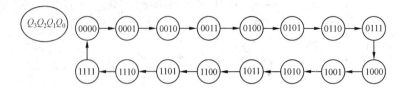

图 5-11　四位二进制同步加法计数器电路的状态转换图

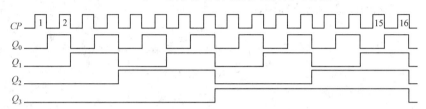

图 5-12　四位二进制同步加法计数器的时序图

从时序图可以看出,Q_0、Q_1、Q_2、Q_3 的周期分别是计数脉冲(CP)周期的 2 倍、4 倍、8 倍、16 倍,也就是说,Q_0、Q_1、Q_2、Q_3 分别对 CP 波形进行了二分频、四分频、八分频、十六分频,因而计数器也可作为分频器。

(2)四位二进制同步减法计数器

四位二进制同步减法计数器的状态转换表,见表 5-5。

表 5-5　　　　　　　　　　　　四位二进制同步减法计数器的状态转换表

计数脉冲	电路状态				等效十进制数
	Q_3	Q_2	Q_1	Q_0	
0	0	0	0	0	0
1	1	1	1	1	15
2	1	1	1	0	14
3	1	1	0	1	13
4	1	1	0	0	12
5	1	0	1	1	11
6	1	0	1	0	10
7	1	0	0	1	9
8	1	0	0	0	8
9	0	1	1	1	7
10	0	1	1	0	6
11	0	1	0	1	5
12	0	1	0	0	4
13	0	0	1	1	3
14	0	0	1	0	2
15	0	0	0	1	1
16	0	0	0	0	0

分析其翻转规律并与四位二进制同步加法计数器相比较,很容易看出,只要将图 5-10

所示电路的各触发器的驱动方程改为：

$$J_0 = K_0 = 1$$
$$J_1 = K_1 = \overline{Q_0}$$
$$J_2 = K_2 = \overline{Q_0}\,\overline{Q_1}$$
$$J_3 = K_3 = \overline{Q_0}\,\overline{Q_1}\,\overline{Q_2}$$

就构成了四位二进制同步减法计数器。其状态转换图如图 5-13 所示,时序图如图 5-14 所示。

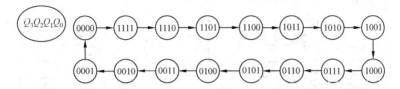

图 5-13　四位二进制同步减法计数器的状态转换图

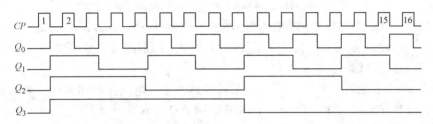

图 5-14　四位二进制同步减法计数器的时序图

（3）四位二进制同步可逆计数器

既能作加法计数又能作减法计数的计数器称为可逆计数器。将前面介绍的四位二进制同步加法计数器和减法计数器合并起来,并引入一加/减控制信号 X 便构成四位二进制同步可逆计数器,如图 5-15 所示。由图可知,各触发器的驱动方程为：

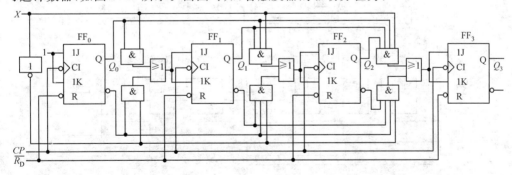

图 5-15　四位二进制同步可逆计数器的逻辑图

$$J_0 = K_0 = 1$$
$$J_1 = K_1 = XQ_0 + \overline{X}\,\overline{Q_0}$$
$$J_2 = K_2 = XQ_0Q_1 + \overline{X}\,\overline{Q_0}\,\overline{Q_1}$$
$$J_3 = K_3 = XQ_0Q_1Q_2 + \overline{X}\,\overline{Q_0}\,\overline{Q_1}\,\overline{Q_2}$$

当控制信号 $X=1$ 时,$FF_1 \sim FF_3$ 中的各 J、K 端分别与低位各触发器的 Q 端相连,作加法计数；当控制信号 $X=0$ 时，FF$_1$～FF$_3$ 中的各 J、K 端分别与低位各触发器的 $\overline{Q}$ 端相连，作减法计数，实现了可逆计数器的功能。

2. 二进制异步计数器

（1）二进制异步加法计数器。

图 5-16 所示为由 4 个下降沿触发的 JK 触发器组成的四位二进制异步加法计数器的逻辑图。图中 JK 触发器都接成 T' 触发器（即 $J=K=1$）。最低位触发器 FF$_0$ 的时钟脉冲输入端接计数脉冲 CP，其他触发器的时钟脉冲输入端接相邻低位触发器的 Q 端。

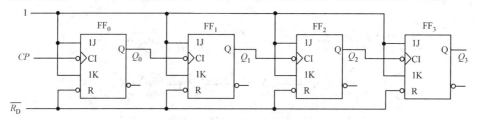

图 5-16 由 JK 触发器组成的四位二进制异步加法计数器的逻辑图

二进制异步计数器结构简单，改变级联触发器的个数，可以很方便地改变二进制异步计数器的位数，n 个触发器构成 n 位二进制计数器（模 2^n 计数器）或 2^n 分频器。

（2）二进制异步减法计数器

将图 5-16 所示电路中 FF$_1$、FF$_2$、FF$_3$ 的时钟脉冲输入端改接到相邻低位触发器的 $\overline{Q}$ 端就可构成二进制异步减法计数器，其工作原理请读者自行分析。

图 5-17 所示是用 4 个上升沿触发的 D 触发器组成的四位二进制异步减法计数器的逻辑图，时序图如图 5-18 所示。

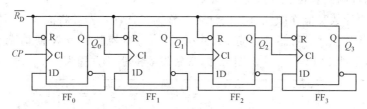

图 5-17 由 D 触发器组成的四位二进制异步减法计数器的逻辑图

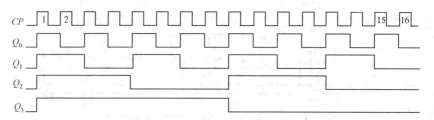

图 5-18 由 D 触发器组成的四位二进制异步减法计数器的时序图

在二进制异步计数器中，高位触发器的状态翻转必须在相邻触发器产生进位信号（加计数）或借位信号（减计数）之后才能实现，所以异步计数器的工作速度较低。

3. 集成二进制计数器举例

（1）四位二进制同步加法计数器 74161

图 5-19(a)是集成 4 位二进制同步加法计数器 74161 的逻辑功能示意图，图 5-19(b)是

其引脚排列图。其中 $\overline{R_D}$ 是异步清零端，$\overline{L_D}$ 是同步预置数端，$D_3 \sim D_0$ 是预置数据输入端；EP、ET 是使能端，高电平有效；RCO 是进位输出端，$RCO = ET \cdot Q_3 Q_2 Q_1 Q_0$。其逻辑功能见表 5-6。

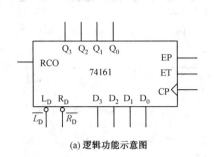

(a) 逻辑功能示意图

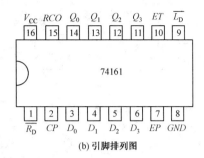

(b) 引脚排列图

图 5-19　74161 的逻辑功能示意图及引脚图

表 5-6　　　　　　　　　　　　　**74161 的逻辑功能表**

清零	预置数	使能		时钟	预置数据输入				输出				工作模式
$\overline{R_D}$	$\overline{L_D}$	EP	ET	CP	D_3	D_2	D_1	D_0	Q_3	Q_2	Q_1	Q_0	
0	×	×	×	×	×	×	×	×	0	0	0	0	异步清零
1	0	×	×	↑	d_3	d_2	d_1	d_0	d_3	d_2	d_1	d_0	同步预置数
1	1	0	×	×	×	×	×	×	保持				数据保持
1	1	×	0	×	×	×	×	×	保持				数据保持
1	1	1	1	↑	×	×	×	×	计数				加法计数

由表 5-6 可知，74161 具有以下功能：

①异步清零。当 $\overline{R_D} = 0$ 时，不管其他输入端的状态如何，不论有无时钟脉冲 CP，计数器输出将被直接置零（$Q_3 Q_2 Q_1 Q_0 = 0000$），称为异步清零。

②同步预置数。当 $\overline{R_D} = 1$，$\overline{L_D} = 0$ 时，在输入时钟脉冲 CP 上升沿的作用下，并行输入端的数据 $d_3 d_2 d_1 d_0$ 被置入计数器的输出端，即 $Q_3 Q_2 Q_1 Q_0 = d_3 d_2 d_1 d_0$。由于这个操作要与 CP 上升沿同步，所以称为同步预置数。

③计数。当 $\overline{R_D} = \overline{L_D} = EP = ET = 1$ 时，在 CP 端输入计数脉冲，计数器进行二进制加法计数。

④保持。当 $\overline{R_D} = \overline{L_D} = 1$，且 $EP \cdot ET = 0$，则计数器保持原来的状态不变。这时，如果 $EP = 0$、$ET = 1$，则进位输出信号 RCO 保持不变；如 $ET = 0$ 则不管 EP 状态如何，进位输出信号 RCO 为低电平 0。

(2) 四位二进制同步可逆计数器 74191

图 5-20(a) 是集成四位二进制同步可逆计数器 74191 的逻辑功能示意图，图 5-20(b) 是其引脚排列图。其中 $\overline{L_D}$ 是异步预置数端，$D_3 \sim D_0$ 是预置数据输入端；$\overline{EN}$ 是使能端，低电平有效；$D/\overline{U}$ 是加/减控制端，$D/\overline{U} = 0$ 时作加法计数，$D/\overline{U} = 1$ 时作减法计数；MAX/MIN 是最大/最小输出端，$\overline{RCO}$ 是进位/借位输出端。其逻辑功能见表 5-7。

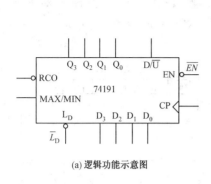

(a) 逻辑功能示意图

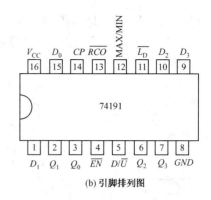

(b) 引脚排列图

图 5-20　74191 的逻辑功能示意图及引脚图

表 5-7　　　　　　　　　　　　　　74191 的逻辑功能表

预置数	使能	加/减控制	时钟	预置数据输入				输出				工作模式
$\overline{L_D}$	$\overline{EN}$	$D/\overline{U}$	CP	D_3	D_2	D_1	D_0	Q_3	Q_2	Q_1	Q_0	
0	×	×	×	d_3	d_2	d_1	d_0	d_3	d_2	d_1	d_0	异步置数
1	1	×	×	×	×	×	×	保持				数据保持
1	0	0	↑	×	×	×	×	加法计数				加法计数
1	0	1	↑	×	×	×	×	减法计数				减法计数

由表 5-7 可知,74191 具有以下功能:

①异步置数。当 $\overline{L_D}=0$ 时,不管其他输入端的状态如何,不论有无时钟脉冲 CP,并行输入端的数据 $d_3 d_2 d_1 d_0$ 被直接置入计数器的输出端,即 $Q_3 Q_2 Q_1 Q_0 = d_3 d_2 d_1 d_0$。由于该操作不受 CP 控制,所以称为异步置数。注意该计数器无清零端,需清零时可用预置数的方法置零。

②保持。当 $\overline{L_D}=1$ 且 $\overline{EN}=1$ 时,则计数器保持原来的状态不变。

③计数。当 $\overline{L_D}=1$ 且 $\overline{EN}=0$ 时,在 CP 端输入计数脉冲,计数器进行二进制计数。当 $D/\overline{U}=0$ 时作加法计数;当 $D/\overline{U}=1$ 时作减法计数。

另外,该电路还有最大/最小控制端 MAX/MIN 和进位/借位输出端 $\overline{RCO}$。它们的逻辑表达式为:

$$MAX/MIN = \overline{D/\overline{U}}\, Q_3 Q_2 Q_1 Q_0 + (D/\overline{U}) \cdot \overline{Q_3}\, \overline{Q_2}\, \overline{Q_1}\, \overline{Q_0}$$

$$\overline{RCO} = \overline{EN \cdot \overline{CP} \cdot MAX/MIN}$$

即,当加法计数计到最大值 1111 时,MAX/MIN 端输出 1,如果此时 $CP=0$,则 $\overline{RCO}=0$,发出一个进位信号;当减法计数计到最小值 0000 时,MAX/MIN 端也输出 1。如果此时 $CP=0$,则 $\overline{RCO}=0$,发出一个借位信号。

5.3.3　十进制计数器

1.8421 码十进制同步加法计数器

图 5-21 所示为由 4 个下降沿触发的 JK 触发器组成的 8421 码十进制同步加法计数器的逻辑图。

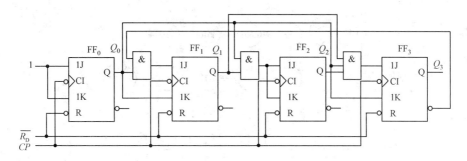

图 5-21　8421 码十进制同步加法计数器的逻辑图

用前面介绍的同步时序逻辑电路分析方法对该电路进行分析：

(1)写出驱动方程：

$$J_0 = 1 \qquad\qquad K_0 = 1$$
$$J_1 = \overline{Q_3^n} Q_0^n \qquad\qquad K_1 = Q_0^n$$
$$J_2 = Q_1^n Q_0^n \qquad\qquad K_2 = Q_1^n Q_0^n$$
$$J_3 = Q_2^n Q_1^n Q_0^n \qquad\qquad K_3 = Q_0^n$$

(2)将各驱动方程代入 JK 触发器的特性方程 $Q^{n+1} = J\,\overline{Q^n} + \overline{K}Q^n$，得各触发器的状态方程：

$$Q_0^{n+1} = J_0\,\overline{Q_0^n} + \overline{K_0}Q_0^n = \overline{Q_0^n}$$
$$Q_1^{n+1} = J_1\,\overline{Q_1^n} + \overline{K_1}Q_1^n = \overline{Q_3^n}Q_0^n\,\overline{Q_1^n} + \overline{Q_0^n}Q_1^n$$
$$Q_2^{n+1} = J_2\,\overline{Q_2^n} + \overline{K_2}Q_2^n = Q_1^n Q_0^n\,\overline{Q_2^n} + \overline{Q_1^n Q_0^n}Q_2^n$$
$$Q_3^{n+1} = J_3\,\overline{Q_3^n} + \overline{K_3}Q_3^n = Q_2^n Q_1^n Q_0^n\,\overline{Q_3^n} + \overline{Q_0^n}Q_3^n$$

(3)作状态转换表

设初态为 $Q_3 Q_2 Q_1 Q_0 = 0000$，代入状态方程进行计算，得状态转换表，见表 5-8。

表 5-8　　　　　　　　　　　　图 5-21 电路的状态转换表

计数脉冲序号	现态				次态			
	Q_3^n	Q_2^n	Q_1^n	Q_0^n	Q_3^{n+1}	Q_2^{n+1}	Q_1^{n+1}	Q_0^{n+1}
0	0	0	0	0	0	0	0	1
1	0	0	0	1	0	0	1	0
2	0	0	1	0	0	0	1	1
3	0	0	1	1	0	1	0	0
4	0	1	0	0	0	1	0	1
5	0	1	0	1	0	1	1	0
6	0	1	1	0	0	1	1	1
7	0	1	1	1	1	0	0	0
8	1	0	0	0	1	0	0	1
9	1	0	0	1	0	0	0	0

(4)作状态转换图及时序图

根据状态转换表做出电路的状态转换图如图 5-22 所示，时序图如图 5-23 所示。由状态转换表、状态转换图或时序图可知，该电路为 8421 码十进制加法计数器。

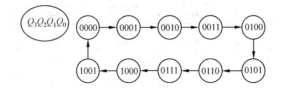

图 5-22　8421 码十进制同步加法计数器的状态转换图

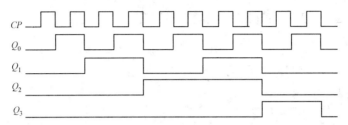

图 5-23　8421 码十进制同步加法计数器的时序图

(5)检查电路能否自启动。

由于图 5-21 所示的电路中有 4 个触发器,它们的状态组合共有 16 种,而在 8421 码计数器中只用了 10 种,称为有效状态,其余 6 种状态称为无效状态。在实际工作中,当由于某种原因,使计数器进入无效状态时,如果能在时钟信号作用下,最终进入有效状态,我们就称该电路具有自启动能力。

用同样的分析方法分别求出 6 种无效状态下的次态,补充到状态转换图中,得到完整的状态转换图,如图 5-24 所示。可见,该电路能够自启动。

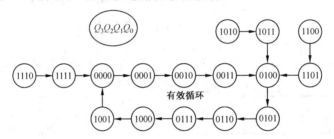

图 5-24　8421 码十进制同步加法计数器完整的状态转换图

2.8421 码异步十进制加法计数器

图 5-25 所示为由 4 个下降沿触发的 JK 触发器组成的 8421 码十进制异步加法计数器的逻辑图。

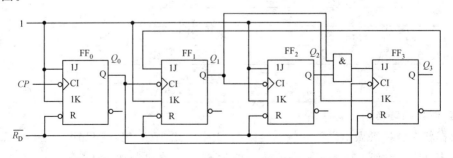

图 5-25　8421 码十进制异步加法计数器

用前面介绍的异步时序逻辑电路的分析方法对该电路进行分析：

(1)写出各逻辑方程式

①时钟方程：

$CP_0 = CP$(时钟脉冲 CP 的下降沿触发)

$CP_1 = Q_0$(当 FF_0 的 Q_0 由 1→0 时，Q_1 才可能改变状态，否则 Q_1 将保持原状态不变)

$CP_2 = Q_1$(当 FF_1 的 Q_1 由 1→0 时，Q_2 才可能改变状态，否则 Q_2 将保持原状态不变)

$CP_3 = Q_0$(当 FF_0 的 Q_0 由 1→0 时，Q_3 才可能改变状态，否则 Q_3 将保持原状态不变)

②各触发器的驱动方程：

$$J_0 = 1 \qquad\qquad K_0 = 1$$
$$J_1 = \overline{Q_3^n} \qquad\qquad K_1 = 1$$
$$J_2 = 1 \qquad\qquad K_2 = 1$$
$$J_3 = Q_2^n Q_1^n \qquad\qquad K_3 = 1$$

(2)将各驱动方程代入 JK 触发器的特性方程 $Q^{n+1} = J\overline{Q^n} + \overline{K}Q^n$，得各触发器的状态方程：

$$Q_0^{n+1} = J_0\overline{Q_0^n} + \overline{K_0}Q_0^n = \overline{Q_0^n} \quad (CP\ \text{由}\ 1{\to}0\ \text{时此式有效})$$
$$Q_1^{n+1} = J_1\overline{Q_1^n} + \overline{K_1}Q_1^n = \overline{Q_3^n}\ \overline{Q_1^n} \quad (Q_0\ \text{由}\ 1{\to}0\ \text{时此式有效})$$
$$Q_2^{n+1} = J_2\overline{Q_2^n} + \overline{K_2}Q_2^n = \overline{Q_2^n} \quad (Q_1\ \text{由}\ 1{\to}0\ \text{时此式有效})$$
$$Q_3^{n+1} = J_3\overline{Q_3^n} + \overline{K_3}Q_3^n = Q_2^n Q_1^n\overline{Q_3^n} \quad (Q_0\ \text{由}\ 1{\to}0\ \text{时此式有效})$$

(3)作状态转换表

设初态为 $Q_3 Q_2 Q_1 Q_0 = 0000$，代入次态方程进行计算，得电路状态转换表，见表5-9。

表 5-9　　　　　　　　　8421 码十进制异步加法计数器的状态转换表

计数脉冲序号	现态				次态				时钟脉冲			
	Q_3^n	Q_2^n	Q_1^n	Q_0^n	Q_3^{n+1}	Q_2^{n+1}	Q_1^{n+1}	Q_0^{n+1}	CP_3	CP_2	CP_1	CP_0
0	0	0	0	0	0	0	0	1	0	0	0	↓
1	0	0	0	1	0	0	1	0	↓	0	↓	↓
2	0	0	1	0	0	0	1	1	0	0	0	↓
3	0	0	1	1	0	1	0	0	↓	↓	↓	↓
4	0	1	0	0	0	1	0	1	0	0	0	↓
5	0	1	0	1	0	1	1	0	↓	0	↓	↓
6	0	1	1	0	0	1	1	1	0	0	0	↓
7	0	1	1	1	1	0	0	0	↓	↓	↓	↓
8	1	0	0	0	1	0	0	1	0	0	0	↓
9	1	0	0	1	0	0	0	0	↓	0	↓	↓

3.集成十进制计数器举例

(1)8421 码同步加法计数器 74160

74160 的逻辑图、引脚排列图、功能表与 74161 相同，各功能实现的具体情况参见 74161 的介绍。其中进位输出端 RCO 的逻辑表达式为：

$$RCO = ET \cdot Q_3 \cdot Q_0$$

（2）二-五-十进制异步加法计数器 74290

74290 的逻辑图如图 5-26 所示。它包含一个独立的一位二进制计数器和一个独立的异步五进制计数器。二进制计数器的时钟输入端为 CP_1，输出端为 Q_0；五进制计数器的时钟输入端为 CP_2，输出端为 Q_1、Q_2、Q_3。如果将 Q_0 与 CP_2 相连，CP_1 作时钟脉冲输入端，Q_0 ~ Q_3 作输出端，则为 8421 码十进制计数器。图 5-27 所示为 74290 的逻辑图及引脚图，表 5-10 是 74290 的功能表。

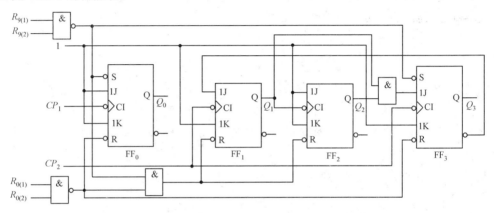

图 5-26　二-五-十进制异步加法计数器 74290

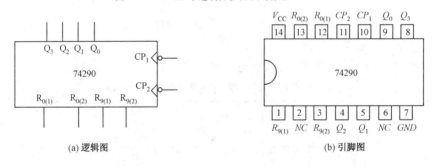

(a) 逻辑图　　　　　　　　　　　(b) 引脚图

图 5-27　74290 的逻辑图及引脚图

表 5-10　　　　　　　　　　　　　　　　74290 的功能表

复位输入		置位输入		时钟	输出				工作模式
$R_{0(1)}$	$R_{0(2)}$	$R_{9(1)}$	$R_{9(2)}$	CP	Q_3	Q_2	Q_1	Q_0	
1	1	0	$\times$	$\times$	0	0	0	0	异步清零
1	1	$\times$	0	$\times$	0	0	0	0	
$\times$	$\times$	1	1	$\times$	1	0	0	1	异步置数
0	$\times$	0	$\times$	↓	计数				加法计数
0	$\times$	$\times$	0	↓	计数				
$\times$	0	0	$\times$	↓	计数				
$\times$	0	$\times$	0	↓	计数				

由表 5-10 可知，74290 具有以下功能：

①异步清零。当复位输入端 $R_{0(1)} = R_{0(2)} = 1$，且置位输入 $R_{9(1)} \cdot R_{9(2)} = 0$ 时，不论有无时钟脉冲 CP，计数器输出将被直接置零。

②异步置数。当置位输入 $R_{9(1)} = R_{9(2)} = 1$ 时，无论其他输入端状态如何，计数器输出将

被直接置 9（即 $Q_3Q_2Q_1Q_0=1001$）。

③加法计数。当 $R_{0(1)} \cdot R_{0(2)}=0$，且 $R_{9(1)} \cdot R_{9(2)}=0$ 时，在计数脉冲（下降沿）作用下，进行二-五-十进制加法计数。

5.3.4　N 进制计数器

N 进制计数器又称模 N 计数器，当 $N=2^n$ 时，就是前面讨论的 n 位二进制计数器；当 $N \neq 2^n$ 时，为非二进制计数器。非二进制计数器中最常用的是十进制计数器。获得 N 进制计数器常用的方法有两种：一是用时钟触发器和门电路进行设计；二是用集成计数器构成。由于集成计数器是厂家生产的定型产品，其函数关系已被固化在芯片中了，状态分配即编码是不可能更改的，而且多为纯自然态序编码，因此仅是利用清零端或预置数端，让电路跳过某些状态而获得 N 进制计数器，这也是本小节要说明的主要内容。

集成计数器的类型很多，表 5-11 中列举了几种常用的集成计数器。

表 5-11　　　　　　　　　　几种常用的集成计数器

CP 脉冲引入方式	型号	计数模式	清零方式	预置数方式
同步	74LS161	4 位二进制加法	异步（低电平）	同步（低电平）
	74LS163	4 位二进制加法	同步（低电平）	同步（低电平）
	74LS191	单时钟 4 位二进制可逆	无	异步（低电平）
	74LS193	双时钟 4 位二进制可逆	异步（高电平）	异步（低电平）
	74LS160	十进制加法	异步（低电平）	同步（低电平）
	74LS162	十进制加法	同步（低电平）	同步（低电平）
	74LS190	单时钟 4 位二进制可逆	无	异步（低电平）
	74LS192	双时钟 4 位二进制可逆	异步（高电平）	异步（低电平）
异步	74LS290	二-五-十进制加法	异步（高电平）	异步置 9（高电平）
	74LS293	双时钟 4 位二进制加法	异步（高电平）	无
	74LS196	二-五-十进制加法	异步（低电平）	异步（低电平）

假设已有的是 M 进制计数器，而需要组成的是 N 进制计数器。这就有 $N<M$ 和 $N>M$ 两种可能的情况。下面分别讨论两种情况下构成任意进制计数器的方法。

1. $N<M$ 的情况

在 M 进制计数器的顺序计数过程中，若设法使之跳跃（$M-N$）个状态，就可得到 N 进制计数器。实现跳跃的方法有清零法（或复位法）和预置数法（置位法）两种。

（1）清零法

清零法如图 5-28(a)所示。对于有异步清零输入端的计数器，电路一进入 S_N 状态，将 S_N 状态译出异步清零信号加到计数器的异步清零输入端，计数器就立即返回 S_0 状态，所以 S_N 状态仅在极短的瞬间出现，在稳定的状态循环中不包括 S_N 状态。而对于有同步清零输入端的计数器，必须等下一个时钟脉冲到达后，才能将计数器清零，因而应由 S_{N-1} 状态译出同步清零信号，并且 S_{N-1} 状态包含在稳定状态的循环之中。

（2）预置数法

预置数法如图 5-28(b)所示，通过给计数器重复置入某个数值的方法使之跳越（$M-N$）个状态，从而获得 N 进制计数器。这种方法适用于有预置数功能的计数器电路。对于有异步预置数输入端的计数器,只要预置数信号一出现,立即将数据置入计数器中,而不受时钟脉冲的控制,因此预置数信号应从 S_{i+1} 状态译出,S_{i+1} 状态仅在极短的瞬间出现,在稳定的状态循环中不包括 S_{i+1} 状态。而对于有同步预置数输入端的计数器,必须等下一个时钟脉冲到达后,才能将要置入的数据置入计数器中,因而应由 S_i 状态译出同步预置数信号,并且 S_i 状态包含在稳定状态的循环之中。

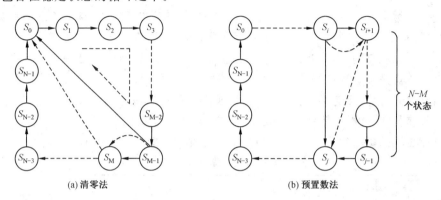

(a) 清零法　　　　　　　　(b) 预置数法

图 5-28　任意进制计数器的组成方法

【例 5-3】　试利用同步十进制计数器 74160 构成同步六进制计数器。

解:因为 74160 兼有异步清零和同步预置数的功能,所以清零法和预置数法均可采用。

①方法一:异步清零法。适用于具有异步清零端的集成计数器,图 5-29(a)所示电路是采用异步清零法接成的六进制计数器。当计数器计成 $Q_3Q_2Q_1Q_0 = 0110$ 状态时,担任译码功能的与非门输出低电平给异步清零端 $\overline{R_D}$,将计数器清零,使 $Q_3Q_2Q_1Q_0$ 回到 0000 状态。电路的状态转换图如图 5-29(b)所示。

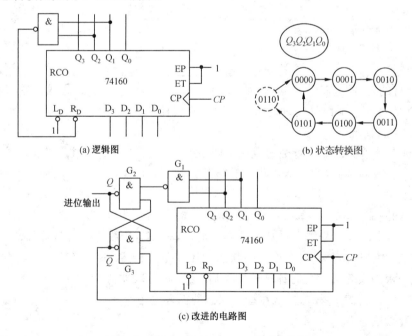

(a) 逻辑图　　　　　　　　　　(b) 状态转换图

(c) 改进的电路图

图 5-29　异步清零法组成六进制计数器

由于清零信号随着计数器被清零而立即消失,所以清零信号持续的时间极短。如果触发器的复位速度有快有慢,则可能动作慢的触发器还没来得及复位,清零信号已经消失,导致电路误动作。因此,这种接法的电路可靠性不高。

为了克服这个缺点,时常采用图 5-29(c)所示的改进电路。图中的与非门 G_1 起译码器的作用,当电路进入 0110 状态时,它输出低电平信号。与非门 G_2 和 G_3 组成了基本 RS 触发器,以它的 $\overline{Q}$ 端输出的低电平作为计数器的清零信号。

若计数器从 0000 状态开始计数,则第 6 个计数脉冲上升沿到达时计数器进入 0110 状态,G_1 输出低电平,将 RS 触发器置 1,$\overline{Q}$ 端输出的低电平立即将计数器清零。这时即使 G_1 输出的低电平信号随之消失了,但是 RS 触发器的状态仍保持不变,因而计数器的清零信号得以维持,直到计数脉冲回到低电平以后,RS 触发器被置零,$\overline{Q}$ 端的低电平信号才消失。可见,加到计数器 $\overline{R_D}$ 端的清零信号宽度与输入计数脉冲高电平持续时间相等。

在有的计数器产品中,将 G_1、G_2 和 G_3 组成的附加电路直接制作在计数器芯片上,这样在使用时就不用外接附加电路了。

②方法二:同步预置数法。适用于具有同步预置数端的集成计数器。图 5-30(a)所示是采用同步预置数法构成的六进制计数器。在这种接法下,是用进位输出信号求反得到预置数信号 $\overline{L_D}=0$,等到下一个时钟到来后,将计数器置入数据 0100。电路的状态转换图如图 5-30(b)所示。

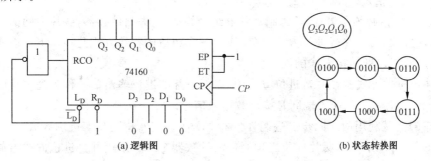

(a) 逻辑图 (b) 状态转换图

图 5-30 同步置数法组成六进制计数器

【例 5-4】 试利用同步二进制计数器 74163 构成同步 6 进制计数器。

解:74163 兼有同步清零和同步预置数的功能。这里采用同步清零法,适用于具有同步清零端的集成计数器。图 5-31(a)所示是用同步清零法组成的六进制计数器。当计数器计成 $Q_3Q_2Q_1Q_0=0101$ 状态时,担任译码功能的与非门输出低电平给同步清零端 $\overline{R_D}$,等到下一个时钟到来后,将计数器清零,使 $Q_3Q_2Q_1Q_0$ 回到 0000 状态。电路的状态转换图如图 5-31(b)所示。

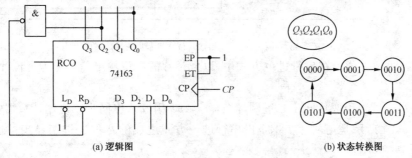

(a) 逻辑图 (b) 状态转换图

图 5-31 同步清零法组成六进制计数器

【例 5-5】 试利用同步二进制可逆计数器 74191 构成同步十进制计数器。

解：异步预置数法适用于具有异步预置端的集成计数器。图 5-32(a)所示是用集成计数器 74191 和与非门组成的十进制计数器。该电路的有效状态是 $0011\sim1100$，共 10 个状态，可作为余 3 码计数器。

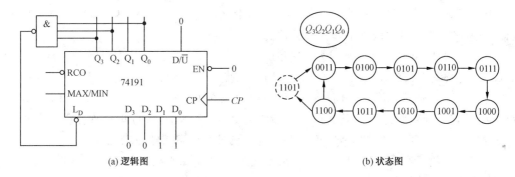

(a) 逻辑图　　　　　　　　　　　　　　　　(b) 状态图

图 5-32　异步置数法组成的十进制计数器

综上所述，改变集成计数器的模可用清零法，也可用预置数法。清零法比较简单，预置数法比较灵活。但不管用哪种方法，都应首先搞清所用集成器件的清零端或预置端是异步还是同步工作方式，根据不同的工作方式选择合适的清零信号或预置信号。

2. $N>M$ 的情况

当 $N>M$ 时，必须用多片 M 进制计数器组合构成 N 进制计数器，各片之间的连接方式可分为串行进位方式、并行进位方式、整体清零方式和整体置数方式几种。下面以两片之间的连接为例说明四种连接方式的原理。

(1)并行进位方式。在并行进位方式中，以低位片的进位输出信号作为高位片的工作状态控制信号，两片的 CP 输入端同时接计数输入信号。

【例 5-6】 试利用两片同步二进制计数器 74161 构成八位同步二进制计数器。

解：图 5-33 所示是用两片四位二进制加法计数器 74161 采用并行进位方式组成的八位同步二进制加法计数器，模为 $16\times16=256$。

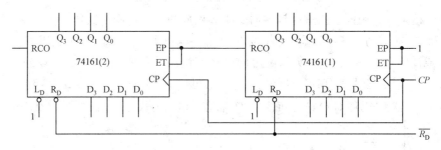

图 5-33　并行进位方式组成八位二进制加法计数器

(2)串行进位方式。在串行进位方式中，以低位片的进位输出信号作为高位片的时钟输入信号。

【例 5-7】 试利用两片同步二进制计数器 74191 构成八位同步二进制计数器。

解：图 5-34 所示是用两片 74191 以串行进位方式组成的八位二进制异步可逆计数器，模为 $16\times16=256$。

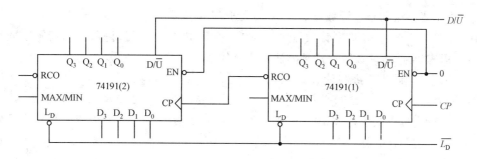

图 5-34 串行进位方式组成八位二进制可逆计数器

有的集成计数器没有进位/借位输出端,这时可根据具体情况,用计数器的输出信号 Q_3、Q_2、Q_1、Q_0 产生一个进位/借位信号。如用两片二-五-十进制异步加法计数器 74290 采用串行进位方式组成的二位 8421 码十进制加法计数器如图 5-35 所示,模为 $10 \times 10 = 100$。

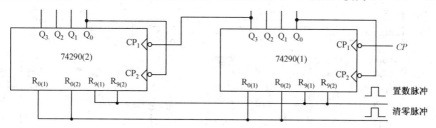

图 5-35 串行进位方式组成一百进制计数器

若 N 可以分解为两个小于 M 的因数 M_1、M_2,即 $N = M_1 \times M_2$,则可将这两片计数器用清零法或预置数法分别构成 M_1 进制计数器和 M_2 进制计数器,然后采用串行进位方式或并行进位方式再将它们连接起来,构成 N 进制计数器。

【例 5-8】 试用两片同步二进制计数器 74161 构成同步六十三进制计数器。

解:将 63 分解为两个小于 16 的因数 9 和 7,即 63=9×7。图 5-36(a)所示采用同步预置数法先将低位片和高位片分别构成七进制计数器和九进制计数器,然后再用串行进位方式连接起来,构成了六十三进制计数器。图 5-36(b)所示为低位片和高位片的状态转换图。

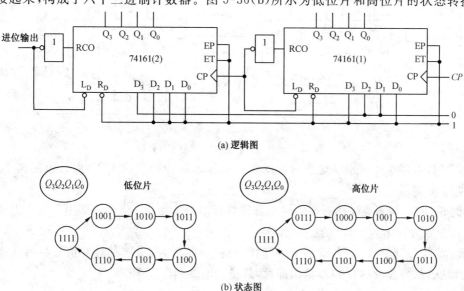

图 5-36 两片同步二进制计数器 74161 构成同步六十三进制计数器

（3）整体清零法和整体置数法。若 N 为大于 M 的素数，不能分解为两个小于 M 的因数 M_1、M_2，这时先将两片 M 进制计数器级联为 $M \times M$ 进制计数器，再用反馈清零法或反馈预置数法构成 N 进制计数器。这种方法称为整体清零法和整体置数法。

【例 5-9】 用同步十进制计数器 74160 组成 29 进制计数器。

解： 因为 $N=29$，而 74160 为模 10 计数器，所以要用两片 74160 构成此计数器。先将两芯片采用并行进位方式连接成 100 进制计数器，然后再借助 74160 异步清零和同步预置数功能，组成 29 进制计数器。

①方法一：整体清零法。在输入第 29 个计数脉冲后，计数器输出状态为 0010 1001 时，高位片（2）的 Q_1 和低位片（1）的 Q_3、Q_0 同时为 1，使与非门输出 0，加到两芯片异步清零端上，使计数器立即返回 0000 0000 状态，状态 0010 1001 仅在极短的瞬间出现。这样，就组成了 29 进制计数器，其逻辑电路如图 5-37 所示。

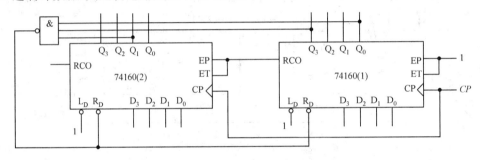

图 5-37　整体清零法组成 29 进制计数器

②方法二：整体预置数法。在输入第 28 个计数脉冲后，计数器输出状态为 0010 1000 时，高位片（2）的 Q_1 和低位片（1）的 Q_3 同时为 1，使与非门输出 0，加到两芯片同步预置数端上，等到下一个时钟（第 29 个输入脉冲）到来后，将计数器置入 0000 0000 状态，从而组成 29 进制计数器，其逻辑电路如图 5-38 所示。

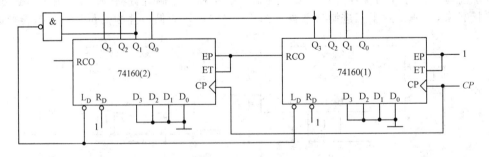

图 5-38　整体预置数法组成 29 进制计数器

模 N 计数器进位输出端输出脉冲的频率是输入脉冲频率的 $1/N$，因此可用模 N 计数器组成 N 分频器。

【例 5-10】 某石英晶体振荡器输出脉冲信号的频率为 32768 Hz，试用 74161 组成分频器，将其分频为频率为 1 Hz 的脉冲信号。

解： 因为 $32768=2^{15}$，经 15 级二分频，就可获得频率为 1 Hz 的脉冲信号。因此将四片 74161 级联，从高位片（4）的 Q_2 输出即可，其逻辑电路如图 5-39 所示。

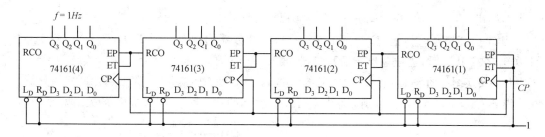

图 5-39　例 5-10 的逻辑电路图

【例 5-11】　图 5-40 所示电路是用二-十进制优先编码器 74LS147 和同步十进制计数器 74160 组成的可控分频器,试说明当输入控制信号 A、B、C、D、E、F、G、H、I 分别为低电平时,由 Y 端输出的脉冲频率各为多少。已知 CP 端输入脉冲的频率为 10 kHz。优先编码器 74LS147 的功能,见表 5-12。

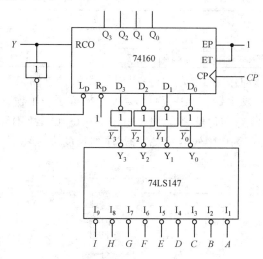

图 5-40　例 5-11 的逻辑电路图

表 5-12　　　　　　　　　　　优先编码器 74LS147 的功能表

输　入									输　出			
$\overline{I_1}$	$\overline{I_2}$	$\overline{I_3}$	$\overline{I_4}$	$\overline{I_5}$	$\overline{I_6}$	$\overline{I_7}$	$\overline{I_8}$	$\overline{I_9}$	$\overline{Y_3}$	$\overline{Y_2}$	$\overline{Y_1}$	$\overline{Y_0}$
1	1	1	1	1	1	1	1	1	1	1	1	1
×	×	×	×	×	×	×	×	0	0	1	1	0
×	×	×	×	×	×	×	0	1	0	1	1	1
×	×	×	×	×	×	0	1	1	1	0	0	0
×	×	×	×	×	0	1	1	1	1	0	0	1
×	×	×	×	0	1	1	1	1	1	0	1	0
×	×	×	0	1	1	1	1	1	1	0	1	1
×	×	0	1	1	1	1	1	1	1	1	0	0
×	0	1	1	1	1	1	1	1	1	1	0	1
0	1	1	1	1	1	1	1	1	1	1	1	0

解:74160 为同步置数,由图 5-40 可以看出,预置数为 $D_3 D_2 D_1 D_0 = Y_3 Y_2 Y_1 Y_0$。计数器 74160 在 CP 脉冲控制下开始计数,当 74160 计数到 1001 状态时,进位输出 $RCO = 1$,再来

一个 CP 脉冲时，$Q_3{}^{n+1}Q_2{}^{n+1}Q_1{}^{n+1}Q_0{}^{n+1}=D_3D_2D_1D_0$。

当 $A=0$ 时，译码器输出 $\overline{Y_3Y_2}\ \overline{Y_1Y_0}=1110$，计数器的预置数为 $D_3D_2D_1D_0=0001$。当计数到 1001 状态时，进位输出 $RCO=1$ 且再来一个 CP 时，$Q_3{}^{n+1}Q_2{}^{n+1}Q_1{}^{n+1}Q_0{}^{n+1}=0001$。可得状态转换图如图 5-41 所示。因此 Y 的频率 f_Y 是时钟 CP 频率 f_{CP} 的 1/9，用同样的分析方法可得 B、C、D、E、F、G、H、I 分别为低电平时，Y 端输出的脉冲频率与时钟频率的关系见表 5-13。

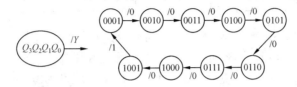

图 5-41　当 $A=0$ 时的状态转换图

表 5-13　　　　　　　　　　　 Y 端输出的脉冲频率与时钟频率的关系

接低电平的输入端	A	B	C	D	E	F	G	H	I
分频比（f_Y/f_{CP}）	1/9	1/8	1/7	1/6	1/5	1/4	1/3	1/2	0
f_Y（kHz）	1.11	1.25	1.43	1.67	2	2.5	3.33	5	0

序列信号是在时钟脉冲作用下产生的一串周期性的二进制信号。图 5-42 是用 74161 及门电路构成的序列信号发生器。其中 74161 与 G_1 构成了一个模 5 计数器，且 $Z=Q_0\overline{Q_2}$。在 CP 作用下，计数器的状态变化见表 5-14。由于 $Z=Q_0\overline{Q_2}$，故不同状态下的输出见该表的右列。因此，这是一个 01010 序列信号发生器，序列长度 $P=5$。

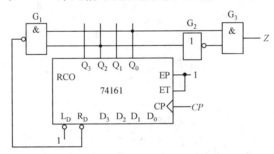

图 5-42　计数器组成序列信号发生器

表 5-14　　　　　　　　　　　　　　　 状态转换表

现态				次态				输出
Q_3^n	Q_2^n	Q_1^n	Q_0^n	Q_3^{n+1}	Q_2^{n+1}	Q_1^{n+1}	Q_0^{n+1}	Z
0	0	0	0	0	0	0	1	0
0	0	0	1	0	0	1	0	1
0	0	1	0	0	0	1	1	0
0	0	1	1	0	1	0	0	0
0	1	0	0	0	0	0	0	0

用计数器辅以数据选择器可以方便地构成各种序列发生器。构成的方法如下：

第一步，构成一个模 P 计数器；

第二步，选择合适的数据选择器，把欲产生的序列按规定的顺序加在数据选择器的数据输入端，把地址输入端与计数器的输出端正确地连接在一起。

【例 5-12】　试用计数器 74161 和数据选择器设计一个 01100011 序列发生器。

解:由于序列长度 $P=8$,故将 74161 构成模 8 计数器,并选用八选一数据选择器 74151 产生所需序列,从而得电路如图 5-43 所示。

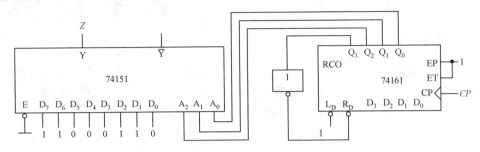

图 5-43　计数器和数据选择器组成序列信号发生器

5.4　寄存器

5.4.1　寄存器的主要特点和分类

把二进制数据或代码暂时存储起来的操作称为寄存。具有寄存功能的电路称为寄存器。寄存器是一种基本时序电路,在各种数字系统中几乎是无所不在。因为任何现代数字系统都必须把需要处理的数据、代码先寄存起来,以便随时取用。

1. 寄存器的主要特点

(1)从电路组成看

寄存器是由具有存储功能的触发器组合起来构成的,使用的可以是基本触发器、同步触发器或边沿触发器,电路结构比较简单。

(2)从基本功能看

寄存器的任务主要是暂时存储二进制数据或代码,一般情况下,不对存储内容进行处理,逻辑功能比较单一。

2. 寄存器分类

(1)按功能差别分

按照功能差别,常把寄存器分成两大类:

①基本寄存器

数据或代码只能并行送入寄存器中,需要时也只能并行输出。存储单元用基本触发器、同步触发器及边沿触发器均可。

②移位寄存器

存储在寄存器中的数据或代码,在移位脉冲的操作下,可以依次逐位右移或左移,而数据或代码,既可以并行输入、并行输出,也可以串行输入、串行输出,还可以并行输入、串行输出,串行输入、并行输出,十分灵活,用途也很广泛。存储单元则只能用边沿触发器。

(2)按使用开关元件不同分

按照器件内部使用开关元件的不同可分成许多种,目前使用最多的是 TTL 寄存器和 CMOS 寄存器,它们都是中规模集成电路。

5.4.2 基本寄存器

基本寄存器是用来存储二进制代码或数据的时序逻辑电路组件,它具有接收和寄存二进制数码的逻辑功能。一个触发器可以存储 1 位二进制代码或数据,寄存 n 位二进制代码或数据,需要 n 个触发器。

1. 4 位基本寄存器

图 5-44(a)所示是由四个 D 触发器组成的 4 位集成寄存器 74LS175 的逻辑电路图,其引脚排列如图 5-44(b)所示。其中,$\overline{R_D}$ 是异步清零控制端。$D_0 \sim D_3$ 是并行数据输入端,CP 为时钟脉冲端,$Q_0 \sim Q_3$ 是并行数据输出端,$\overline{Q_0} \sim \overline{Q_3}$ 是反码数据输出端。

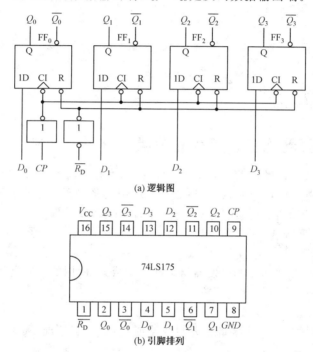

(a) 逻辑图

(b) 引脚排列

图 5-44　4 位集成寄存器 74LS175

该电路的数码接收过程为:将需要存储的四位二进制数码送到数据输入端 $D_0 \sim D_3$,在 CP 端送一个时钟脉冲,脉冲上升沿作用后,四位数码并行地输出在四个触发器的 Q 端。74LS175 的功能见表 5-15。

表 5-15　　　　　　　　　　　　74LS175 的功能表

清零	时钟	输入				输出				工作模式
$\overline{R_D}$	CP	D_0	D_1	D_2	D_3	Q_0	Q_1	Q_2	Q_3	
0	$\times$	$\times$	$\times$	$\times$	$\times$	0	0	0	0	异步清零
1	↑	D_0	D_1	D_2	D_3	D_0	D_1	D_2	D_3	数码寄存
1	1	$\times$	$\times$	$\times$	$\times$	保持				数据保持
1	0	$\times$	$\times$	$\times$	$\times$	保持				数据保持

2. 集成基本寄存器

常见的集成基本寄存器有四 D 触发器(175)、六 D 触发器(174)、八 D 触发器(273、377)、八 D 锁存器(373)等。

锁存器与触发器的主要区别是:锁存器具有一个使能控制端 C。当 C 无效时,输出数据保持原状态不变(锁存),而这个功能是触发器所不具备的。下面以 373 为例介绍基本寄存器的功能与应用。

373 内部有八个 D 锁存器,其输出端具有三态(3S)控制功能。373 的逻辑符号及外引线图如图 5-45 所示。其中,$\overline{OC}$ 是输出控制端(低电平有效),C 是使能端(高电平有效)。表 5-16 是 373 的功能表。

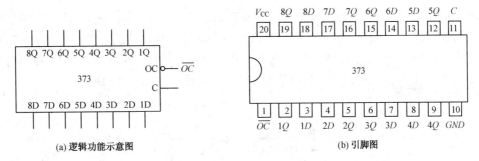

(a) 逻辑功能示意图   (b) 引脚图

图 5-45 八 D 锁存器(373)

表 5-16   373 的功能表

输入			输出
$\overline{OC}$	C	D	Q
0	1	1	1
0	1	0	0
0	0	×	保持
1	×	×	高阻

373 用于单片机数据总线中的多路数据选通电路,如图 5-46 所示。该电路中,八位数据总线(DB)上挂接了八个 373,它们的 C 端并接在一起,而各锁存器的 $\overline{OC}$ 与 3 线-8 线译码器输出端相接。给 C 端加一个正窄脉冲,各组数据都分别被写入各自的寄存器中。但是,如果 $\overline{OC}$ 为高电平,所有输出端 Q 均为高阻状态,数据不能送到 DB 上。当 3 线-8 线译码器的输出轮流给各寄存器的 $\overline{OC}$ 端一个负脉冲时,$IC_1 \sim IC_8$ 的数据就按顺序送到八位 DB 上,由 CPU 读取。

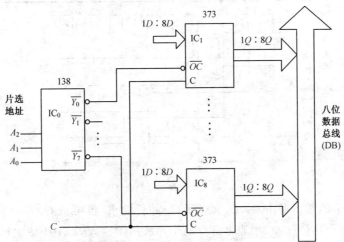

图 5-46 373 用于多路数据选通电路

5.4.3　移位寄存器

移位寄存器不但可以寄存数码,而且在移位脉冲作用下,寄存器中的数码可根据需要向左或向右移动1位。移位寄存器也是数字系统和计算机中应用很广泛的基本逻辑部件。

1. 单向移位寄存器

(1)4位右移寄存器

图5-47是由D触发器构成的单向右移寄存器,CP是移位脉冲端,$\overline{R_D}$是清零端,D_{SR}是右移串行数据输入端,$Q_3 \sim Q_0$是并行数据输出端。设移位寄存器的初始状态为0000,串行输入数码$d_i=1101$,从高位到低位依次输入。在4个移位脉冲作用后,输入的4位串行数码1101全部存入了寄存器中。电路的状态见表5-17,时序图如图5-48所示。

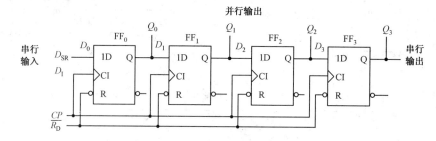

图5-47　D触发器构成的单向右移寄存器

表5-17　　　　　　　　　　　　4位右移寄存器的状态转换表

移位脉钟	输入	输出			
CP	D_I	Q_0	Q_1	Q_2	Q_3
0		0	0	0	0
1	1	1	0	0	0
2	1	1	1	0	0
3	0	0	1	1	0
4	1	1	0	1	1

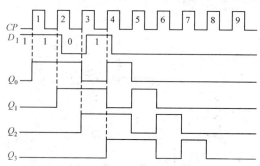

图5-48　图5-47电路的时序图

移位寄存器中的数码可由Q_3、Q_2、Q_1和Q_0并行输出,也可从Q_3串行输出。串行输出时,要继续输入4个移位脉冲,才能将寄存器中存放的4位数码1101依次输出。图5-48中第5到第8个CP脉冲及所对应的Q_3、Q_2、Q_1、Q_0波形,就是将4位数码1101串行输出的过程。所以,移位寄存器具有串行输入-并行输出和串行输入-串行输出两种工作方式。

(2)4 位左移寄存器

图 5-49 所示是单向左移寄存器的逻辑图,其结构与工作原理与图 5-47(单向右移寄存器)基本一致,所不同的是其左移串行数据 D_{SL} 直接输入给最高位触发器 FF$_3$,数据从高位依次移向低位(从 $Q_3 \rightarrow Q_2 \rightarrow Q_1 \rightarrow Q_0$),即从右向左移动,所以称为左移寄存器。具体工作过程请读者自行分析。

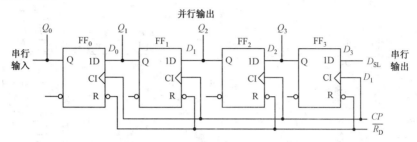

图 5-49　D 触发器构成的单向左移寄存器

2. 双向移位寄存器

将图 5-47 所示的右移寄存器和图 5-49 所示的左移寄存器组合起来,并引入一控制端 S 便构成既可左移又可右移的双向移位寄存器,如图 5-50 所示。

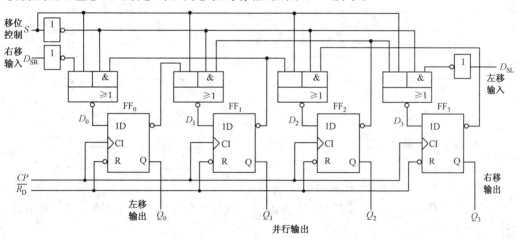

图 5-50　D 触发器构成的 4 位双向移位寄存器

由图 5-50 可知该电路的驱动方程为:

$$D_0 = \overline{S\,\overline{D_{\text{SR}}} + \overline{S}\,\overline{Q_1}}$$

$$D_1 = \overline{S\,\overline{Q_0} + \overline{S}\,\overline{Q_2}}$$

$$D_2 = \overline{S\,\overline{Q_1} + \overline{S}\,\overline{Q_3}}$$

$$D_3 = \overline{S\,\overline{Q_2} + \overline{S}\,\overline{D_{\text{SL}}}}$$

其中,D_{SR} 为右移串行输入端,D_{SL} 为左移串行输入端。当 $S=1$ 时,$D_0=D_{\text{SR}}$、$D_1=Q_0$、$D_2=Q_1$、$D_3=Q_2$,在 CP 脉冲作用下,实现右移操作;当 $S=0$ 时,$D_0=Q_1$、$D_1=Q_2$、$D_2=Q_3$、$D_3=D_{\text{SL}}$,在 CP 脉冲作用下,实现左移操作。

3. 集成移位寄存器

移位寄存器主要包括单向移位寄存器和双向移位寄存器两种。

(1)八位单向集成移位寄存器(164)

164 的逻辑符号及外引线图如图 5-51 所示,其中 $\overline{CLR}$ 为清零端,A、B 为两个可控制的串行数据输入端,$Q_H \sim Q_A$ 为 8 个输出端(Q_H 为最高位,Q_A 为最低位)。164 的功能表见表 5-18。

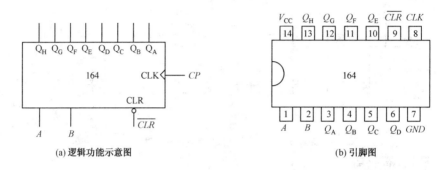

(a) 逻辑功能示意图　　　　　　　　(b) 引脚图

图 5-51　八位单向集成移位寄存器(164)

表 5-18　　　　　　　　　　164 的功能表

输入				输出			
$\overline{CLR}$	CP	A	B	Q_A	Q_B	$\cdots$	Q_H
L	×	×	×	L	L		L
H	L	×	×	Q_A^n	Q_B^n	$\cdots$	Q_H^n
H	↑	H	H	H	Q_A^n	$\cdots$	Q_G^n
H	↑	L	×	L	Q_A^n	$\cdots$	Q_G^n
H	↑	×	L	L	Q_A^n	$\cdots$	Q_G^n

由表 5-18 可知 164 具有以下功能:

①当 A、B 任意一个为低电平时,则禁止另一串行数据输入,且在时钟 CP 上升沿作用下使 Q_A^{n+1} 为低电平,并依次左移。

②当 A 或 B 中有一个为高电平时,就允许另一串行数据输入,并在 CP 上升沿作用下决定 Q_A^{n+1} 的状态。

图 5-52 是 164 的时序图。由时序图可知,164 为单向左移寄存器,并且为串行输入/并行输出。

(2)四位双向集成移位寄存器(74LS194)

74LS194 具有双向移位、并行输入、保持数据和清除数据等功能,其逻辑符号和引脚图如图 5-53 所示。其中 $\overline{R_D}$ 为异步清零端,优先级别最高;S_1、S_0 为工作方式控制端;D_{SL} 和 D_{SR} 分别是左移和右移串行输入。D_0、D_1、D_2 和 D_3 是并行输入端。Q_0 和 Q_3 分别是左移和右移时的串行输出端,Q_0、Q_1、Q_2 和 Q_3 为并行输出端,其功能表见表 5-19。

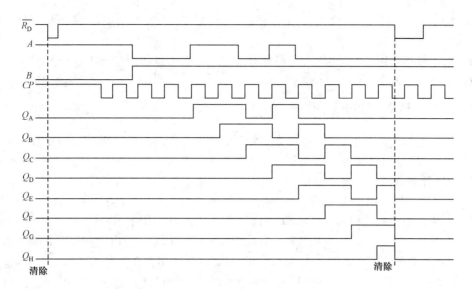

图 5-52 164 的时序图

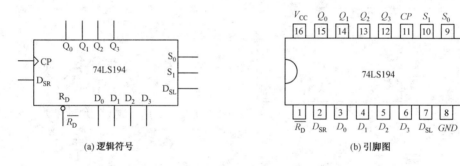

(a) 逻辑符号   (b) 引脚图

图 5-53 四位双向集成移位寄存器 74LS194

表 5-19   74LS194 的功能表

输 入										输 出				工作模式
清零	控制		串行输入		时钟	并行输入				输 出				
$\overline{R_D}$	S_1	S_0	D_{SL}	D_{SR}	CP	D_0	D_1	D_2	D_3	Q_0	Q_1	Q_2	Q_3	工作模式
0	×	×	×	×	×	×	×	×	×	0	0	0	0	异步清零
1	0	0	×	×	×	×	×	×	×	Q_0^n	Q_1^n	Q_2^n	Q_3^n	保持
1	0	1	×	1	↑	×	×	×	×	D_{SR}	Q_0^n	Q_1^n	Q_2^n	右移
1	1	0	1	×	↑	×	×	×	×	Q_1^n	Q_2^n	Q_3^n	D_{SL}	左移
1	1	1	×	×	↑	D_0	D_1	D_2	D_3	D_0	D_1	D_2	D_3	并行置数

由表 5-19 可以看出 74LS194 具有如下功能：

①异步清零。当 $\overline{R_D}=0$ 时清零，与其他输入状态及 CP 无关。

②S_1、S_0 是控制输入。当 $\overline{R_D}=1$ 时，74LS194 有如下 4 种工作方式：

a. 当 $S_1 S_0 = 00$ 时，不论有无 CP 到来，各触发器保持原来的工作状态。

b. 当 $S_1 S_0 = 01$ 时，在 CP 的上升沿作用下，实现右移(上移)操作，流向是 $D_{SR} \to Q_0 \to Q_1 \to Q_2 \to Q_3$。

c. 当 $S_1S_0=10$ 时,在 CP 的上升沿作用下,实现左移(下移)操作,流向是 $D_{SL} \rightarrow Q_3 \rightarrow Q_2 \rightarrow Q_1 \rightarrow Q_0$。

d. 当 $S_1S_0=11$ 时,在 CP 的上升沿作用下,实现置数操作,$D_0 \rightarrow Q_0$,$D_1 \rightarrow Q_1$,$D_2 \rightarrow Q_2$,$D_3 \rightarrow Q_3$,即 $Q_3Q_2Q_1Q_0=D_3D_2D_1D_0$。

5.4.4 移位寄存器型计数器

如果把移位寄存器的输出以一定方式馈送到串行输入端,则可得到一些电路连接十分简单、编码别具特色、用途极为广泛的移位寄存器型计数器。

1. 环形计数器

图 5-54(a)是用 74LS194 构成的环形计数器。当正脉冲启动信号 CLK 到来时,使 $S_1S_0=11$,从而不论移位寄存器 74LS194 的原状态如何,在 CP 作用下总是执行置数操作使 $Q_0Q_1Q_2Q_3=1000$。当 CLK 由 1 变为 0 之后,$S_1S_0=01$,在 CP 作用下移位寄存器进行右移操作。在第 4 个 CP 到来之前 $Q_0Q_1Q_2Q_3=0001$。这样在第四个 CP 到来时,由于 $D_{SR}=Q_3=1$,故在此 CP 作用下使 $Q_0Q_1Q_2Q_3=1000$。画出状态转换图如图 5-54(b)所示。可见该计数器共有 4 个有效状态,为模 4 计数器。

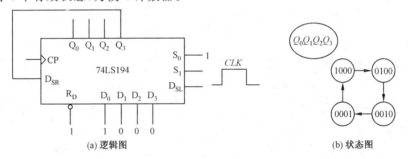

图 5-54 用 74LS194 构成的环形计数器

环形计数器的电路十分简单,N 位移位寄存器可以计 N 个数,实现模 N 计数器,且状态为 1 的输出端的序号即代表收到的计数脉冲的个数,通常不需要任何译码电路。

2. 扭环形计数器

为了增加有效计数状态,扩大计数器的模,将上述接成右移寄存器的 74LS194 的末级输出 Q_3 反相后,接到串行输入端 D_{SR},就构成了扭环形计数器,如图 5-55(a)所示,图 5-55(b)为其状态转换图。可见该电路有 8 个计数状态,为模 8 计数器。一般来说,N 位移位寄存器可以组成模 $2N$ 的扭环形计数器,只需将末级输出反相后,接到串行输入端。

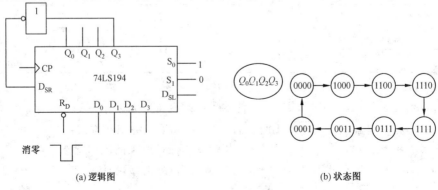

图 5-55 用 74LS194 构成的扭环形计数器

5.5　顺序脉冲发生器

在数控装置和数字计算机中,往往需要机器按照人们事先规定的顺序进行运算或操作,这就要求机器的控制部分不仅能正确地发出各种控制信号,而且要求这些控制信号在时间上有一定的先后顺序。通常采用的方法是,用一个顺序脉冲发生器(或称节拍脉冲发生器)产生时间上有先后顺序的脉冲,以实现整机各部分的协调动作。按电路结构不同,顺序脉冲发生器可分成计数型和移位型两大类。

5.5.1　计数型顺序脉冲发生器

计数型顺序脉冲发生器一般都是用按自然态序计数的二进制计数器和译码器组成。计数器在输入计数脉冲(时钟脉冲)的操作下,其状态是依次转换的,而且在有效状态中循环工作,用译码器把这些状态"翻译"出来,就可以得到顺序脉冲。

图 5-56 所示是一个能循环输出 4 个脉冲的顺序脉冲发生器的逻辑电路图。两个 JK 触发器构成一个四进制计数器;4 个与门构成译码器。$\overline{CR}$ 是异步清零信号,可对电路进行初始化——置零;CP 是输入计数脉冲——主时钟脉冲;Y_0、Y_1、Y_2、Y_3 是 4 个顺序脉冲输出端。

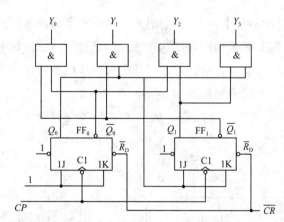

图 5-56　4 输出顺序脉冲发生器

根据图 5-56 所示逻辑电路图,可得输出方程和状态方程:

$$Y_0 = \overline{Q}_1^n \overline{Q}_0^n$$

$$Y_1 = \overline{Q}_1^n Q_0^n$$

$$Y_2 = Q_1^n \overline{Q}_0^n$$

$$Y_3 = Q_1^n Q_0^n$$

$$Q_0^{n+1} = \overline{Q}_0^n \,(CP \text{ 下降沿时刻有效})$$

$$Q_1^{n+1} = Q_0^n \overline{Q}_1^n + \overline{Q}_0^n Q_1^n \,(CP \text{ 下降沿时刻有效})$$

根据 $CP_0 = CP_1 = CP$，可画出如图 5-57 所示的时序图，说明图 5-56 所示电路是一个 4 输出顺序脉冲发生器。

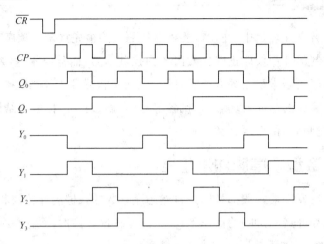

图 5-57　图 5-56 所示电路的时序图

如果用 n 位二进制计数器，由于有 2^n 个不同状态，那么经过译码器译码之后，就可以获得 2^n 个顺序脉冲。

5.5.2　移位型顺序脉冲发生器

移位型顺序脉冲发生器从本质上看，它仍然是由计数器和译码器构成的，与计数型顺序脉冲发生器没有区别，但是它采用的是按非自然态序进行计数的移位寄存器型计数器，其电路组成、工作原理和特性都别具特色。因此将其定义为移位型顺序脉冲发生器。

1. 由环形计数器构成的顺序脉冲发生器

图 5-58 所示是由 4 位环形计数器构成的 4 输出移位型顺序脉冲发生器。其状态方程为：

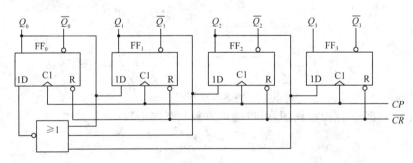

图 5-58　4 输出移位型顺序脉冲发生器

$$Q_0^{n+1} = \overline{Q_0^n + Q_1^n + Q_2^n} = \overline{Q_0^n} \cdot \overline{Q_1^n} \cdot \overline{Q_2^n}（CP \text{ 上升沿时刻有效}）$$

$$Q_1^{n+1} = Q_0^n（CP \text{ 上升沿时刻有效}）$$

$$Q_2^{n+1} = Q_1^n（CP \text{ 上升沿时刻有效}）$$

$$Q_3^{n+1} = Q_2^n（CP \text{ 上升沿时刻有效}）$$

4 输出移位型顺序脉冲发生器状态转换图如图 5-59 所示,图中排列顺序为 $Q_0^n Q_1^n Q_2^n Q_3^n$。其实它就是一个能自启动的 4 位环形计数器,时序图如图 5-60 所示。根据状态转换图和时序图可知,图 5-58 所示 4 输出移位型顺序脉冲发生器具有以下特点:

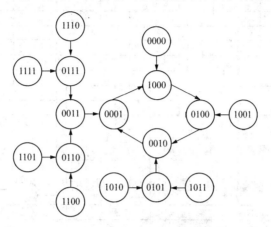

图 5-59 4 输出移位型顺序脉冲发生器的状态转换图

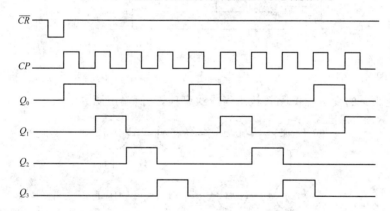

图 5-60 4 输出移位型顺序脉冲发生器的时序图

①译码器从 4 个触发器的 Q 端得到了 4 个顺序脉冲,而且电路连接十分简单。

②触发器状态利用率很低,4 个触发器有 16 种状态,只利用了 4 种,其他 12 种均为无效状态,其有效状态数是等于触发器个数的。

2. 用扭环形计数器构成的顺序脉冲发生器

图 5-61 所示是一个由 4 位扭环形计数器和译码器构成的 8 输出移位型顺序脉冲发生器。该电路可用下述方法获得:

①画出 4 位扭环形计数器的基本电路。

②画出基本电路的状态转换图,修改无效循环实现状态转换图的自启动。

③修改反馈逻辑,画出能自启动的 4 位扭环形计数器的逻辑电路图。

④设计译码器。

画出 4 位扭环形计数器的状态转换图——只画有效循环,并标出设计所要求的输出信

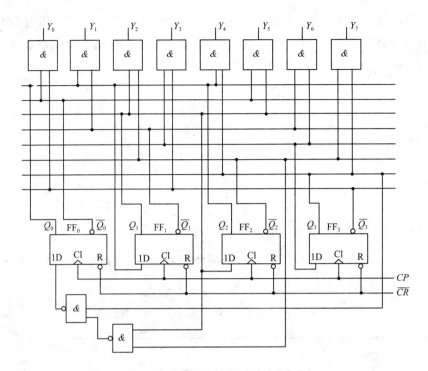

图 5-61　8 输出移位型顺序脉冲发生器

号 $Y_0 \sim Y_7$，如图 5-62 所示。注意,在图中输出信号采用了简化表示形式,只标出相应状态下输出取值应为 1 的变量。把无效状态当成约束项,化简输出函数。

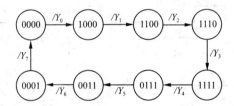

图 5-62　8 输出移位型顺序脉冲发生器简化状态转换图

画出各个输出信号的卡诺图,利用图形化简法即可求出 $Y_0 \sim Y_7$ 的最简逻辑表达式。图 5-63 给出的是 Y_0 和 Y_1 的卡诺图。由图 5-63 可得

$$Y_0 = \bar{Q}_0^n \bar{Q}_3^n, \quad Y_1 = Q_0^n \bar{Q}_1^n$$

$Q_0^n Q_1^n$ \ $Q_2^n Q_3^n$	00	01	11	10
00	1	0	0	×
01	×	×	0	×
11	0	×	0	0
10	0	×	×	×

$Q_0^n Q_1^n$ \ $Q_2^n Q_3^n$	00	01	11	10
00	0	0	0	×
01	×	×	0	×
11	0	×	0	0
10	1	×	×	×

图 5-63　输出信号的卡诺图

若再分别画出 $Y_2 \sim Y_7$ 的卡诺图，那么就可以很容易地获得下列各方程：

$$Y_2 = Q_1^n \overline{Q}_2^n, Y_3 = Q_2^n \overline{Q}_3^n, Y_4 = Q_0^n Q_3^n$$

$$Y_5 = \overline{Q}_0^n Q_1^n, Y_6 = \overline{Q}_1^n Q_2^n, Y_7 = \overline{Q}_2^n Q_3^n$$

图 5-61 所示逻辑电路图就是采用上述方法得到的。可以看出扭环形计数器的状态译码只要用 2 输入端与门就能实现，而且由于每次 CP 信号到来时，计数器中只有一个触发器改变状态，所以译码器无竞争冒险问题。根据图 5-62 即可画出如图 5-64 所示的时序图。该图说明图 5-61 所示电路确实是一个能获得 8 个顺序脉冲的移位型电路。主要特点为：

①计数器部分电路连接简单。

②译码器部分用 2 输入与门就可以了，且无竞争冒险问题。

③电路状态利用率仍然不高，有效状态数只是触发器数的两倍。

如果用最大长度的移位寄存器型计数器和译码器构成移位型顺序脉冲发生器，电路状态利用率会得到极大提高，但译码器就会变得复杂起来。

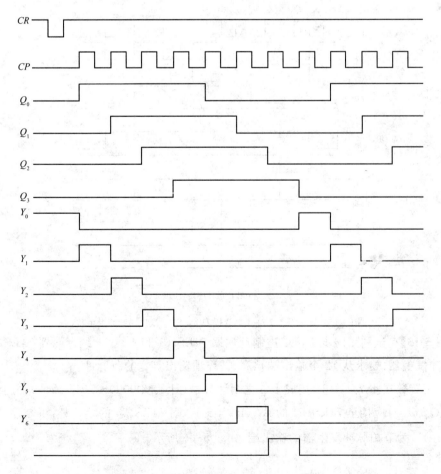

图 5-64　8 输出移位型顺序脉冲发生器的时序图

5.5.3 用 MSI 构成顺序脉冲发生器

把集成计数器和译码器结合起来,便可极容易地构成 MSI 顺序脉冲发生器。图 5-65(a)为一个由计数器 74LS161 和译码器 74LS138 组成的脉冲发生器的电路图。74LS161 构成模 8 计数器,输出状态 $Q_2Q_1Q_0$ 在 000~111 之间循环变化,从而在译码器输出端 Y_0~Y_7 分别得到图 5-65(b)所示的脉冲序列。

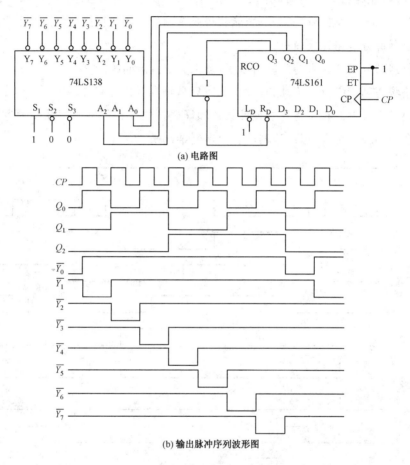

(a) 电路图

(b) 输出脉冲序列波形图

图 5-65 计数器 74LS161 和译码器 74LS138 组成的脉冲发生器

【例 5-13】 试利用同步 4 位二进制计数器 74LS161 和 4 线-16 线译码器 74LS154 设计节拍脉冲发生器,要求从 12 个输出端顺序、循环地输出等宽的负脉冲。

解:用置数法将 74LS161 接成十二进制计数器(计数从 0000~1011 循环),并且把它的 Q_3、Q_2、Q_1、Q_0 对应接至 74LS154 的 A_3、A_2、A_1、A_0,则 74LS154 的 $\overline{Y_0}$~$\overline{Y_{11}}$ 可顺序产生低电平。$\overline{Y_0}$~$\overline{Y_{11}}$ 为节拍脉冲发生器的输出端,如图 5-66 所示。

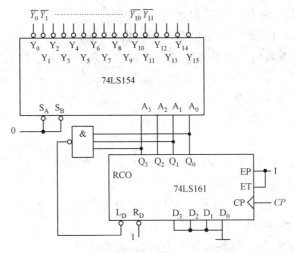

图 5-66　例 5-13 逻辑图

5.6　时序逻辑电路的设计方法

时序逻辑电路的设计是时序逻辑电路分析的逆过程,即根据给定的逻辑功能要求,选择合适的逻辑器件,设计出符合要求的时序逻辑电路。

5.6.1　同步时序逻辑电路的设计方法

1. 同步时序逻辑电路的设计步骤

(1)根据设计要求,设定状态,画出对应状态转换图或状态转换表。

分析给定的逻辑问题,确定输入变量、输出变量以及电路的状态数;定义输入、输出逻辑状态和每个电路状态的含义,并将电路状态顺序编号;根据题意列出状态转换表或画出状态转换图。

(2)状态化简。原始状态转换图(表)通常不是最简的,往往可以消去一些多余状态。消去多余状态的过程叫作状态化简。

(3)状态分配,又称状态编码。时序逻辑电路的状态是用触发器的不同组合来表示的。首先,需要确定触发器的数目 n,n 个触发器共有 2^n 种状态组合,所以为获得时序逻辑电路所需的 M 个状态,必须取 $2^{n-1}<M\leqslant 2^n$。其次,要给每个电路状态规定对应的触发器状态组合,即用一组二值代码对应每组触发器的状态组合,这就是状态编码。在 $M<2^n$ 的情况下,从 2^n 个状态中选取 M 个状态的组合可以有多种不同的方案,而每个方案中 M 个状态的编码方案有多种。如果编码方案选择得当,设计结果可以很简单;反之,编码方案选得不好,设计的电路就要复杂得多。

(4)选择触发器的类型。触发器的类型选得合适,可以简化电路结构。不同逻辑功能的触发器,其驱动方式不同,所以用不同类型的触发器设计出的电路也不同。选择触发器类型时应考虑器件的供应情况,并力求减少电路中使用的触发器种类。

(5)根据编码状态转换表以及所采用的触发器的逻辑功能,求出待设计电路的输出方程和驱动方程。

（6）根据输出方程和驱动方程画出逻辑图。

（7）检查电路能否自启动。如果电路不能自启动,则需采取措施加以解决。一是在电路开始工作时通过预置数将电路的状态置成有效状态循环中的某一种。二是通过修改逻辑设计加以解决。

2.同步计数器的设计示例

【例 5-14】 设计一个同步五进制加法计数器。

解: 设计步骤如下:

（1）根据设计要求,设定状态,画出状态转换图。由于是五进制计数器,所以应有 5 个不同的状态,分别用 S_0、S_1、S_2、S_3、S_4 表示。在计数脉冲 CP 作用下,5 个状态循环翻转,在状态为 S_4 时,进位输出 $Y=1$。状态转换图如图 5-67 所示。

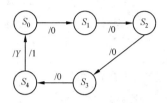

图 5-67　例 5-14 状态转换图

（2）状态化简。五进制计数器应有 5 个状态,无须化简。

（3）状态分配,列状态转换表。由式 $2^{n-1}<M\leqslant 2^n$ 可知,应采用 3 位二进制代码。该计数器选用三位自然二进制加法计数编码,即 $S_0=000$,$S_1=001$,$S_2=010$,$S_3=011$,$S_4=100$。由此可列出状态转换表,见表 5-20。

表 5-20　　　　　　　　　　　　例 5-14 的状态转换表

状态转换顺序	现态			次态			输出
	Q_2^n	Q_1^n	Q_0^n	Q_2^{n+1}	Q_1^{n+1}	Q_0^{n+1}	Y
S_0	0	0	0	0	0	1	0
S_1	0	0	1	0	1	0	0
S_2	0	1	0	0	1	1	0
S_3	0	1	1	1	0	0	0
S_4	1	0	0	0	0	0	1

（4）选择触发器。本例选用功能比较灵活的 JK 触发器。

（5）求各触发器的驱动方程和进位输出方程。

列出 JK 触发器的驱动表,见表 5-21。画出电路的次态卡诺图如图 5-68 所示,三个无效状态 101、110、111 作无关项处理。根据次态卡诺图和 JK 触发器的驱动表,可得各触发器的驱动卡诺图如图 5-69 所示。

表 5-21　　　　　JK 触发器的驱动表

$Q^n \to Q^{n+1}$		J	K
0	0	0	$\times$
0	1	1	$\times$
1	0	$\times$	1
1	1	$\times$	0

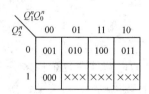

图 5-68　例 5-14 次态卡诺图

对上面的各卡诺图化简,得各触发器的驱动方程如下:

$$J_0 = \overline{Q_2^n} \qquad K_0 = 1$$

$$J_1 = Q_0^n \qquad K_1 = Q_0^n$$

$$J_2 = Q_1^n Q_0^n \qquad K_2 = 1$$

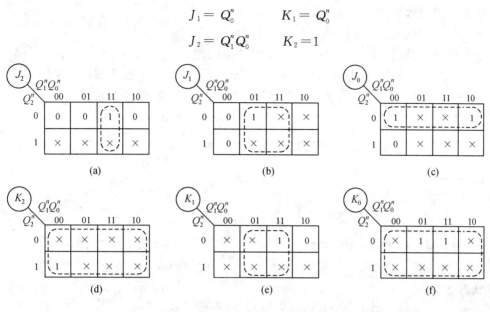

图 5-69　例 5-14 各触发器的驱动卡诺图

再画出输出卡诺图如图 5-70 所示。

可得电路的输出方程：

$$Y = Q_2^n$$

(6)画逻辑图。根据驱动方程和输出方程，画出五进制计数器的逻辑图如图 5-71 所示。

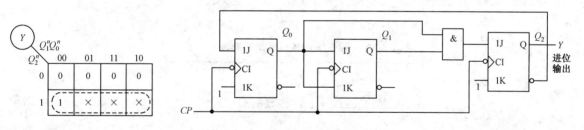

图 5-70　例 5-14 输出卡诺图

图 5-71　例 5-14 的逻辑图

　　(7)检查能否自启动。利用逻辑分析的方法画出电路完整的状态转换图如图 5-72 所示。可见，如果电路进入无效状态 101、110、111 时，在 CP 脉冲作用下，分别进入有效状态 010、010、000。所以电路能够自启动。

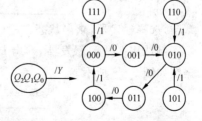

图 5-72　例 5-14 完整的状态转换图

3. 一般时序逻辑电路的设计示例

　　【**例 5-15**】　设计一个串行数据检测器。该检测器有一个输入端 X，它的功能是对输入信号进行检测。当连续输入三个 1 以及三个以上 1 时，该电路输出 $Y = 1$，否则输出 $Y = 0$。

　　解：(1)根据设计要求，设定状态，画出状态转换图。

　　S_0——初始状态或没有收到 1 时的状态；

S_1——收到一个 1 后的状态；

S_2——连续收到两个 1 后的状态；

S_3——连续收到三个 1 以及三个以上 1 后的状态。

根据题意可画出如图 5-73 所示的原始状态转换图。

（2）状态化简。状态化简就是合并等效状态。所谓等效状态就是那些在相同的输入条件下，输出相同、次态也相同的状态。观察图 5-73 可知，S_2 和 S_3 是等价状态，所以将 S_2 和 S_3 合并，并用 S_2 表示，图 5-74 是经过化简之后的状态转换图。

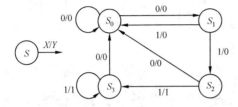 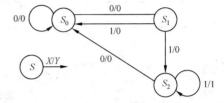

图 5-73　例 5-15 的原始状态转换图　　　　图 5-74　化简后的状态转换图

（3）状态分配，列编码状态转换表。本例取 $S_0=00$、$S_1=01$、$S_2=11$。图 5-75 是编码形式的状态转换图。

由图 5-75 可画出编码后的状态转换表，见表 5-22。

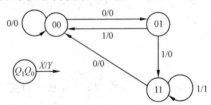

图 5-75　例 5-15 编码形式的状态转换图

表 5-22　例 5-15 的编码状态转换表

$Q_1^n Q_0^n$ \ $Q_1^{n+1} Q_0^{n+1}$, X	0	1
0　　0	00/0	01/0
0　　1	00/0	11/0
1　　1	00/0	11/1

（4）选择触发器，求出状态方程、驱动方程和输出方程。

本例选用 2 个 D 触发器，列出 D 触发器的驱动表，见表 5-23。画出电路的次态和输出卡诺图如图 5-76 所示。

表 5-23　D 触发器的驱动表

$Q^n \rightarrow Q^{n+1}$		D
0	0	0
0	1	1
1	0	0
1	1	1

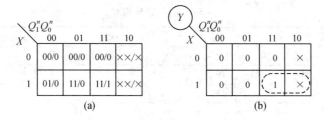

图 5-76　例 5-15 的次态和输出卡诺图

由输出卡诺图可得电路的输出方程：$Y = XQ_1^n$。

根据次态卡诺图和 D 触发器的驱动表，得各触发器的驱动卡诺图如图 5-77 所示。

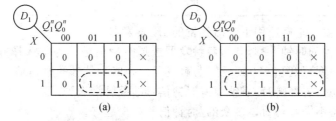

图 5-77　例 5-15 各触发器的驱动卡诺图

由驱动卡诺图可得电路的驱动方程：

$$D_0 = X$$

$$D_1 = XQ_0^n$$

（5）画逻辑图。根据驱动方程和输出方程，画出该串行数据检测器的逻辑图如图 5-78 所示。

（6）检查能否自启动。图 5-79 是图 5-78 电路的状态转换图，可见，电路能够自启动。

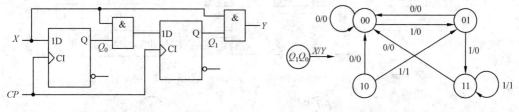

图 5-78　例 5-15 的逻辑图　　　　　图 5-79　例 5-15 的状态转换图

5.6.2　异步时序逻辑电路的设计方法

由于异步时序电路中各触发器的时钟脉冲不统一。因此设计异步时序逻辑电路要比同步时序逻辑电路多一步，就是为每个触发器选择一个合适的时钟信号，即求各触发器的时钟方程。除此之外，异步时序电路的设计方法与同步时序电路基本相同。

【例 5-16】　设计一个异步七进制加法计数器。

解：（1）根据设计要求，设定 7 个状态 $S_0 \sim S_6$。进行状态编码后，列出状态转换表，见表 5-24。表中 Y 为进位输出变量。七进制计数器应有 7 个状态，所以不须状态化简。

表 5-24   **例 5-16 的状态转换表**

状态转换顺序	现态			次态			进位输出
	Q_2^n	Q_1^n	Q_0^n	Q_2^{n+1}	Q_1^{n+1}	Q_0^{n+1}	Y
S_0	0	0	0	0	0	1	0
S_1	0	0	1	0	1	0	0
S_2	0	1	0	0	1	1	0
S_3	0	1	1	1	0	0	0
S_4	1	0	0	1	0	1	0
S_5	1	0	1	1	1	0	0
S_6	1	1	0	0	0	0	1

(2)选择触发器。本例选用下降沿触发的 JK 触发器。

(3)求各触发器的时钟方程,即为各触发器选择时钟信号。为了选择方便,由状态转换表画出电路的时序图,如图 5-80 所示。为触发器选择时钟信号的原则是:

①触发器状态需要翻转时,必须要有时钟信号的翻转沿送到。

②触发器状态不需翻转时,"多余的"时钟信号越少越好。

根据上述原则,选择:$CP_0 = CP_2 CP_1 = CP$, $CP_2 = Q_1$

(4)求各触发器的驱动方程和进位输出方程。

画出电路的次态卡诺图如图 5-81 所示,无效状态 111 作无关项处理。根据次态卡诺图和 JK 触发器的驱动(表 5-21),可得三个触发器各自的驱动卡诺图如图 5-82 所示。

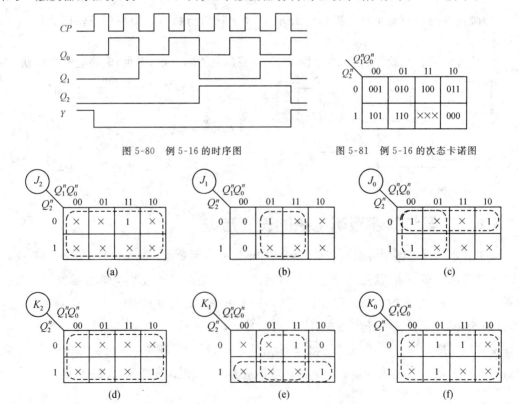

图 5-80   例 5-16 的时序图   图 5-81   例 5-16 的次态卡诺图

图 5-82   例 5-16 各触发器的驱动卡诺图

根据驱动卡诺图写出驱动方程：

$$J_0 = \overline{Q_2^n} + \overline{Q_1^n} \qquad\qquad K_0 = 1$$

$$J_1 = Q_0^n \qquad\qquad\qquad K_1 = Q_0^n + Q_2^n$$

$$J_2 = 1 \qquad\qquad\qquad\qquad K_2 = 1$$

再画出输出卡诺图如图 5-83 所示，可得电路的输出方程：

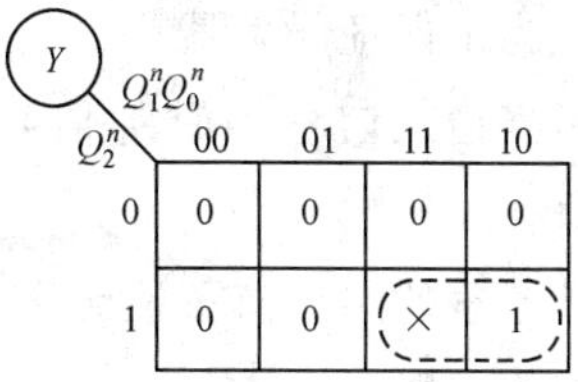

图 5-83　例 5-16 的输出卡诺图

$$Y = Q_2^n Q_1^n$$

（5）画逻辑图。根据驱动方程和输出方程，画出异步七进制计数器的逻辑图如图 5-84 所示。

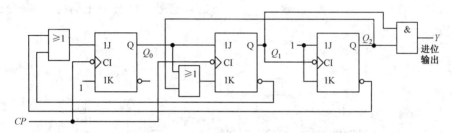

图 5-84　例 5-16 的逻辑图

（6）检查能否自启动。利用逻辑分析的方法画出电路完整的状态转换图如图 5-85 所示。可见，如果电路进入无效状态 111 时，在 CP 脉冲作用下可进入有效状态 000。所以电路能够自启动。

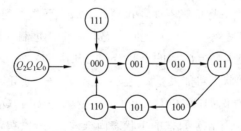

图 5-85　例 5-16 的状态转换图

5.7 时序逻辑电路中的竞争-冒险现象

5.7.1 竞争-冒险现象的成因

因为时序逻辑电路通常都包含组合逻辑电路和存储电路两个部分，所以它的竞争-冒险现象也包含两个方面。

一方面是其中的组合逻辑电路部分可能发生的竞争-冒险现象。这在第三章做了介绍，这里不再重复。

另一方面是存储电路（或者说是触发器）工作过程中发生的竞争-冒险现象。这是时序逻辑电路特有的一个问题。

　　为了保证触发器可靠地翻转,输入信号和时钟信号在时间配合上应满足一定的要求。然而当输入信号和时钟信号同时改变,而且经由不同路径到达同一触发器时,便产生了竞争。

　　竞争的结果有可能导致触发器误动作,这种现象称为存储电路(或触发器)的竞争-冒险现象。

　　图 5-86 所示的八进制异步计数器电路中,就存在着这种存储电路的竞争-冒险现象。计数器是由 3 个主从 JK 触发器和两个反相器组成。其中 FF_1 的输入 $J_1=K_1=1$,每当 CP_1 的下降沿到来时它都要翻转。FF_2 的输入 $J_2=K_2=1$,所以每当 $\overline{Q_1}$ 由高电平跳变为低电平时都要翻转。FF_3 的情况要复杂一些。由于 CP_3 取自 Q_1,而 $J_3=K_3=Q_2$,CP_2 的时钟信号又取自 $\overline{Q_1}$,因而当 Q_1 由 0 变成 1 时 FF_3 的输入信号和时钟电平同时改变,导致了竞争-冒险现象的发生。

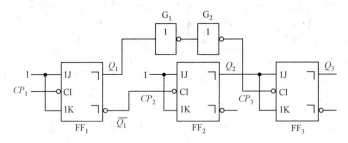

图 5-86　八进制异步计数器

　　如果 Q_1 从 0 变成 1 时 Q_2 的变化首先完成,CP_3 的上升沿随后才到,那么在 $CP_3=1$ 的全部时间里 J_3 和 K_3 的状态将始终不变,可以根据 CP_3 下降沿到达时 Q_2 的状态决定 FF_3 是否该翻转。状态转换表见表 5-25(a),此时电路是一个八进制计数器。

　　反之,如果 Q_1 从 0 变成 1 时 CP_3 的上升沿首先到达 FF_3,而 Q_2 的变化在后,则 $CP_3=1$ 的全部时间里 J_3 和 K_3 的状态可能发生变化,这就不能简单地凭 CP_3 下降沿到达时 Q_2 的状态来决定 Q_3 的次态了。例如,在 $Q_1Q_2Q_3$ 从 011 变为 101 时,Q_1 从 0 变成 1。由于 CP_3 首先从低电平变成了高电平而 Q_2 原来的 1 状态尚未改变,所以在很短的时间里出现了 J_3、K_3、CP_3 同时为高电平的状态。在下一个时钟脉冲到达后,产生 CP_3 的下降沿,虽然这时 Q_2 已经变为 0 状态,使 $J_3=K_3=0$,但由于 FF_3 的主触发器已经是 0 状态了,从触发器仍要翻转为 0 状态,使 $Q_1Q_2Q_3=000$。于是得到的状态转换表见表 5-25(b)。电路就不按八进制计数循环工作了。倘若在设计时无法确切知道 CP_3 和 Q_2 哪一个先改变状态,那么也就不能确定电路状态转换的规律。

　　为了确保 CP_3 的上升沿在 Q_2 的新状态稳定建立之后才到达 FF_3,可以在 Q_1 到 CP_3 的传输通道上增加延迟环节,G_1 和 G_2 就是作延迟环节用的。只要 G_1 和 G_2 的传输延迟时间足够长,一定能使 Q_2 的变化先于 CP_3 的变化,保证电路按八进制计数循环正常工作。

表 5-25   图 5-86 电路的状态转换表

(a)状态转换表

计数顺序	电路状态		
	Q_1	Q_2	Q_3
0	0	0	0
1	1	1	0
2	0	1	1
3	1	0	1
4	0	0	1
5	1	1	1
6	0	1	0
7	1	0	0
8	0	0	0

(b)状态转换表

计数顺序	电路状态		
	Q_1	Q_2	Q_3
0	0	0	0
1	1	1	0
2	0	1	1
3	1	0	1
4	0	0	0

在同步时序逻辑电路中,由于所有触发器都在同一时钟控制下动作,而这之前每个触发器的输入信号都已处于稳定状态,因而可以认为不存在竞争现象。因此,一般认为存储电路的竞争-冒险现象仅发生在异步时序电路中。

在有些规模较大的同步时序电路中,由于每个门的带负载能力有限,所以经常是先用一个时钟信号同时驱动几个门电路,然后再由这几个门电路分别去驱动若干个触发器。由于每个门的传输时间不同,严格地讲系统已不是真正的同步时序电路了,故仍有可能发生存储器电路的竞争-冒险现象。

例如图 5-87 所示的移位寄存器,由于触发器的数目较多,所以采用分段供给时钟信号的方式。触发器 $FF_1 \sim FF_{12}$ 的时钟信号 CP_1 由门 G_1 供给,$FF_{13} \sim FF_{24}$ 的时钟信号 CP_2 由门 G_2 供给。如果门 G_1 和 G_2 的传输时间不同,则 CP_1 和 CP_2 之间将产生时间差,发生时钟偏移现象。

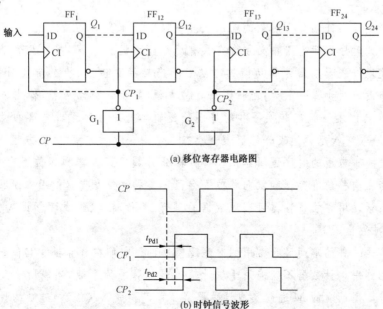

(a) 移位寄存器电路图

(b) 时钟信号波形

图 5-87 移位寄存器的时钟偏移现象

时钟信号偏移有可能造成移位寄存器的误动作。例如，门 G_1 的传输延迟时间 t_{pd1} 比门 G_2 的传输延迟时间 t_{pd2} 小得多，如图 5-87(b)所示，则当 CP 输入一个负跳变时 CP_1 的上升沿将先于 CP_2 的上升沿到达，使 FF_{12} 先于 FF_{13} 动作。如果两个门的传输延迟时间之差大于 FF_{12} 的传输延迟时间，那么 CP_2 的上升沿到 FF_{13} 时，FF_{12} 已经翻转为新状态了。这时 FF_{13} 接受的是 FF_{12} 的新状态，而把 FF_{12} 原来的状态丢失了，移位的结果是错误的。相反，如果 CP_2 的上升沿先于 CP_1 的上升沿到达，就不会发生错移位的现象。

5.7.2 防止移位寄存器错移位的方法

为了提高电路工作的可靠性，防止错移位现象的发生，应挑选延迟时间长的反相器作 G_1，延迟时间短的反相器作 G_2，但这种做法显然很不方便。实际上可以利用增加 FF_{12} 的 Q_{12} 端到 FF_{13} 的 Q_{13} 端之间的传输延迟时间来解决。具体的做法是在 FF_{12} 的 $\overline{Q_{12}}$ 端到 FF_{13} 的 Q_{13} 端之间串入一级反相器来实现，如图 5-88(a)所示；也可以在 FF_{12} 的 Q_{12} 端与地之间接入一个很小的电容，产生一滞后的相位，如图 5-88(b)所示。

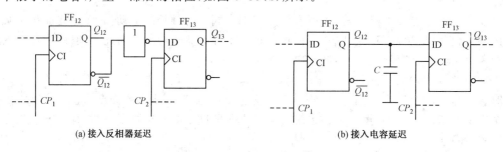

(a) 接入反相器延迟　　　　　　　　　　　　　(b) 接入电容延迟

图 5-88　防止移位寄存器错位的方法

时序逻辑电路在任何一个时刻的输出状态不仅取决于当时的输入信号，还与电路的原状态有关。因此时序逻辑电路中必须含有具有记忆能力的存储器件，触发器是最常用的存储器件。描述时序逻辑电路逻辑功能的方法有状态转换真值表、状态转换图和时序图等。时序逻辑电路的分析步骤一般为：逻辑图→时钟方程（异步）、驱动方程、输出方程→状态方程→状态转换真值表→状态转换图和时序图→逻辑功能。时序逻辑电路的设计步骤一般为：设计要求→最简状态转换表→编码表→次态卡诺图→驱动方程、输出方程→逻辑图。

寄存器是一种常用的时序逻辑器件。寄存器分为数码寄存器和移位寄存器两种，移位寄存器又分为单向移位寄存器和双向移位寄存器。集成移位寄存器使用方便、功能全、输入和输出方式灵活。用移位寄存器可实现数据的串行-并行转换、组成环形计数器、扭环形计数器、顺序脉冲发生器等。

计数器也是一种简单而又最常用的时序逻辑器件。它们在计算机和其他数字系统中起着非常重要的作用。计数器不仅能用于统计输入时钟脉冲的个数，还能用于分频、定时、产生节拍脉冲等。用已有的 M 进制集成计数器产品可以构成 N（任意）进制的计数器。采用的方法有异步清零法、同步清零法、异步置数法和同步置数法，根据集成计数器的清零方式和置数方式来选择。当 $N<M$ 时,用 1 片 M 进制计数器即可;当 $N>M$ 时,要用多片 M 进制计数器组合起来,才能构成 N 进制计数器。当需要扩大计数器的容量时,可将多片集成计数器进行级联。

时序逻辑电路通常都包含组合逻辑电路和存储电路两个部分,所以它的竞争-冒险现象也包含两个方面。一方面是其中的组合逻辑电路部分可能发生的竞争-冒险现象;另一方面是存储电路(或者说是触发器)工作过程中发生的竞争-冒险现象。存储电路的竞争-冒险现象实质上是由于输入信号和时钟信号时间配合不当,从而导致触发器误动作,这种现象一般发生在异步时序逻辑电路中。

5-1 分析图 5-89 所示时序电路的逻辑功能。写出电路的驱动方程、状态方程和输出方程,画出电路的状态转换图,说明电路能否自启动。

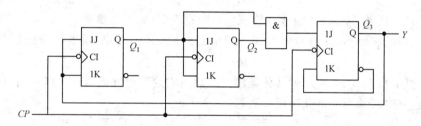

图 5-89 题 5-1 图

5-2 试分析图 5-90 所示时序逻辑电路。列出状态转换表,画出状态转换图和波形图。

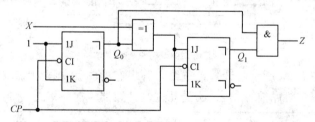

图 5-90 题 5-2 图

5-3 试分析图 5-91 所示时序逻辑电路。列出状态转换表,画出状态转换图和波形图。

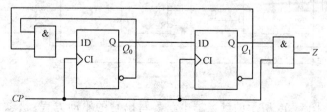

图 5-91 题 5-3 图

5-4 某计数器的输出波形如图 5-92 所示,试确定该计数器的模。

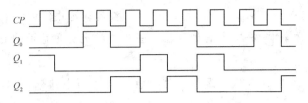

图 5-92　题 5-4 图

5-5　分析图 5-93 给出的时序电路,画出电路的状态转换图,检查电路能否自启动,说明电路实现的功能。A 为输入变量。

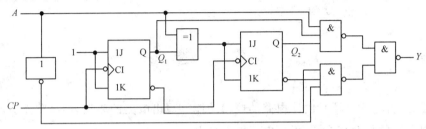

图 5-93　题 5-5 图

5-6　试用两片 74LS194 组成八位双向移位寄存器,画出逻辑图。

5-7　试用上升沿触发的 D 触发器及门电路组成 3 位二进制同步加法计数器,画出逻辑图。

5-8　试分析图 5-94 所示的计数器电路。写出它的驱动方程、状态方程,列出状态转换表,画出状态转换图,说明是几进制计数器。

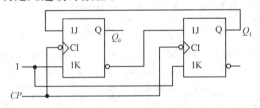

图 5-94　题 5-8 图

5-9　试分析图 5-95 所示的计数器电路。写出它的驱动方程、状态方程,列出状态转换表,画出状态转换图和时序波形图,说明是几进制计数器。

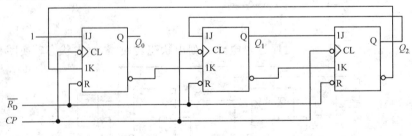

图 5-95　题 5-9 图

5-10　试分析图 5-96 所示的计数器电路。写出它的驱动方程、状态方程,列出状态转换表,画出状态转换图和时序波形图,说明是几进制计数器。

5-11　试分析图 5-97 所示的电路,画出它的状态转换图,说明它是几进制计数器。

5-12　试分析图 5-98 所示的电路,画出它的状态转换图,说明它是几进制计数器。

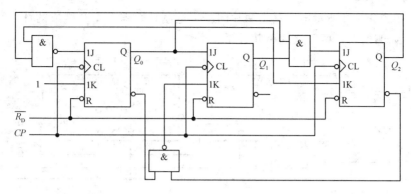

图 5-96　题 5-10 图

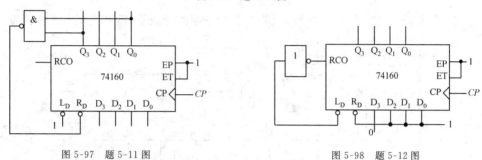

图 5-97　题 5-11 图　　　　　　　　图 5-98　题 5-12 图

5-13　试分析图 5-99 所示的电路。画出它的状态转换图,说明它是几进制计数器。

5-14　试分析图 5-100 所示的计数器在 $M=1$ 和 $M=0$ 时各为几进制计数器。

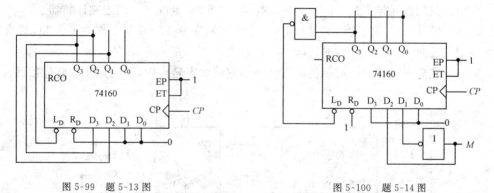

图 5-99　题 5-13 图　　　　　　　　图 5-100　题 5-14 图

5-15　分析图 5-101 给出的计数器电路。画出电路的状态转换图,说明是几进制计数器。

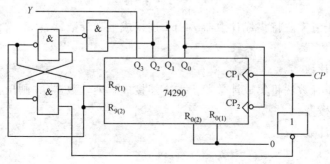

图 5-101　题 5-15 图

5-16 如图 5-102 所示电路是由两片同步十进制计数器 74160 组成的计数器,试分析这是多少进制的计数器,两片之间是几进制。

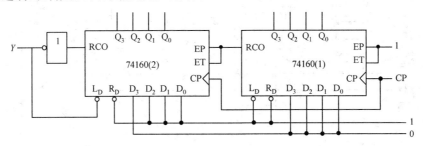

图 5-102 题 5-16 图

5-17 分析图 5-103 给出的电路,说明是多少进制的计数器,两片之间是多少进制。

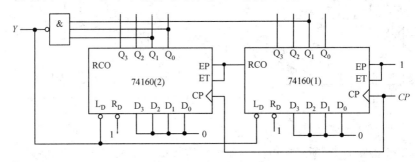

图 5-103 题 5-17 图

5-18 试用两片异步二-五-十进制计数器 74LS290 组成二十四进制计数器。

5-19 设计一个可控进制的计数器,当输入控制变量 $M=0$ 时工作在五进制,$M=1$ 时工作在十五进制。请标出计数输入端和进位输出端。

5-20 试分析图 5-104 所示的电路。画出它的状态转换图,说明是几进制计数器。

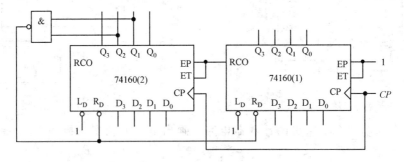

图 5-104 题 5-20 图

5-21 用异步清零法将集成计数器 74161 连接成下列计数器:

(1)十进制计数器;

(2)二十进制计数器。

5-22 用同步置数法将集成计数器 74161 连接成下列计数器,并画出状态转换图:

(1)九进制计数器;

(2)十二进制计数器。

5-23　试分别用以下方法设计一个七进制计数器：

(1)利用 74290 的异步清零功能；

(2)利用 74163 的同步清零功能；

(3)利用 74161 的同步置数功能。

5-24　试分别用以下方法设计一个八二进制计数器：

(1)利用 74290 的异步清零功能；

(2)利用 74160 的异步清零功能；

(3)利用 74160 的同步置数功能。

5-25　试用 JK 触发器和门电路设计一个同步七进制加法计数器，并检查能否自启动。

5-26　试用 JK 触发器和门电路设计一个同步十二进制计数器，并检查能否自启动。

5-27　试用上升沿触发的 D 触发器和与非门设计一个自然态序四进制同步计数器。

5-28　试用 D 触发器和门电路设计一个同步十进制计数器，并检查能否自启动。

5-29　试用 JK 触发器设计一个脉冲序列为 11010 的时序逻辑电路。

5-30　试用 D 触发器构成下列环形计数器：

(1)3 位环形计数器；

(2)5 位环形计数器；

(3)5 位扭环形计数器。

第 6 章

DILIUZHANG

脉冲波形的产生与整形

学习目标

　　本章重点介绍 555 定时器的基本功能以及由 555 定时器构成的施密特触发器、多谐振荡器、单稳态触发器的工作原理和典型参数的计算。简单介绍由门电路组成的施密特触发器、多谐振荡器、单稳态触发器的工作原理和相关参数的分析计算方法。

能力目标

　　熟悉施密特触发器、多谐振荡器、单稳态触发器的基本工作原理；掌握波形分析的方法，能够熟练地计算对应波形的脉冲周期、占空比以及脉冲宽度等典型参数；能够根据设计要求设计各种应用电路。

　　在数字电路或系统中，常常需要各种脉冲波形，例如，时钟脉冲、控制过程的定时信号等。这些脉冲波形的获取，通常采用两种方法：一种是利用脉冲信号产生器直接产生；另一种则是通过对已有信号进行变换，使之满足系统的要求。

　　本章以中规模集成电路 555 定时器为典型电路，主要讨论 555 定时器、施密特触发器、多谐振荡器、单稳态触发器的典型应用。

6.1　555 定时器

　　555 定时器是一种多用途的单片中规模集成电路。该电路使用灵活、方便，只需外接少量的阻容元件就可以构成施密特触发器、多谐振荡器和单稳态触发器。因而在波形的产生与变换、测量与控制、家用电器和电子玩具等许多领域中都得到了广泛的应用。

　　目前生产的定时器有双极型和 CMOS 两种类型，其型号分别有 NE555（或 5G555）和 C7555 等。通常，双极型产品型号最后的三位数码都是 555，CMOS 产品型号的最后四位数码都是 7555，它们的结构、工作原理以及外部引脚排列基本相同。

　　一般双极型定时器具有较大的驱动能力,而 CMOS 定时电路具有低功耗、输入阻抗高等优点。555 定时器工作的电源电压很宽,并可承受较大的负载电流。双极型定时器电源电压范围为 5～16 V,最大负载电流可达 200 mA;CMOS 定时器电源电压变化范围为 3～18 V,最大负载电流在 4 mA 以下。

6.1.1　555 定时器的电路结构

　　图 6-1(a)所示是国产双极型定时器 CB555 的电路结构图。它由两个电压比较器 C_1 和 C_2、基本 RS 触发器、三个阻值为 5 kΩ 的电阻组成的分压器、放电三极管 T 及缓冲器 G 组成。图 6-1(b)、图 6-1(c)分别为 555 定时器的电路符号和引脚排列。

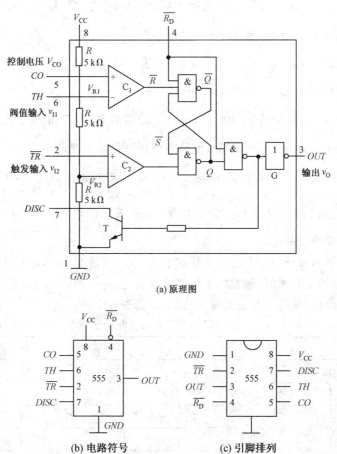

(a) 原理图

(b) 电路符号　　　　　(c) 引脚排列

图 6-1　555 定时器

6.1.2　555 定时器的工作原理

　　在图 6-1(a)中,v_{I1} 是比较器 C_1 的输入端(也称阈值端,用 TH 标注),v_{I2} 是比较器 C_2 的输入端(也称触发端,用 $\overline{TR}$ 标注),C_1 和 C_2 的参考电压(电压比较的基准电压)V_{R1} 和 V_{R2} 由 V_{CC} 经三个 5 kΩ 的电阻分压给出。在控制电压输入端 V_{CO} 悬空时,$V_{R1} = \dfrac{2}{3}V_{CC}$,$V_{R2} =$

$\frac{1}{3}V_{CC}$。如果 V_{CO} 外接固定电压,则 $V_{R1}=V_{CO}$,$V_{R2}=\frac{1}{2}V_{CO}$。

$\overline{R_D}$ 端是置零输入端。只要在 $\overline{R_D}$ 端加上低电平,输出端 v_O 便立即被置成低电平,不受其他输入端状态的影响。正常工作时必须使 $\overline{R_D}$ 处于高电平。下面来分析当 V_{CO} 悬空时,555定时器的工作原理。

在控制电压输入端 V_{CO} 悬空时,比较器 C_1 和 C_2 的比较电压分别为 $V_{R1}=\frac{2}{3}V_{CC}$,$V_{R2}=\frac{1}{3}V_{CC}$。

(1)当 $v_{I1}>\frac{2}{3}V_{CC}$,$v_{I2}>\frac{1}{3}V_{CC}$ 时,比较器 C_1 输出低电平,C_2 输出高电平,基本 RS 触发器被置0,放电三极管 T 导通,输出端 v_O 为低电平。

(2)当 $v_{I1}<\frac{2}{3}V_{CC}$,$v_{I2}<\frac{1}{3}V_{CC}$ 时,比较器 C_1 输出高电平,C_2 输出低电平,基本 RS 触发器被置1,放电三极管 T 截止,输出端 v_O 为高电平。

(3)当 $v_{I1}<\frac{2}{3}V_{CC}$,$v_{I2}>\frac{1}{3}V_{CC}$ 时,比较器 C_1 输出高电平,C_2 也输出高电平,即基本 RS 触发器的 $\overline{R}=1$,$\overline{S}=1$,触发器状态不变,电路亦保持原状态不变。

由于阈值输入端(v_{I1})为高电平($v_{I1}>\frac{2}{3}V_{CC}$)时,定时器输出低电平,因此也将该端称为高触发端(TH)。而触发输入端(v_{I2})为低电平($v_{I2}<\frac{1}{3}V_{CC}$)时,定时器输出高电平,因此也将该端称为低触发端(TL)。

如果在电压控制端(5脚)施加一个外加电压 V_{CO}(其值在 $0\sim V_{CC}$),比较器的参考电压将发生变化,电路相应的阈值、触发电平也将随之变化,并进而影响电路的工作状态。

通过前面的分析,可得555定时器的功能表,见表6-1。

表 6-1　　　　　　　　　　　　　　555 定时器的功能表

输　　入			输　　出	
$\overline{R_D}$	v_{I1}	v_{I2}	v_O	T 的状态
0	×	×	0	导通
0	$>\frac{2}{3}V_{CC}$	$>\frac{1}{3}V_{CC}$	0	导通
1	$<\frac{2}{3}V_{CC}$	$>\frac{1}{3}V_{CC}$	不变	不变
1	$<\frac{2}{3}V_{CC}$	$<\frac{1}{3}V_{CC}$	1	截止
1	$>\frac{2}{3}V_{CC}$	$<\frac{1}{3}V_{CC}$	1	截止

6.2　施密特触发器

施密特触发器是脉冲波形变换中经常使用的一种电路,是一种双稳态触发电路,输出有两个稳定的状态。但与一般触发器不同的是:施密特触发器属于电平触发,有以下两个特点:

(1)输入信号从低电平上升的过程中电路状态转换时对应的输入电平,与输入信号从高电平下降的过程中对应的输入转换电平不同,即具有回差电压特性。其逻辑符号和电压传输特性(又称回差特性)如图 6-2 所示。施密特触发器有同相输出和反相输出两种类型。同相输出的施密特触发器是当输入信号正向增加到 V_{T+} 时,输出由低电平(0 态)翻转到高电平(1 态),而当输入信号反向减小到 V_{T-} 时,输出由高电平(1 态)翻转到低电平(0 态);反相输出只是输出状态转换时与上述相反。

(2)在电路状态转换时,通过电路内部的正反馈使输出电压波形的边沿变得很陡。

利用这两个特点,不仅能将边沿变化缓慢的电压波形整形为边沿陡峭的矩形脉冲,而且可以将叠加在矩形脉冲高、低电平上的噪声有效地清除。

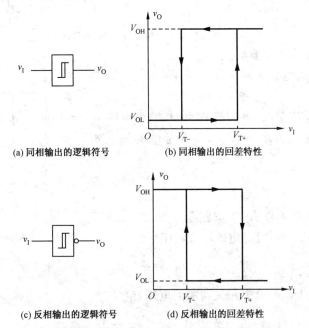

(a) 同相输出的逻辑符号　　　(b) 同相输出的回差特性

(c) 反相输出的逻辑符号　　　(d) 反相输出的回差特性

图 6-2　施密特触发器的逻辑符号和回差特性

施密特触发器具有很强的抗干扰性,广泛用于波形的变换与整形。门电路、555 定时器、运算放大器等均可构成施密特触发器,此外还有集成化的施密特触发器。

6.2.1　用 555 定时器构成的施密特触发器

1. 电路组成及工作原理

如图 6-3(a)所示为用 555 定时器构成的施密特触发器。其工作原理如下:

(1)$v_I = 0$ V 时,v_{O1} 输出高电平。

(2)当 v_I 上升到 $\frac{2}{3}v_{CC}$ 时,v_{O1} 输出低电平。当 v_I 由 $\frac{2}{3}V_{CC}$ 继续上升,v_{O1} 保持不变。

(3)当 v_I 下降到 $\frac{1}{3}V_{CC}$ 时,输出 v_{O1} 由低电平跳变为高电平。而且在 v_I 继续下降到 0 V 时,电路的这种状态不变。

图 6-3(a)中,R、V_{CC2} 构成另一输出端 v_{O2},其高电平可以通过改变 V_{CC2} 进行调节。图 6-3(b)所示为输入 v_I 与输出 v_{O1} 的波形图。

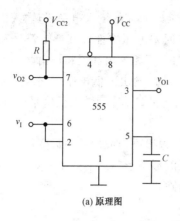
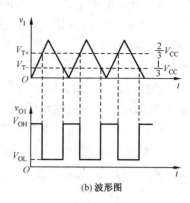

(a) 原理图 (b) 波形图

图 6-3 555 定时器构成的施密特触发器

2. 电压滞回特性和主要参数

施密特触发器的电压滞回特性如图 6-4 所示。其主要静态参数有：

（1）上限阈值电压 V_{T+}：v_I 上升过程中，输出电压 v_O 由高电平 V_{OH} 跳变到低电平 V_{OL} 时，所对应的输入电压值。

$$V_{T+} = \frac{2}{3}V_{CC}$$

（2）下限阈值电压 V_{T-}：v_I 下降过程中，v_O 由低电平 V_{OL} 跳变到高电平 V_{OH} 时，所对应的输入电压值。

$$V_{T-} = \frac{1}{3}V_{CC}$$

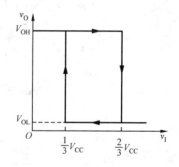

图 6-4 施密特触发器的电压滞回特性

（3）回差电压 ΔV_T：回差电压又叫滞回电压，定义为

$$\Delta V_T = V_{T+} - V_{T-} = \frac{1}{3}V_{CC}$$

如果在电压控制端（5 脚）施加一个外加电压 $V_{CO} = V_S$，则有 $V_{T+} = V_S$，$V_{T-} = V_S/2$，$\Delta V_T = V_{T+} - V_{T-} = \frac{1}{2}V_S$。而且当改变 V_S 时，它们的值也随之改变。

6.2.2 用 CMOS 门电路构成的施密特触发器

1. 电路组成及工作原理

如图 6-5 所示是由两个 CMOS 反相器及两个电阻 R_1 和 R_2 构成的施密特触发器，其中 $R_1 < R_2$。其工作原理为：

（1）当 $v_I = 0$ 时，门 G_1 截止，输出高电平，门 G_2 导通，输出低电平，此低电平通过电阻 R_2 反馈到输入端，

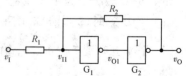

图 6-5 CMOS 门电路构成的施密特触发器

使门 G_1 输入端 v_{I1} 保持低电平，此时施密特触发器保持输出信号 v_O 为低电平的稳态，电路进入第 I 稳态。

v_I 逐渐上升，v_{I1} 也随着上升，但只要其小于 CMOS 门电路的开启电压 V_{TH}，电路就保持

在第 I 稳态。在 v_I 上升的过程中,电路中引起如下正反馈连锁反应。

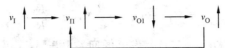

(2)在此连锁反应的作用下,当 v_I 上升到使 v_{I1} 等于 V_{TH} 时,门电路的状态发生翻转,使门 G_1 导通,输出低电平,G_2 截止,输出高电平,电路进入第 II 稳态。以后,即使 v_I 继续上升,只要满足 v_{I1} 大于 CMOS 门电路的开启电压 V_{TH},电路就保持在第 II 稳态。

(3)若 v_I 由 V_{DD} 下降,v_{I1} 也下降,这时在电路中再次引起如下正反馈连锁反应。

在此连锁反应的作用下,当 v_{I1} 降至 V_{TH} 时,电路重新进入门 G_1 截止、门 G_2 导通的状态,电路输出为低电平,再次翻转到第 I 稳态。若电路已处于第 I 稳态,则 v_I 继续下降,施密特触发器仍维持第 I 稳态不变。

2. 回差特性

通过以上的工作原理分析可以看到 CMOS 门电路构成的施密特触发器有一个重要的现象,即在输入电压上升过程中,电路由第 I 稳态翻转到第 II 稳态所要求的输入电压 $v_I = V_{T+}$ 与输入电压下降过程中电路由第 II 稳态回到第 I 稳态所要求的输入电压 $v_I = V_{T-}$ 是不相同的。其电压滞回特性如图 6-6 所示。

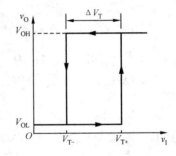

图 6-6 CMOS 门电路构成的施密特触发器的电压滞回特性

计算其主要静态参数:

(1)V_{T+} 的计算

在 v_I 上升过程中,CMOS 门输出低电平 $v_O \approx 0$ V。通过下面的关系式,可求得使施密特触发器翻转的输入电压 v_I,也就可求得 V_{T+}。

$$v_{I1} = \frac{v_I - v_O}{R_1 + R_2} \times R_2 + v_O = \frac{v_I}{R_1 + R_2} \times R_2 = V_{TH}$$

V_{T+} 就是符合上式要求的 v_I 值,即

$$V_{T+} = v_I = \left(1 + \frac{R_1}{R_2}\right) V_{TH}$$

(2)V_{T-} 的计算

在 v_I 下降过程中,CMOS 门输出高电平 $v_O = V_{DD}$。通过下面的关系式,可求得使施密特触发器翻转的输入电压 v_I,也就可求得 V_{T-}。

$$v_{I1} = \frac{v_I - v_O}{R_1 + R_2} \times R_2 + v_O = \frac{v_I - V_{DD}}{R_1 + R_2} \times R_2 + V_{DD} = V_{TH}$$

V_{T-} 就是符合上式要求的 v_I 值,即

$$V_{T-} = v_I = \left(1 + \frac{R_1}{R_2}\right) V_{TH} - \frac{R_1}{R_2} V_{DD}$$

由于 CMOS 门电路的开启电压 $V_{TH} = \frac{1}{2} V_{DD}$,因此 $V_{T-} = \left(1 - \frac{R_1}{R_2}\right) V_{TH}$

(3)ΔV_T 的计算

$$\Delta V_T = V_{T+} - V_{T-} = \frac{R_1}{R_2}V_{DD} = 2\frac{R_1}{R_2}V_{TH}$$

根据上面的分析可以看出,施密特触发器的回差电压 ΔV_T 可以通过改变 R_1 和 R_2 的阻值来调节。这个电路有一个约束条件,就是 $R_1 < R_2$。如果 $R_1 > R_2$,那么就有 $V_{T+} > 2V_{TH} = V_{DD}$ 和 $V_{T-} < 0$。这说明,即使 v_I 上升到 V_{DD} 或下降到 0,电路的状态也不会发生变化,我们把这种无法工作的状态叫作"自锁状态"。

【例 6-1】 在图 6-5 所示电路中,如果要求 $V_{T+} = 8$ V 和 $\Delta V_T = 5$ V,试求 R_1、R_2、V_{DD}。

解: 经过分析可知:

$$\begin{cases} V_{T+} = (1+\frac{R_1}{R_2})V_{TH} = 8 \\ \Delta V_T = 2\frac{R_1}{R_2}V_{TH} = 5 \end{cases}$$

通过计算可以求出 $\frac{R_1}{R_2} = \frac{5}{11}$,$V_{TH} = 5.5$ V。

为了保证 G_2 输出高电平时负载电流不超过最大允许值 $I_{OH(max)}$,应有 $\frac{V_{OH} - V_{TH}}{R_2} < I_{OH(max)}$,如果本例中取 G_1、G_2 为 CD4069 六反相器,其主要参数 $V_{DD} = 10$ V,$I_{OH(max)} = 1.3$ mA,$V_{OH} \approx V_{DD}$,则:

$$R_2 > \frac{10\text{ V} - 5\text{ V}}{1.3\text{ mA}} = 3.85\text{ k}\Omega$$

取 $R_2 = 22$ kΩ,则 $R_1 = 10$ kΩ。

6.2.3 集成施密特触发器

施密特触发器可以由 555 定时器构成,也可以用分立元件和集成门电路组成。市场上有专门的集成电路产品出售,称之为施密特触发门电路。由于集成施密特触发器具有性能一致性好、触发阈值稳定、使用方便等优点,因此其应用十分广泛。

1. CMOS 集成施密特触发器

图 6-7(a)是 CMOS 集成施密特触发器 CC40106(六反相器)的外引线功能图,其主要静态参数见表 6-2。

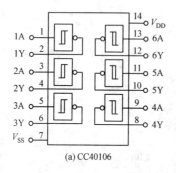

(a) CC40106

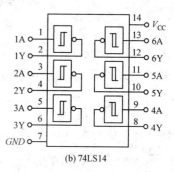

(b) 74LS14

图 6-7 集成施密特触发器的外引线功能图

表 6-2 集成施密特触发器 CC40106 的主要静态参数 (V)

电源电压 V_{DD}	V_{T+} 最小值	V_{T+} 最大值	V_{T-} 最小值	V_{T-} 最大值	ΔV_T 最小值	ΔV_T 最大值
5	2.2	3.6	0.9	2.8	0.3	1.6
10	4.6	7.1	2.5	5.2	1.2	3.4
15	6.8	10.8	4	7.4	1.6	5

2. TTL 集成施密特触发器

TTL 集成施密特触发器具有以下特点：

(1) 输入信号边沿的变化即使非常缓慢，电路也能正常工作。

(2) 对阈值电压和滞回电压均有温度补偿。

(3) 带负载能力和抗干扰能力都很强。

图 6-7(b) 所示是 TTL 集成施密特触发器 74LS14 外引线功能图，其几个主要参数的典型值见表 6-3。

表 6-3 TTL 集成施密特触发器 74LS14 几个主要参数的典型值

器件型号	延迟时间(ns)	每门功耗(mW)	V_{T+}(V)	V_{T-}(V)	ΔV_T(V)
74LS14	15	8.6	1.6	0.8	0.8
74LS132	15	8.8	1.6	0.8	0.8
74LS13	16.5	8.75	1.6	0.8	0.8

集成施密特触发器不仅可以做成单输入端反相缓冲器形式，还可以做成多输入端与非门形式，如 CMOS 四二输入与非门 CC4093，TTL 四二输入与非门 74LS132 和双四输入与非门 74LS13 等。

6.2.4 施密特触发器应用示例

1. 用作接口电路

利用施密特触发器状态转换过程中的正反馈作用，可以将边沿缓慢变化的输入信号，转换成为符合 TTL 系统要求的边沿很陡的矩形脉冲波形。如图 6-8 所示。

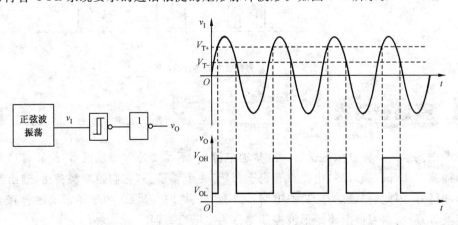

图 6-8 慢输入波形的 TTL 系统接口

2. 用作整形电路

在数字电路中，矩形脉冲经传输后往往会发生波形畸变，如图 6-9 所示。只要施密特触发器的 V_{T+} 和 V_{T-} 设置得合适，都可以把不规则的输入信号整形成为矩形脉冲。

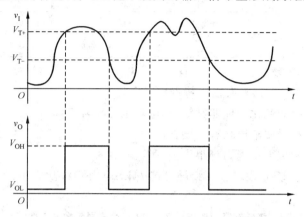

图 6-9 脉冲整形电路的输入输出波形

3. 用作脉冲鉴幅

图 6-10 为用施密特触发器鉴别脉冲幅度，可以看出，若将一系列幅度不同的脉冲信号加到施密特触发器的输入端，只有那些幅值大于 V_{T+} 的脉冲才会在输出端产生输出信号。因此，施密特触发器具有脉冲鉴幅的功能。

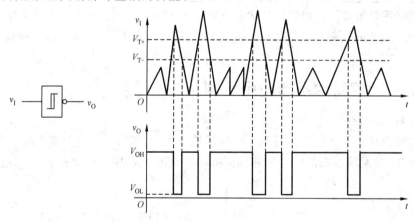

图 6-10 用施密特触发器鉴别脉冲幅度

6.3　多谐振荡器

多谐振荡器是一种自激振荡器。在接通电源后，不需要外加触发信号，便能自动地产生矩形脉冲波。一旦起振之后，电路没有稳态，只有两个暂稳态，它们做交替变化，输出连续的矩形脉冲信号，因此它又称为无稳态电路，常用来做脉冲信号源。由于矩形波中含有丰富的高次谐波分量，所以习惯上将矩形波振荡器称为多谐振荡器。

6.3.1 用 555 定时器构成的多谐振荡器

1. 电路组成及工作原理

用 555 定时器构成的多谐振荡器如图 6-11(a)所示。其工作原理为：

(1)设接通电源之前电容无储能，即电容的初始电压 $v_C = 0$，输出 v_O 为高电平。接通电源 V_{CC} 后，V_{CC} 经电阻 R_1 和 R_2 对电容 C 充电，其电压 v_C 由 0 按指数规律上升，当 $v_C \geqslant \frac{2}{3}V_{CC}$ 时，输出 v_O 从高电平跃变为低电平。与此同时，555 定时器内部的放电管 T 导通，电容 C 经电阻 R_1、R_2 和放电管 T 放电，电路进入暂稳态。

(2)随着电容 C 的放电，电压 v_C 随之下降，当 v_C 下降到使 $v_C \leqslant \frac{1}{3}V_{CC}$ 时，输出 v_O 从低电平跃变为高电平。与此同时，555 定时器内部的放电管 T 截止，V_{CC} 又经电阻 R_1 和 R_2 对电容 C 充电，电路又返回到前一个暂稳态。

(3)这样，电容 C 的电压 v_C 将在 $\frac{2}{3}V_{CC}$ 和 $\frac{1}{3}V_{CC}$ 之间来回充电和放电，从而使电路产生了振荡，输出矩形脉冲。电容电压 v_C 与输出电压 v_O 的波形如图 6-11(b)所示。

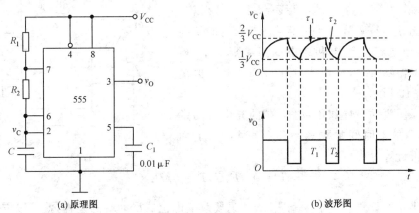

(a) 原理图   (b) 波形图

图 6-11 用 555 定时器构成的多谐振荡器

2. 振荡频率的估算

(1)电容充电时间 T_1

电容充电时，时间常数 $\tau_1 = (R_1 + R_2)C$，起始值 $v_C(0_+) = \frac{1}{3}V_{CC}$，终值 $v_C(\infty) = V_{CC}$，转换值 $v_C(T_1) = \frac{2}{3}V_{CC}$，代入 RC 过渡过程计算公式

$$v_C(t) = v_C(\infty) + [v_C(0_+) - v_C(\infty)]e^{-t/\tau}$$

得：

$$T_1 = \tau_1 \ln \frac{v_C(\infty) - v_C(0_+)}{v_C(\infty) - v_C(T_1)} = \tau_1 \ln \frac{V_{CC} - \frac{1}{3}V_{CC}}{V_{CC} - \frac{2}{3}V_{CC}} = \tau_1 \ln 2 = 0.7(R_1 + R_2)C$$

(2)电容放电时间 T_2

电容放电时，时间常数 $\tau_2 = R_2 C$，起始值 $v_C(0_+) = \frac{2}{3}V_{CC}$，终值 $v_C(\infty) = 0$，转换值

$v_C(T_2) = \dfrac{1}{3} V_{CC}$，代入 RC 过渡过程计算公式得：

$$T_2 = 0.7 R_2 C$$

（3）电路振荡周期 T

$$T = T_1 + T_2 = 0.7(R_1 + 2R_2)C$$

（4）电路振荡频率 f

$$f = \frac{1}{T} = \frac{1}{0.7(R_1 + 2R_2)C} = \frac{1.43}{(R_1 + 2R_2)C}$$

（5）输出波形占空比 q

脉冲宽度与脉冲周期之比称为输出波形占空比，即 $q = \dfrac{T_1}{T}$

$$q = \frac{T_1}{T} = \frac{R_1 + R_2}{R_1 + 2R_2}$$

3. 占空比可调的多谐振荡器电路

在图 6-11(a) 所示电路中，由于电容 C 的充电时间常数 $\tau_1 = (R_1 + R_2)C$，放电时间常数 $\tau_2 = R_2 C$，所以 T_1 总是大于 T_2，v_O 的波形不仅不可能对称，而且占空比 q 不易调节。利用半导体二极管的单向导电特性，把电容 C 充电和放电回路隔离开来，再加上一个电位器，便可构成占空比可调的多谐振荡器，如图 6-12 所示。

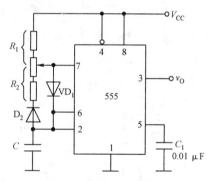

图 6-12　占空比可调的多谐振荡器

由于二极管的引导作用，电容 C 的充电时间常数 $\tau_1 = R_1 C$，放电时间常数 $\tau_2 = R_2 C$。通过与上面相同的分析计算过程可得

$$T_1 = 0.7 R_1 C, \quad T_2 = 0.7 R_2 C$$

占空比 $q = \dfrac{T_1}{T} = \dfrac{T_1}{T_1 + T_2} = \dfrac{R_1}{R_1 + R_2}$。只要改变电位器滑动端的位置，就可以方便地调节占空比 q，当 $R_1 = R_2$ 时，$q = 0.5$，v_O 就成为对称的矩形波。

【例 6-2】 用 CB555 设计一个多谐振荡器，要求振荡周期为 $0.1\ \text{s}$，输出脉冲幅度大于 $3\ \text{V}$、小于 $5\ \text{V}$，脉冲的占空比为 $\dfrac{3}{4}$。

解： 由 CB555 定时器的特性参数可知，当电源电压为 $5\ \text{V}$ 时，在 $100\ \text{mA}$ 的输出电流作用下，输出电压的典型值为 $3.3\ \text{V}$，所以取 $V_{CC} = 5\ \text{V}$，可以满足输出脉冲幅度的要求。在图 6-11(a) 中，根据 $q = \dfrac{T_1}{T} = \dfrac{T_1}{T_1 + T_2} = \dfrac{R_1 + R_2}{R_1 + 2R_2} = \dfrac{3}{4}$，则 $\dfrac{R_1}{R_2} = 2$。

根据周期计算公式可知：$T = T_1 + T_2 = (R_1 + 2R_2)C\ln2 = 0.1$，取 $C = 10\ \mu\text{F}$ 代入可得：

$$R_1 = \frac{0.1}{2C\ln2} = \frac{0.1}{2 \times 10^{-5} \times 0.69} \approx 7.2\ \text{k}\Omega, \quad R_2 = 3.6\ \text{k}\Omega$$

按照图 6-11(a) 连接线路即可实现题目的要求。

6.3.2 用门电路构成的多谐振荡器电路

图 6-13 所示是用 TTL 门电路构成的对称式
多谐振荡器电路。这个电路中的 G_1、G_2 工作在
电压传输特性的线性区。如果 G_1、G_2 输入有微
小变化,那么正反馈电路必将引起自激振荡。通
过分析可知,v_{I1} 和 v_{O1} 是线性的关系。反馈电阻
R_{F1} 和 R_{F2} 用来设置介于高低电平之间的偏置电
压。门电路多谐振荡器的电容充放电等效电路如
图 6-14 所示。

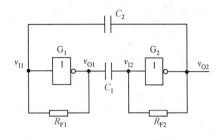

图 6-13 门电路构成的多谐振荡器

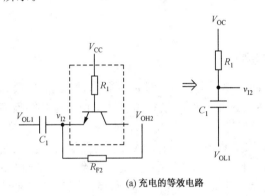

(a) 充电的等效电路   (b) 放电的等效电路

图 6-14 多谐振荡器电容充、放电等效电路

假设由于某种原因在上电后,v_{I1} 在扰动的作用
下正向增大,会有 v_{O1} 跳变到低电平,v_{O2} 增大到高电
平,电路进入第一个暂态。此时,C_1 开始充电,C_2 开
始放电。C_1 同时经过 R_1 和 R_{F2} 充电,v_{I2} 增大到了
G_2 的阈值 V_{TH},使得 v_{O2} 跳变成低电平,v_{I1} 减小,v_{O1}
跳变成高电平,电路进入第二个暂态。此时 C_2 开始
充电,C_1 开始放电。这个过程和第一个暂态下电容
的充放电过程对应。当 v_{I1} 增加到了阈值 V_{TH} 时,电
路又将进入第一个暂态。这样,电路在两个暂态中
往复振荡输出脉冲波形,图 6-15 是门电路多谐振荡
器各点的波形。

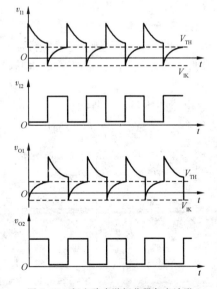

图 6-15 门电路多谐振荡器各点波形

由于 TTL 门电路输入端反向钳位二极管的影
响,v_{I2} 在反向放电时只能到 V_{IK}。C_1 充电的初始值
$v_{I2}(0)=V_{IK}$。假设 TTL 反相器中输入三极管基极接
入电阻为 R_1,$V_{OL}\approx0$,有 $u_{C1}=v_{I2}$。那么 $u_{C1}(0)=V_{IK}$,

由叠加定理得 $u_{C1}(\infty)=V_{OC}=V_{OH}+\dfrac{R_{F2}}{R_1+R_{F2}}(V_{CC}-V_{OH}-V_{BE})$,此时的等效电阻为 $R_O=$

$\dfrac{R_1 R_{F2}}{R_1+R_{F2}}$,得到 $T_1=R_O C_1 \ln\dfrac{V_{OC}-V_{IK}}{V_{OC}-V_{TH}}$,如果 $R_{F1}=R_{F2}=R$,$C_1=C_2=C$,那么 $T=2T_1=$

$$2R_O C_1 \ln \frac{V_{OC}-V_{IK}}{V_{OC}-V_{TH}}。$$

【例 6-3】　在图 6-13 所示的多谐振荡器电路中,如果 $R_{F1}=R_{F2}=10\ \text{k}\Omega$,$C_1=C_2=0.1\ \mu\text{F}$,$G_1$、$G_2$ 为 74LS04 中的反相器,其中 $V_{OH}=3.4\ \text{V}$,$V_{IK}=-1\ \text{V}$,$V_{TH}=1.1\ \text{V}$,$R_1=20\ \text{k}\Omega$,$V_{CC}=5\ \text{V}$,计算其振荡频率。

解:

$$R_O=\frac{R_1 R_{F2}}{R_1+R_{F2}}=6.67\ \text{k}\Omega$$

$$V_{OC}=V_{OH}+\frac{R_{F2}}{R_1+R_{F2}}(V_{CC}-V_{OH}-V_{BE})=3.7\ \text{V}$$

将参数代入 $T=2R_O C_1 \ln \dfrac{V_{OC}-V_{IK}}{V_{OC}-V_{TH}}$,得 $T=7.9\times10^{-4}\ \text{s}$

振荡频率　$f=\dfrac{1}{T}=1.27\ \text{kHz}$

6.3.3　石英晶体多谐振荡器

在许多数字系统中,都要求时钟脉冲频率十分稳定,例如在数字钟表里,计数脉冲频率的稳定性就直接决定着计时的精度。在上面介绍的多谐振荡器中,由于其工作频率取决于电容 C 充、放电过程中电压到达转换值的时间,因此稳定度不够高。这是因为:第一,转换电平易受温度变化和电源波动的影响;第二,电路的工作方式易受干扰,从而使电路状态转换提前或滞后;第三,电路状态转换时,电容充、放电的过程已经比较缓慢,转换电平的微小变化或者干扰,对振荡周期影响都比较大。一般在对振荡器频率稳定度要求很高的场合都需要采取稳频措施,其中最常用的一种方法就是利用石英谐振器(简称石英晶体或晶体)构成石英晶体多谐振荡器。

1.石英晶体的选频特性

如图 6-16 所示为电抗频率特性和石英晶体的符号。石英晶体有两个谐振频率,当 $f=f_s$ 时,为串联谐振,石英晶体的电抗 $X=0$;当 $f=f_p$ 时,为并联谐振,石英晶体的电抗无穷大。

由晶体本身的特性可知:$f_s=f_p=f_0$(晶体的标称频率),石英晶体的选频特性极好,f_0 十分稳定,其稳定度可达 $1\times10^{-11}\sim1\times10^{-10}$。

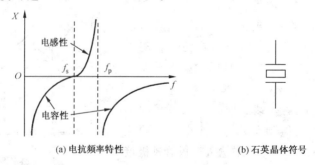

(a) 电抗频率特性　　　　　　　　(b) 石英晶体符号

图 6-16　电抗频率特性和石英晶体符号

2.石英晶体多谐振荡器

(1)串联式振荡器

如图 6-17 所示是由石英晶体构成的串联式多谐振荡器。R_{F1}、R_{F2} 的作用是使两个反相器在静态时都工作在转折区,成为具有很强放大能力的放大电路。对于 TTL 门,常取 R_{F1}

$=R_{F2}=0.7\sim2\ \text{k}\Omega$；若是 CMOS 门，则常取 $R_{F1}=R_{F2}=10\sim100\ \text{M}\Omega$；$C_1=C_2$ 是耦合电容。

石英晶体工作在串联谐振频率 f_0 下，只有频率为 f_0 的信号才能通过，满足振荡条件。因此，电路的振荡频率为 f_0，与外接元件 R、C 无关，所以这种电路振荡频率的稳定度很高。

（2）并联式振荡器

如图 6-18 所示由石英晶体构成的并联式多谐振荡器。R_F 是偏置电阻，保证在静态时使 G_1 工作在转折区，构成一个反相放大器。反相器 G_2 起整形缓冲作用，同时 G_2 还可以隔离负载对振荡电路工作的影响。

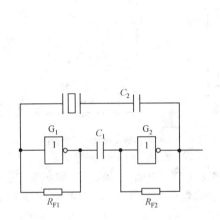

图 6-17　串联式石英晶体多谐振荡器

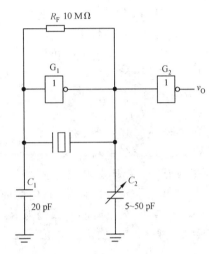

图 6-18　并联式石英晶体多谐振荡器

晶体工作在 f_s 与 f_p 之间，等效为一电感，与 C_1、C_2 共同构成电容三点式振荡电路。电路的振荡频率为 f_0。

6.3.4　多谐振荡器应用示例

1. 简易温控报警器

图 6-19 是利用多谐振荡器构成的简易温控报警电路。其中利用 555 定时器构成可控音频振荡电路，用扬声器发声报警，可用于火警或热水温度报警，电路简单、调试方便。

图 6-19 中晶体管 T 可选用锗管 3AX31、3AX81 或 3AG 类，也可选用 3DU 型光敏管。3AX31 等锗管在常温下，集电极和发射极之间的穿透电流 I_{CEO} 一般在 $10\sim50\ \mu\text{A}$，且随温度升高而增大较快。当温度低于设定温度值时，晶体管 T 的穿

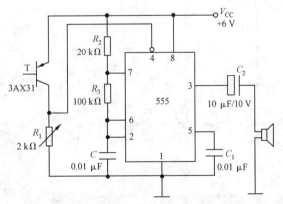

图 6-19　多谐振荡器用作简易温控报警电路

透电流 I_{CEO} 较小，555 复位端 $\overline{R_D}$（4 脚）的电压较低，电路工作在复位状态，多谐振荡器停振，扬声器不发声。当温度升高到设定温度值时，晶体管 T 的穿透电流 I_{CEO} 较大，555 定时器复位端 $\overline{R_D}$ 的电压升高到解除复位状态的电位，多谐振荡器开始振荡，扬声器发出报警声。

需要指出的是，不同的晶体管，其 I_{CEO} 值相差较大，故需改变 R_1 的阻值来调节控温点。

方法是先把测温元件 T 置于要求报警的温度下,调节 R_1 使电路刚好发出报警声。报警的音调取决于多谐振荡器的振荡频率,由元件 R_2、R_3 和 C 决定,改变这些元件值,可改变音调,但要求 R_2 大于 1 kΩ。

2. 双音门铃

图 6-20 是用多谐振荡器构成的电子双音门铃电路。当按钮开关 AN 按下时,开关闭合,V_{CC} 经 VD_2 向 C_3 充电,P 点(4 脚)电位迅速充电至 V_{CC},复位解除;由于 VD_1 将 R_3 旁路 V_{CC} 经 VD_1、R_1、R_2 向 C 充电,充电时间常数为 $(R_1+R_2)C$,放电时间常数为 R_2C,多谐振荡器产生高频振荡,喇叭发出高音。

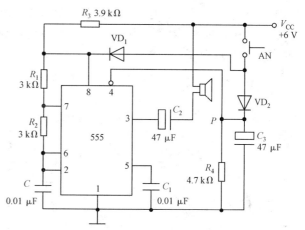

图 6-20　用多谐振荡器构成的电子双音门铃电路

当按钮开关 AN 松开时,开关断开,由于电容 C_3 储存的电荷经 R_4 放电要维持一段时间,在 P 点电位降至复位电平之前,电路将继续维持振荡;但此时 V_{CC} 经 R_3、R_1、R_2 向 C 充电,充电时间常数增加为 $(R_3+R_1+R_2)C$,放电时间常数仍为 R_2C,多谐振荡器产生低频振荡,喇叭发出低音。

当电容 C_3 持续放电,使 P 点电位降至 555 定时器的复位电平以下时,多谐振荡器停止振荡,喇叭停止发声。

调节相关参数,可以改变高、低音发声频率以及低音维持时间。

3. 秒脉冲发生器

图 6-21 所示是由 CMOS 石英晶体多谐振荡器构成的秒脉冲发生器。石英晶体多谐振荡器产生 $f=32\ 768$ Hz 的基准信号,经 T' 触发器构成的 15 级异步计数器分频后,便可得到稳定度极高的秒信号。这种秒脉冲发生器可作为各种计时系统的基准信号源。

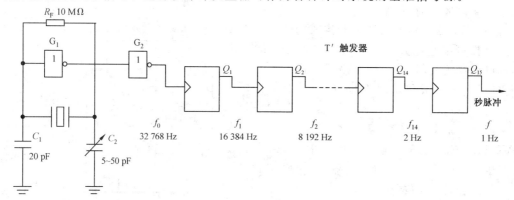

图 6-21　秒脉冲发生器

6.4 单稳态触发器

单稳态触发器具有下列特点:第一,它有一个稳定状态和一个暂稳状态;第二,在外来触发脉冲作用下,能够由稳定状态翻转到暂稳状态;第三,暂稳状态维持一段时间后,将自动返回到稳定状态。暂稳状态时间的长短，与触发脉冲无关，仅取决于电路本身的参数。

单稳态触发器在数字系统和装置中，一般用于定时(产生一定宽度的脉冲)、整形(把不规则的波形转换成等宽、等幅的脉冲)以及延时(将输入信号延迟一定的时间之后输出)等。

6.4.1　用 555 定时器构成的单稳态触发器

1.电路组成及工作原理

图 6-22(a)所示是由 555 定时器构成的单稳态触发器。其工作原理为：

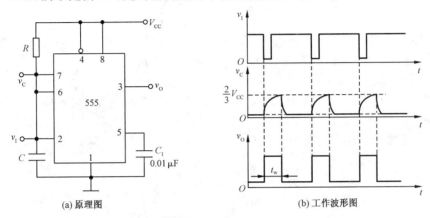

(a) 原理图　　　　　　　　　(b) 工作波形图

图 6-22　用 555 定时器构成的单稳态触发器原理及工作波形

(1)无触发信号输入时电路工作在稳定状态。当电路无触发信号时，v_1 保持高电平，电路工作在稳定状态，即输出端 v_O 保持低电平，555 定时器内放电三极管 T 饱和导通，电容电压 v_C 为 0 V。

(2)v_1 下降沿触发

当 v_1 下降沿到达时，555 定时器触发输入端(2 脚)由高电平跳变为低电平，电路被触发，v_O 由低电平跳变为高电平，电路由稳态转入暂稳态。

(3)暂稳态的维持时间

在暂稳态期间，555 定时器内放电三极管 T 截止，V_{CC} 经 R 向 C 充电。其充电回路为 $V_{CC} \rightarrow R \rightarrow C \rightarrow$ 地，时间常数 $\tau_1 = RC$，电容电压 v_C 由 0 V 开始增大，在电容电压 v_C 上升到阈值电压 $\frac{2}{3}V_{CC}$ 之前，电路将保持暂稳态不变。

(4)自动返回(暂稳态结束)时间

当 v_C 上升至阈值电压 $\frac{2}{3}V_{CC}$ 时，输出电压 v_O 由高电平跳变为低电平，555 定时器内放电三极管 T 由截止转为饱和导通，管脚 7"接地"，电容 C 经放电三极管对地迅速放电，电压 v_C 由 $\frac{2}{3}V_{CC}$ 迅速降至 0 V(放电三极管的饱和压降)，电路由暂稳态重新转入稳态。

(5)恢复过程

当暂稳态结束后，电容 C 通过饱和导通的三极管 T 放电，时间常数 $\tau_2 = R_{CES}C$，式中 R_{CES} 是 T 的饱和导通电阻，其阻值非常小，因此 τ_2 亦非常小。经过 $3\tau_2 \sim 5\tau_2$ 后，电容 C 放电完毕，恢复过程结束。

恢复过程结束后，电路返回到稳定状态，单稳态触发器又可以接收新的触发信号。

2. 主要参数估算

(1)输出脉冲宽度 t_w

输出脉冲宽度就是暂稳态维持时间,也就是定时电容的充电时间。由图 6-22(b)所示电容电压 v_C 的工作波形不难看出 $v_C(0_+) \approx 0$ V,$v_C(\infty) \approx V_{CC}$,$v_C(t_w) \approx \frac{2}{3}V_{CC}$,代入 RC 过渡过程计算公式,可得

$$t_w = \tau_1 \ln \frac{v_C(\infty) - v_C(0_-)}{v_C(\infty) - v_C(t_w)} = \tau_1 \ln \frac{V_{CC} - 0}{V_{CC} - \frac{2}{3}V_{CC}} = \tau_1 \ln 3 = 1.1RC$$

上式说明,单稳态触发器输出脉冲宽度 t_w 仅取决于定时元件 R、C 的取值,与输入触发信号和电源电压无关,调节 R、C 的取值,即可方便地调节 t_w。

(2)恢复时间 t_{re}

一般取 $t_{re} = (3 \sim 5)\tau_2$,即认为经过 $3 \sim 5$ 倍的时间常数,电容就放电完毕。

(3)最高工作频率 f_{max}

若输入触发信号 v_1 是周期为 T 的连续脉冲时,为保证单稳态触发器能够正常工作,应满足下列条件:

$$T > t_w + t_{re}$$

即 v_1 周期的最小值 T_{min} 应为 $t_w + t_{re}$,即

$$T_{min} = t_w + t_{re}$$

因此,单稳态触发器的最高工作频率应为

$$f_{max} = \frac{1}{T_{min}} = \frac{1}{t_w + t_{re}}$$

需要指出的是,在图 6-22 所示电路中,输入触发信号 v_1 的脉冲宽度(低电平的保持时间)必须小于电路输出 v_O 的脉冲宽度(暂稳态维持时间 t_w),否则电路将不能正常工作。因为当单稳态触发器被触发翻转到暂稳态后,如果 v_1 端的低电平一直保持不变,那么 555 定时器的输出端将一直保持高电平不变。

解决这一问题的一个简单方法就是在电路的输入端加一个 RC 微分电路,即当 v_1 为宽脉冲时,让 v_1 经 RC 微分电路之后再接到 555 定时器的管脚 2。注意要将微分电路的电阻接到 V_{CC} 上,以保证在 v_1 下降沿未到来时,管脚 2 为高电平。

6.4.2 用门电路构成的单稳态触发器

单稳态触发器的暂稳态通常都是靠 RC 电路的充放电来维持的,根据 RC 的不同接法,门电路组成的单稳态触发器有微分型和积分型两种,如图 6-23 所示。

这里重点分析微分型单稳态触发器。利用 CMOS 门电路和 RC 微分电路构成的微分型单稳态触发器,如图 6-23(a)所示。这里有 $V_{OH} \approx V_{DD}$,$V_{OL} \approx 0$,而通常 $V_{TH} \approx \frac{1}{2}V_{DD}$。稳态时 $v_1 = 0$,$v_{I2} = V_{DD}$,那么 $v_O = 0$,$v_{O1} = V_{DD}$,电容 C 没有电压。

当触发脉冲 v_1 加在输入端时,R_D 和 C_d 的微分电路输出端会输出很窄的正负脉冲 v_d。当 v_d 上升到 V_{TH} 以后,v_{O1} 减小到低电平,v_{I2} 减小到低电平,v_O 跳变到高电平,电路进入暂稳态。这时即使 v_d 减小为低电平,v_O 高电平维持不变。此时,电容 C 开始充电,v_{I2} 逐渐升高到 V_{TH},引起 v_O 减小到低电平,v_{O1} 跳变到高电平。如果触发脉冲消失(v_d 减小为低电平),则 v_{O1}、v_{I2} 跳变为高电平,使得输出 $v_O = 0$。这时 C 通过 R 和门 G_2 输入电路向 V_{DD} 放电,直

到电容电压为 0,电路恢复到稳定状态。微分型单稳态触发器各点对应波形如图 6-24
所示。

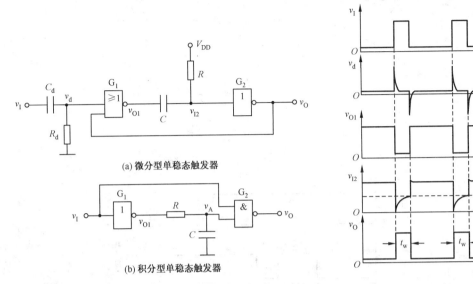

图 6-23　门电路构成的单稳态触发器　　　图 6-24　微分型单稳态触发器各点对应波形

电容电压从 0 充电到 V_{TH} 所经过的时间就是输出脉冲宽度 t_w,其计算公式为

$$t_w = RC\ln \frac{v_C(\infty) - v_C(0)}{v_C(\infty) - V_{TH}}$$

将 $v_C(0) = 0, v_C(\infty) = V_{DD}$ 代入上式,得

$$t_w = RC\ln 2 = 0.69RC$$

相对于微分型单稳态触发器,积分型单稳态触发器的优点是具有较强的抗干扰能力。
这主要是由于数字电路中噪声为尖峰脉冲,积分型单稳态触发器在这种噪声下不会输出足
够宽的脉冲。

6.4.3　集成单稳态触发器

1. TTL 集成单稳态触发器 74121 的逻辑功能和使用方法

图 6-25(a)是 TTL 集成单稳态触发器 74121 的逻辑符号,图 6-25(b)、图 6-25(c)是引
脚排列和工作波形图。该器件是在普通微分型单稳态触发器的基础上附加输入控制电路和
输出缓冲电路而形成的。

它有两种触发方式:下降沿触发和上升沿触发。A_1 和 A_2 是两个下降沿有效的触发输
入端,B 是上升沿有效的触发输入端。

v_O 和 $\overline{v_O}$ 是两个状态互补的输出端。R_{ext}/C_{ext}、C_{ext} 是外接定时电阻和电容的连接端,外
接定时电阻 R_{ext}(阻值可在 $1.4 \sim 40$ kΩ 选择)应一端接 V_{CC}(引脚 14),另一端接引脚 11。外
接定时电容 C(一般在 10pF ~ 10 μF 选择),一端接引脚 10,另一端接引脚 11 即可。若 C 是
电解电容,则其正极接引脚 10,负极接引脚 11。74121 内部已经设置了一个 2 kΩ 的定时电
阻,R_{int}(引脚 9)是其引出端,使用时只需将引脚 9 与引脚 14 连接起来即可,不用时则应让
引脚 9 悬空。表 6-4 是集成单稳态触发器 74121 的功能表,表中 1 表示高电平,0 表示低
电平。

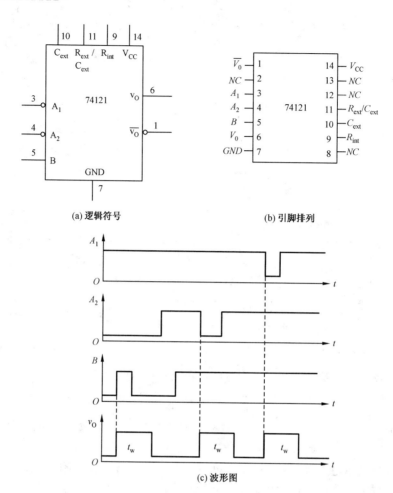

图 6-25　集成单稳态触发器 74121

表 6-4　　　　　　　　　　　集成单稳态触发器 74121 的功能表

输入			输出		
A_1	A_2	B	v_O	$\overline{v_O}$	工作特性
0	×	1	0	1	
×	0	1	0	1	保持稳态
×	×	0	0	1	
1	1	×	0	1	
1	⬊	1	⎍	⎍	
⬊	1	0	⎍	⎍	下降沿触发
⬊	⬊	1	⎍	⎍	
0	×	⬈	⎍	⎍	上升沿触发
×	0	⬈	⎍	⎍	

图 6-26 所示为集成单稳态触发器 74121 的外部元件连接方法。

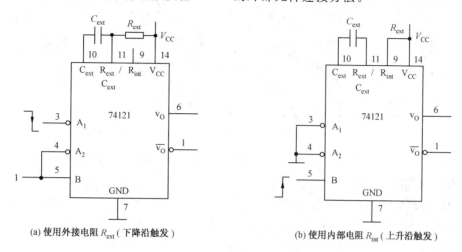

(a) 使用外接电阻 R_{ext}（下降沿触发）   (b) 使用内部电阻 R_{int}（上升沿触发）

图 6-26 集成单稳态触发器 74121 的外部元件连接方法

2. 主要参数

(1) 输出脉冲宽度 t_w

$$t_w = RC \cdot \ln2 \approx 0.7RC$$

使用外接电阻： $t_w \approx 0.7R_{ext}C$

使用内部电阻： $t_w \approx 0.7R_{int}C$

(2) 输入触发脉冲最小周期 T_{min}

$$T_{min} = t_w + t_{re}$$

式中 t_{re}——恢复时间。

(3) 周期性输入触发脉冲占空比 q

$$q = \frac{t_w}{T}$$

式中 T——输入触发脉冲的重复周期，t_w——单稳态触发器的输出脉冲宽度。

最大占空比： $$q_{max} = \frac{t_w}{T_{min}} = \frac{t_w}{t_w + t_{re}}$$

74121 的最大占空比 q_{max}，当 $R = 2$ kΩ 时为 67%；当 $R = 40$ kΩ 时可达 90%。不难理解，若 $R = 2$ kΩ 且输入触发脉冲重复周期 $T = 1.5$ μs，则恢复时间 $t_{re} = 0.5$ μs，这是 74121 恢复到稳态所必需的时间。如果占空比超过最大允许值，电路虽然仍可被触发，但 t_w 将不稳定，也就是说 74121 不能正常工作，这也是使用 74121 时应该注意的一个问题。

3. 关于集成单稳态触发器的重复触发问题

集成单稳态触发器有不可重复触发型和可重复触发型两种。不可重复触发型单稳态触发器一旦被触发进入暂稳态以后，再加入触发脉冲不会影响电路的工作过程，必须在暂稳态结束以后，它才能接受下一个触发脉冲而转入下一个暂稳态，如图 6-27(a) 所示。而可重复触发的单稳态触发器在电路被触发而进入暂稳态以后，如果再次加入触发脉冲，电路将重新被触发，使输出脉冲再继续维持一个 t_w 宽度，如图 6-27(b) 所示。

74121、74221、74LS221 都是不可重复触发的单稳态触发器。属于可重复触发的触发器有 74122、74LS122、74123、74LS123 等。

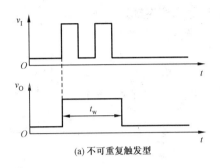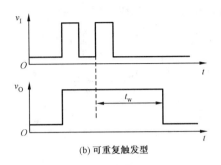

(a) 不可重复触发型　　　　　　　　　　　(b) 可重复触发型

图 6-27　不可重复触发与可重复触发型单稳态触发器的工作波形

有些集成单稳态触发器上还设有复位端（例如 74221、74122、74123 等）。通过复位端加入低电平信号能立即终止暂稳态过程，使输出端返回低电平。

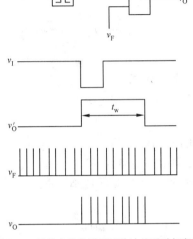

6.4.4　单稳态触发器应用

1. 延时与定时

（1）延时

在图 6-28 中，v_O' 的下降沿比 v_I 的下降沿滞后了时间 t_w，即延迟了时间 t_w。单稳态触发器的这种延时作用常被应用于时序控制中。

（2）定时

在图 6-28 中，单稳态触发器的输出电压 v_O' 用作与门的输入定时控制信号，当 v_O' 为高电平

图 6-28　单稳态触发器用于脉冲的延时与定时

时，与门打开，$v_O = v_F$，当 v_O' 为低电平时，与门关闭，v_O 为低电平。显然与门打开的时间是恒定不变的，就是单稳态触发器输出脉冲 v_O' 的宽度 t_w。

2. 整形

单稳态触发器能够把不规则的输入信号 v_I 整形成为幅度和宽度都相同的标准矩形脉冲 v_O。v_O 的幅度取决于单稳态电路输出的高、低电平，宽度 t_w 取决于暂稳态时间。图 6-29 是单稳态触发器用于波形整形的一个简单例子。

3. 触摸式定时控制开关

图 6-30 是利用 555 定时器构成的单稳态触发器，只要用手触摸一下金属片 P，由于人体感应电压相当于在触发输入端（管脚 2）加入一个负脉冲，555 输出端（管脚 3）输出高电平，灯泡（R_L）发光，当暂稳态时间（t_w）结束时，555 输出端恢复低电平，灯泡熄灭。该触摸开关可用于夜间定时照明，定时时间可由 RC 参数调节。

4. 触摸、声控双功能延时灯

图 6-31 所示为一触摸、声控双功能延时灯电路，它由电容降压整流电路、声控放大器、555 触发定时器和控制器组成。具有声控和触摸控制灯亮的双重功能。

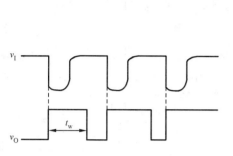

图 6-29 单稳态触发器用于波形整形

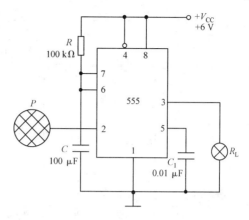

图 6-30 触摸式定时控制开关电路

555 和 T_1、R_3、R_2、C_4 组成单稳定时电路,定时时间 $t_w = 1.1 R_2 C_4$,图示参数的定时(灯亮)时间约为 1 min。当击掌声传至压电陶瓷片时,HTD 将声音信号转换成电信号,经 T_2、T_1 放大,触发 555,使 555 输出端(管脚 3)输出高电平,触发导通晶闸管 SCR,电灯亮;同样,若触摸金属片 A 时,人体感应电信号经 R_4、R_5 加至 T_1 基极,使 T_1 导通,触发 555,达到上述效果。

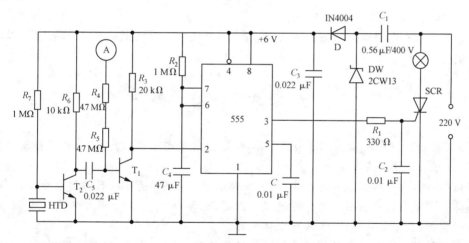

图 6-31 触摸、声控双功能延时灯电路

【例 6-4】 如图 6-32 所示电路是由两个 555 定时器构成的频率可调而脉宽不变的方波发生器,试说明其工作原理;确定频率变化的范围和输出脉宽;解释二极管 VD 在电路中的作用。

解:(1)工作原理:

第一级 555 定时器构成多谐振荡器,第二级构成单稳态触发器,第一级的输出脉冲信号作为第二级电路的输入触发信号,使第二级输出 v_0 的频率与多谐振荡器输出信号的频率相同,所以调节可变电阻 R_1,就可以改变 v_0 的频率。但 v_0 的脉宽是由单稳态触发器的参数决定的,因单稳态触发器的参数不变,所以 v_0 的脉宽不变。于是,就可以得到频率可调而脉宽不变的脉冲波了。

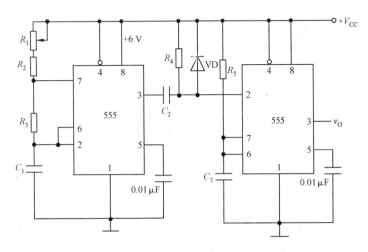

图 6-32　例 6-4 图

(2)确定频率变化的范围和输出脉宽：

v_O 的频率变化范围为：$\dfrac{1}{0.7(R_1+R_2+2R_3)C_1} \sim \dfrac{1}{0.7(R_2+2R_3)C_1}$

输出脉宽：
$$t_w = 1.1 R_5 C_3$$

(3)二极管 VD 在电路中的作用：

二极管 VD 在电路中起限幅作用,避免过大的电压加于单稳态触发器的输入端,以保障定时器的安全。

<<< 本 章 小 结 >>>

555 定时器是一种用途很广的集成电路,除了能组成施密特触发器、单稳态触发器和多谐振荡器以外,还可以接成各种灵活多变的应用电路。

多谐振荡器是一种自激振荡电路,不需要外加输入信号,就可以自动地产生矩形脉冲。石英晶体多谐振荡器利用石英晶体的选频特性,只有频率为 f_0 的信号才能满足自激条件,产生自激振荡,其主要特点是 f_0 的稳定性极好。

施密特触发器和单稳态触发器虽然不能自动地产生矩形脉冲,但却可以把其他形状的信号变换成为矩形波,为数字系统提供标准的脉冲信号。

<<< 习　　题 >>>

6-1　用施密特触发器能否寄存 1 位二值数据,说明理由。

6-2　在图 6-33 所示用 555 定时器接成的施密特触发器电路中,试求：

(1)当 $V_{CC}=12$ V 而且没有外接控制电压时,V_{T+}、V_{T-} 及 ΔV_T 值。

(2)当 $V_{CC}=9$ V,外接控制电压 $V_{CO}=5$ V 时,V_{T+}、V_{T-} 及 ΔV_T 各为多少。

6-3　在图 6-34 所示电路中,已知 CMOS 集成施密特触发器的电源电压 $V_{DD}=15$ V,$V_{T+}=9$ V,$V_{T-}=4$ V。试问：

(1)为了得到占空比为 $q=50\%$ 的输出脉冲,R_1 与 R_2 的比值应取多少？

(2)若给定 $R_1 = 3$ kΩ,$R_2 = 8.2$ kΩ,电路的振荡频率为多少? 输出脉冲的占空比是多少?

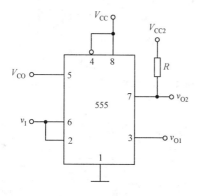

图 6-33 题 6-2 图

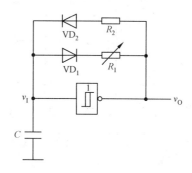

图 6-34 题 6-3 图

6-4 在图 6-35(a)所示的施密特触发器电路中,已知 $R_1 = 10$ kΩ,$R_2 = 30$ kΩ。G_1 和 G_2 为 CMOS 反相器,$V_{DD} = 15$ V。

(1)试计算电路的正向阈值电压 V_{T+}、负向阈值电压 V_{T-} 和回差电压 ΔV_T。

(2)若将图 6-35(b)所示的电压信号加到图 6-35(a)电路的输入端,试画出输出电压的波形。

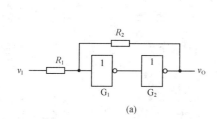

图 6-35 题 6-4 图

6-5 图 6-36 所示是用 CMOS 反相器接成的压控施密特触发器电路,试分析它的转换电平 V_{T+}、V_{T-} 以及回差电压 ΔV_T 与控制电压 V_{CO} 的关系。

6-6 在图 6-37 施密特触发器电路中,若 G_1 和 G_2 分别为 74LS 系列与非门和反相器,它们的阈值电压 $V_{TH} = 1.1$ V,$R_1 = 1$ kΩ,二极管的导通压降 $v_d = 0.7$ V,试计算电路的正向阈值电压 V_{T+}、负向阈值电压 V_{T-} 和回差电压 ΔV_T。

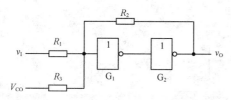

图 6-36 题 6-5 图

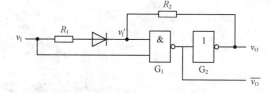

图 6-37 题 6-6 图

6-7 图 6-38 是用 555 定时器组成的开机延时电路。若给定 $C = 25$ μF,$R = 91$ kΩ,$V_{CC} = 12$ V,试计算常闭开关 S 断开以后经过多长的延迟时间 v_O 才跳变为高电平。

6-8 在使用如图 6-39 所示的由 555 定时器组成的单稳态触发器电路时对触发脉冲的宽度有无限制? 当输入脉冲的低电平持续时间过长时,电路应作何修改?

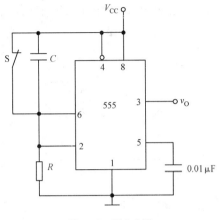

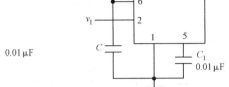

图 6-38 题 6-7 图 　　　　　　　　图 6-39 题 6-8 图

6-9　试用 555 定时器设计一个单稳态触发器,要求输出脉冲宽度在 1～10 s 的范围内可手动调节,给定 555 定时器的电源为 15 V。触发信号来自 TTL 电路,高低电平分别为 3.4 V 和 0.1 V。

6-10　在图 6-40 所示用 555 定时器组成的多谐振荡器电路中,若 $R_1 = R_2 = 5.1$ kΩ, $C = 0.01$ μF, $V_{CC} = 12$ V,试计算电路的振荡频率。

6-11　图 6-41 是用 555 定时器构成的压控振荡器,试求输入控制电压 v_1 和振荡频率之间的关系式。当 v_1 升高时频率是升高还是降低?

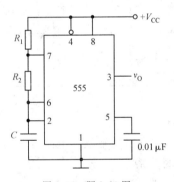

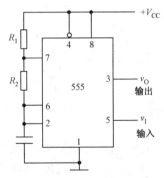

图 6-40 题 6-10 图 　　　　　　　　图 6-41 题 6-11 图

6-12　在图 6-42 给出的 CMOS 微分型单稳态触发器电路中,已知 $R = 51$ kΩ, $C = 0.01$ μF,电源电压 $V_{DD} = 10$ V,试求在触发信号作用下输出脉冲的宽度和幅度。

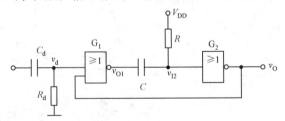

图 6-42 题 6-12 图

6-13　图 6-43 是用 TTL 门电路接成的微分型单稳态触发器,其中 R_d 阻值足够大,保证稳态时 v_d 为高电平。R 的阻值很小,保证稳态时 v_{12} 为低电平,试分析该电路在给定触发信号 v_1 作用下的工作过程,画出 v_d、v_{O1}、v_{12} 和 v_O 的电压波形,C_d 的电容量很小,它与 R_d 组成微分电路。

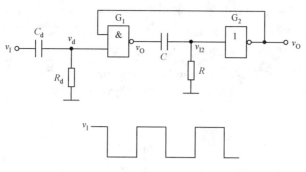

图 6-43　题 6-13 图

6-14　在图 6-43 所示电路中,若 G_1、G_2 为 TTL 门电路,它们的 $V_{OH}=3.2$ V,$V_{OL}=0$ V,$V_{TH}=1.3$ V,$R=0.3$ kΩ,$C=0.01$ μF,试求电路输出负脉冲的宽度 t_w。

6-15　在图 6-44 的积分型单稳态触发器电路中,若 G_1 和 G_2 为 74LS 系列门电路,它们的 $V_{OH}=3.4$ V,$V_{OL}\approx0$ V,$V_{TH}=1.1$ V,$R=1$ kΩ,$C=0.01$ μF,试求在触发信号作用下输出负脉冲的宽度。设触发脉冲的宽度大于输出脉冲的宽度。

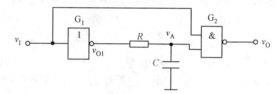

图 6-44　题 6-15 图

6-16　图 6-45(a)是用两个集成电路单稳态触发电器 74121 所组成的脉冲变换电路,外接电阻和外接电容的参数如图所示。试计算在输入触发信号 v_1 作用下 v_{O1}、v_{O2} 输出脉冲的宽度,并画出与 v_1 波形相对应的 v_{O1}、v_{O2} 的电压波形。v_1 的波形如图 6-45(b)中所示。

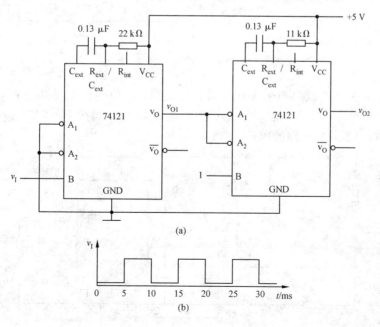

图 6-45　题 6-16 图

6-17 在图 6-46 所示的对称式多谐振荡器电路中,若 $R_{F1} = R_{F2} = 1\ \text{k}\Omega$,$C_1 = C_2 = 0.1\ \mu\text{F}$,$G_1$ 和 G_2 为 74LS04(六反相器)中的两个反相器,G_1 和 G_2 的 $V_{OH} = 3.4\ \text{V}$,$V_{TH} = 1.1\ \text{V}$,$V_{IK} = -1.5\ \text{V}$,$R_1 = 20\ \text{k}\Omega$,求电路的振荡频率。

6-18 图 6-47 是用 CMOS 反相器组成的对称式多谐振荡器。若 $R_{F1} = R_{F2} = 10\ \text{k}\Omega$,$C_1 = C_2 = 0.01\ \mu\text{F}$,$R_{P1} = R_{P2} = 33\ \text{k}\Omega$,试求电路的振荡频率,并画出 v_{I1}、v_{I2}、v_{O1}、v_{O2} 各点的电压波形。

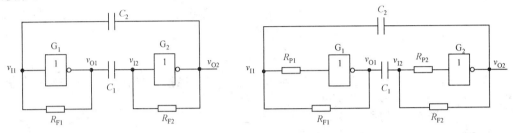

图 6-46 题 6-17 图   图 6-47 题 6-18 图

6-19 在图 6-48 所示的非对称式多谐振荡器电路中,若 G_1、G_2 为 CMOS 反相器,$R_F = 9.1\ \text{k}\Omega$,$C = 0.001\ \mu\text{F}$,$R_p = 100\ \text{k}\Omega$,$V_{DD} = 5\ \text{V}$,$V_{TH} = 2.5\ \text{V}$。试计算电路的振荡频率。

6-20 如果将图 6-48 所示的非对称式多谐振荡器中的 G_1 和 G_2 改用 TTL 反相器,并将 R_p 短路,试画出电容 C 充、放电时的等效电路,并求出计算电路振荡频率的公式。

6-21 图 6-49 是用反相器接成的环形振荡器电路。某同学在示波器观察输出电压 v_O 的波形时发现,取 $n = 3$ 和 $n = 5$ 所测得的脉冲频率几乎相等,试分析其原因。

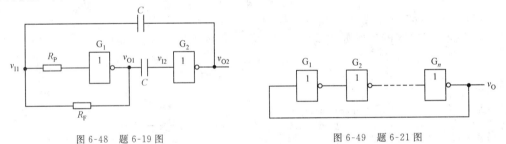

图 6-48 题 6-19 图   图 6-49 题 6-21 图

6-22 图 6-50 所示是一个简易电子琴电路,当琴键 $S_1 \sim S_n$ 均未按下时,三极管 T 接近饱和导通,V_E 约为 0 V,使 555 定时器组成的振荡器停振,当按下不同琴键时,因 $R_1 \sim R_n$ 的阻值不等,扬声器发出不同的声音。

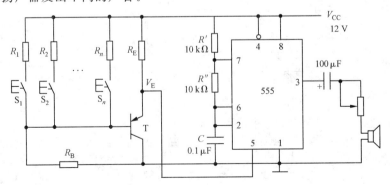

图 6-50 题 6-22 图

若 $R_B = 20\ \text{k}\Omega$，$R_1 = 10\ \text{k}\Omega$，$R_E = 2\ \text{k}\Omega$，三极管的电流放大系数 $\beta = 150$，$V_{CC} = 12\ \text{V}$，振荡器外接电阻、电容参数如图所示，试计算按下琴键 S_1 时扬声器发出声音的频率。

6-23　图 6-51 所示是用两个 555 定时器接成的延迟报警器，当开关 S 断开后，经过一定的延迟时间后扬声器开始发出声音，如果在延迟时间内 S 重新闭合，扬声器不会发出声音，在图中给定的参数下，试求延长时间的具体数值和扬声器的频率，图中的 G_1 是 CMOS 反相器，输出的高、低电平分别为 $V_{OH} \approx 12\ \text{V}$，$V_{OL} \approx 0\ \text{V}$。

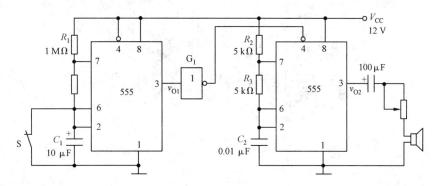

图 6-51　题 6-23 图

6-24　图 6-52 所示是救护车扬声器发音电路。在图中给出的电路参数下，试计算扬声器发出声音的高、低音频率以及高、低音的持续时间。当 $V_{CC} = 12\ \text{V}$ 时，555 定时器输出的高、低电平分别为 11 V 和 0.2 V，输出电阻小于 100 Ω。

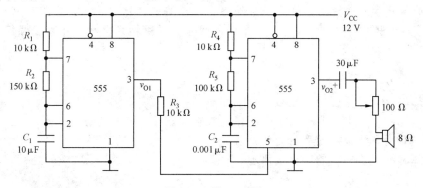

图 6-52　题 6-24 图

第7章

DIQIZHANG

存储器、复杂可编程器件
和现场可编程门阵列

学习目标

本章首先介绍只读存储器 ROM 的特点、分类和技术指标,较详细地讨论固定 ROM、可编程 PROM、光可擦除可编程 EPROM、电可擦除可编程 E^2PROM 和快闪存储器 Flash Memory 的特点和工作原理。然后介绍静态和动态随机存储器 RAM 的工作原理、特点及存储器容量(字线、位线)的扩展。最后介绍复杂可编程逻辑器件和现场可编程门阵列的基本结构、实现逻辑功能的原理及编程简介。

能力目标

理解并掌握各种只读存储器 ROM 和随机存储器 RAM 的特性及工作原理,重点掌握存储器容量的计算以及存储器容量的扩展方法,了解复杂可编程逻辑器件和现场可编程门阵列的基本结构及实现逻辑功能的原理。

7.1 概 述

7.1.1 半导体存储器的特点及分类

半导体存储器又称半导体集成存储器,它是以半导体器件为基本单元,用集成工艺制成的。它具有体积小、集成度高、成本低、可靠性高、外围电路简单、与其他电路配合容易、易于批量生产等特点。

半导体存储器的种类很多,按照制造工艺不同,可分为双极型存储器和 MOS 型存储器。双极型存储器以双极型触发器为存储单元,其工作速度快,但功耗大,主要用于对速度要求高的场合。MOS 型存储器是以 MOS 触发器或电荷存储结构为存储单元,具有工艺简单、集成度高、功耗低、成本低等特点,主要用于大容量存储系统。目前数字系统中主要选用 MOS 型存储器。

按内部信息的存取方式,可分为随机存储器(RAM)和只读存储器(ROM)。随机存储器正常工作时可以随时写入或读出信息,但断电后器件中的信息也随之消失,为易失性存储器。只读存储器工作时只能读出信息,不能写入,断电后器件中的信息不会丢失,为非易失性存储器。

按存储原理分为静态、动态两种。静态型的存储单元是触发器,在不失电的情况下,触发器的状态不会改变。动态型是用电容存储信息,电容漏电会导致信息的丢失,因此要求定时对电容进行充电或放电。动态存储器都为 MOS 型。

7.1.2　半导体存储器的技术指标

存储器存储容量和存取周期是反应系统性能的两个重要的技术指标。

1. 存储容量

存储容量表示存储器存放二进制信息的多少。一般来说,存储容量就是存储单元的总数。例如,一个存储器有 4096 个存储单元,称它的存储容量为 4 KB(1 KB = 2^{10} B = 1024 B)。如果说这个存储器存了 1024 个四位的二进制信息,那么它的存储容量又称为 1 字×4 位,表示存储容量的公式为 N 字×M 位。

这里提到的存储单元是基本存储单元,是指能够存放一位二进制数 0、1 的物理器件。通常,计算机存储信息的最小单元也称为存储单元,它由 8 个基本单元组成,这样的存储单元存放的代码称为一个字节(Byte)。

2. 存取周期

存储器的性能基本上取决于从存储器读出信息或是把信息写入存储器的速率。

存储器的存取速度用存取周期或读写周期来表征。把连续两次读(写)操作间隔最短时间称为存取周期。对存储器读(写)操作后,其内部电路还有一段恢复时间才能进行下一次读写操作。存取周期取决于存储介质的物理特性,也取决于所使用的读出机构的类型。

7.2　只读存储器

半导体只读存储器,简称 ROM(Read-only Memory),是存储固定信息的存储器,预先把信息写入存储器中,在操作过程中,只能读出信息,不能写入信息。其优点是结构简单、电路形式和规格也比较统一。经常用它存放固定的数据和程序,如计算机系统的引导程序、监控程序、函数表、字符等。只读存储器是非易失性存储器,去掉电源,所存信息不会丢失。

ROM 按存储内容的写入方式,可分为固定 ROM、可编程只读存储器(Programmable Read Only Memory,简称 PROM)、可擦除可编程只读存储器(包括 EPROM、E^2PROM、Flash Memory)。

7.2.1　固定只读存储器(ROM)

固定 ROM 在制造时,生产厂商利用掩膜技术把信息写入存储器,出厂后使用者不能更改其存储内容,只能读出信息。

ROM 的结构如图 7-1 所示,由地址译码器、存储矩阵、输出及控制电路三部分组成。按使用器件分,可分为双极型管 ROM 和 MOS 管 ROM 两种。

图 7-2(a)是一个 4 字×4 位 NMOS 固定 ROM 的结构图。地址译码器有两根地址输入

线 A_1 和 A_0，产生 4 个地址号，每个地址存放一个称为字的四位二进制信息，译码器输出线 $W_0 \sim W_3$ 称为字线，由输入的地址代码 $A_1 A_0$ 确定选中哪条字线，被选中的数据经过输出缓冲器输出。存储矩阵是 NMOS 管或门阵列，一个字有四位信息，故存储矩阵有四条数据线 $\overline{D_0} \sim \overline{D_3}$，每条数据线又称为位线，它是字×位结构。存储矩阵实际上就是一个编码器，工作时编码内容是不变的。位线经过反相后输出，即为 ROM 的输出端 $D_0 \sim D_3$。每根字线和位线的交叉处有一个存储单元，共有 16 个单元，交叉处有 NMOS 管的存储单元存储 1，无 NMOS 管的则存储 0。例如，当地址 $A_1 A_0 = 00$ 时，则 $W_0 = 1$（$W_1 \sim W_3$ 均为 0），此时选中 0 号地址使第一行的两个 NMOS 管导通，$\overline{D_2} = \overline{D_0} = 0$，而 $\overline{D_3} = \overline{D_1} = 1$，经输出电路反相后，输出 $D_3 D_2 D_1 D_0 = 0101$。因此，选中一个地址（一行），该行的存储内容输出。4 个地址存储的内容见表 7-1。

表 7-1　　　　ROM 中的信息表

地址		内容			
A_1	A_0	D_3	D_2	D_1	D_0
0	0	0	1	0	1
0	1	1	0	1	1
1	0	0	1	0	0
1	1	1	1	1	0

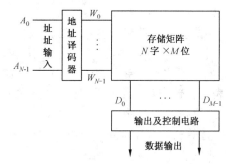

图 7-1　ROM 的结构

固定 ROM 的编程是设计者根据要求确定存储内容，设计出存储矩阵，即哪些交叉点（存储单元）的信息为 1，哪些为 0。为 1 的单元要制造管子，为 0 的单元不需要制造管子，由此画出存储矩阵的点阵图。为了画图方便，存储矩阵中有管子处，用"码点"表示，交由生产厂商制作。图 7-2(a) 的存储矩阵简化点阵图如图 7-2(b) 所示。

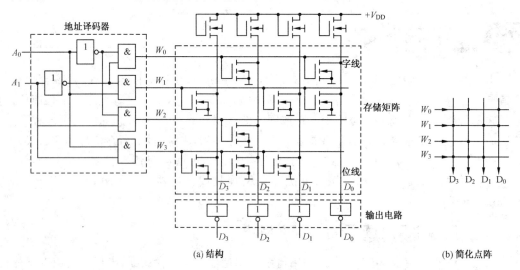

(a) 结构　　　　　　　　　　　　　　　　(b) 简化点阵

图 7-2　NMOS 固定 ROM

位线与字线之间逻辑关系为

$$D_0 = W_0 + W_1$$
$$D_1 = W_1 + W_3$$
$$D_2 = W_0 + W_2 + W_3$$
$$D_3 = W_1 + W_3$$

存储矩阵的输出和输入是或的关系,这种存储矩阵是或矩阵。地址译码器的输出和输入是与的关系,因此 ROM 是一个多输入变量(地址)和多输出变量(数据)的与或逻辑阵列。

7.2.2　可编程只读存储器(PROM)

PROM 是一种现场可编程只读存储器,出厂时 PROM 的内容全是 0(或全是 1)。使用时,用户可以根据需要编好代码,把存储矩阵中某些内容改写成 1(或 0),但只能改写一次,一经写入就不能再更改。

32 字 $\times$ 8 位熔断丝结构 PROM 如图 7-3 所示,存储矩阵的存储单元由双极型三极管和熔断丝组成。存储容量为 32 字 $\times$ 8 位,存储矩阵是 32 行 $\times$ 8 列,出厂时每个发射极的熔断丝都是连通的,这种电路存储内容全部为 0。如果欲使某个单元改写为 1,需要使熔断丝通过大电流,使它烧断。一经烧断,再不能恢复。

地址译码器输出线为高电平有效,32 根字线分别接 32 行的多发射极晶体管的基极,地址译码受片选信号 $\overline{CS}$ 控制,当 $\overline{CS}=0$ 时,选中该芯片能够工作,输入地址有效,译码输出线中某一根为高电平,选中一个地址。当 $\overline{CS}=1$ 时,译码输出全部为低电平,此片存储单元不能工作。

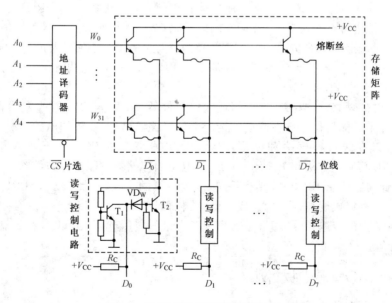

图 7-3　32 字 $\times$ 8 位熔断丝结构 PROM

读写控制电路供读出和写入之用。在写入时,V_{CC} 接 12V 电源,某位写入 1 时,该数据线为 1,写入回路中的稳压管 VD_W 击穿,T_2 导通,选中单元的熔丝通过足够大的电流而烧断;若输入数据为 0,写入电路中相应的 T_2 管不导通,该位对应的熔丝仍为连通状态,存储的 0 信息不变。读出时,V_{CC} 接 +5 V 电源,低于稳压管的击穿电压,所有 T_2 都截止,如被选中的某位熔断丝是连通的,则 T_1 导通,输出为 0;如果熔断丝是断开的,T_1 截止,读出 1 信号。

7.2.3 可擦除可编程只读存储器

固定 ROM 出厂后使用者无法改变，只能读出。PROM 的存储内容可由使用者编写后写入，但只能写入一次，一经写入就不能再更改。数字电路研制和调试过程中，往往需要更改其内容，因此就需要可多次改写的只读存储器。因此可擦除可编程存储器受到了用户的欢迎。

可擦除可编程存储器又可分为光可擦除可编程存储器 EPROM（Erasable Programmable Read Only Memory）、电可擦除可编程存储器 E^2PROM（Electrical Erasable Programmable Read Only Memory）和快闪存储器（Flash Memory）等。

1. 光可擦除可编程存储器（EPROM）

光可擦除可编程存储器 EPROM 是采用浮栅技术生产的可编程存储器。EPROM 可以根据用户要求写入信息，从而长期使用。当不需要原有信息时，也可以擦除后重写。若要擦除所写入的内容，可用 EPROM 擦除器产生的强紫外线，对 EPROM 照射 15～20 min，使全部存储单元恢复"1"，以便用户重新编写。

为了便于照射擦除，芯片封装外壳装有透明的石英盖板。常用的 EPROM 有 2716、2732、……、27512 等，通常以 27 打头的芯片都是 EPROM。

由于 EPROM 的写入和擦除需要专用的编程器，因此在数字系统的设计和在线调试中不太方便。

2. 电可擦除可编程存储器（E^2PROM）

E^2PROM 是目前使用最广泛的一种只读存储器，有时也写作 EEPROM。其主要特点是能在应用系统中进行在线改写，并能在断电的情况下保存数据而不需要保护电源。特别是 +5 V 的电可擦除 E^2PROM，通常不需要单独的擦除操作，可在写入过程中自动擦除，使用非常方便。型号以 28 打头的系列芯片都是 E^2PROM，其缺点是集成度不高。

3. 快闪存储器（Flash Memory）

快闪存储器又称为快速擦写存储器或闪速存储器，由 Intel 公司首先发明，是近年来较为流行的一种半导体器件。它在断电的情况下可以保留信息，在不加电的情况下，信息可以保存十年，可以在线进行擦除和改写。快闪存储器是在 E^2PROM 上发展起来的，属于 E^2PROM 类型，其编程方法和 E^2PROM 类似，但快闪存储器不能按字节擦除。

快闪存储器吸收了 EPROM 结构简单、编程可靠的优点，又保留了 E^2PROM 电可擦除的快捷特性，具有集成度高、容量大、成本低、功耗低、使用方便等优点。快闪存储器自出现以来，受到各方面的普遍青睐，相继迅速出现了大量的应用产品，如 USB 存储盘、数码相机、MP3 随身听等。快闪存储器的型号以 29 打头。

7.2.4 ROM 应用示例

1. 作为函数运算表电路

数学运算是数控装置和数字系统中需要经常进行的操作，如果事先将要用到的基本函数变量在一定范围内的取值和相应的函数取值列成表格，写入只读存储器中，则在需要时只需给出规定"地址"就可以快速地得到相应的函数值。这种 ROM 实际上已经成为函数运算表电路。

【例 7-1】 试用 ROM 设计一个能实现 $y=x^2$ 的运算表电路，x 的取值范围为 0～15 的正整数。

解： 输入变量 x 的取值范围为 $0 \sim 15$ 的正整数，用四位二进制数 $A = A_3 A_2 A_1 A_0$ 表示；输出变量 y 的最大值为 $15^2 = 225$，用八位二进制数 $Y = Y_7 Y_6 Y_5 Y_4 Y_3 Y_2 Y_1 Y_0$ 表示。根据 $y = x^2$ 的关系列出其真值表，见表 7-2，根据真值表可写出 Y 的表达式：

$$Y_7 = \sum m(12,13,14,15)$$

$$Y_6 = \sum m(8,9,10,11,14,15)$$

$$Y_5 = \sum m(6,7,10,11,13,15)$$

$$Y_4 = \sum m(4,5,7,9,11,12)$$

$$Y_3 = \sum m(3,5,11,13)$$

$$Y_2 = \sum m(2,6,10,14)$$

$$Y_1 = 0$$

$$Y_0 = \sum m(1,3,5,7,9,11,13,15)$$

根据上述表达式可以画出 ROM 的存储点阵，如图 7-4 所示。

表 7-2　　　　　　　　　　　　　　　例 7-1 的真值表

输入				输出								十进制数
A_3	A_2	A_1	A_0	Y_7	Y_6	Y_5	Y_4	Y_3	Y_2	Y_1	Y_0	
0	0	0	0	0	0	0	0	0	0	0	0	0
0	0	0	1	0	0	0	0	0	0	0	1	1
0	0	1	0	0	0	0	0	0	1	0	0	4
0	0	1	1	0	0	0	0	1	0	0	1	9
0	1	0	0	0	0	0	1	0	0	0	0	16
0	1	0	1	0	0	0	1	1	0	0	1	25
0	1	1	0	0	0	1	0	0	1	0	0	36
0	1	1	1	0	0	1	1	0	0	0	1	49
1	0	0	0	0	1	0	0	0	0	0	0	64
1	0	0	1	0	1	0	1	0	0	0	1	81
1	0	1	0	0	1	1	0	0	1	0	0	100
1	0	1	1	0	1	1	1	1	0	0	1	121
1	1	0	0	1	0	0	1	0	0	0	0	144
1	1	0	1	1	0	1	0	1	0	0	1	169
1	1	1	0	1	1	0	0	0	1	0	0	196
1	1	1	1	1	1	1	0	0	0	0	1	225

在图 7-4 所示电路中，字线 $W_0 \sim W_{15}$ 分别与最小项 $m_0 \sim m_{15}$ 一一对应，我们注意到作为地址译码器的与门阵列，其连接是固定的，它的任务是完成对输入地址码（变量）的译码工作，产生一个个具体的地址——地址码（变量）的全部最小项；而作为存储矩阵的或门阵列是可编程的，各个交叉点——可编程点的状态，也就是存储矩阵中的内容，可由用户编程决定。

2. 实现任意组合逻辑函数

从 ROM 的逻辑结构示意图可知，只读存储器的基本部分是与门阵列和或门阵列，与门阵列实现对输入变量的译码，产生变量的全部最小项，或门阵列完成有关最小项的或运算，因此从理论上讲，利用 ROM 可以实现任何组合逻辑函数。

【例 7-2】 试用 ROM 实现下列函数：

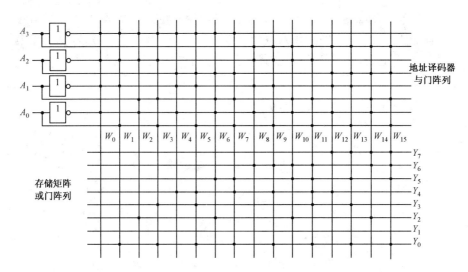

图 7-4   例 7-1ROM 的存储点阵

$$Y_1 = \overline{A}BC + \overline{A}B\,\overline{C} + A\,\overline{B}C + ABC$$

$$Y_2 = BC + AC$$

$$Y_3 = \overline{ABCD} + \overline{A}BCD + \overline{A}BC\,\overline{D} + A\,\overline{BCD} + AB\,\overline{CD} + ABCD$$

$$Y_4 = ABC + ABD + ACD + BCD$$

解:(1)写出各函数的标准与或表达式

按 A、B、C、D 顺序排列变量,将 Y_1、Y_2 扩展成为四变量逻辑函数。

$$Y_1 = \sum m(2,3,4,5,8,9,14,15)$$

$$Y_2 = \sum m(6,7,10,11,14,15)$$

$$Y_3 = \sum m(0,3,6,9,12,15)$$

$$Y_4 = \sum m(7,11,13,14,15)$$

(2)选用 16 字 $\times$ 4 位 ROM,画存储矩阵连线图,如图 7-5 所示。

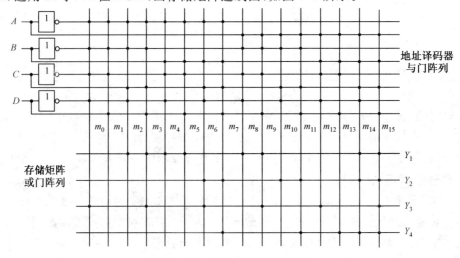

图 7-5   例 7-2 ROM 存储矩阵连线图

3. ROM 容量的扩展

（1）位扩展

如图 7-6 所示是将两片 2764 扩展成 16K×16 位 EPROM 的连线图。

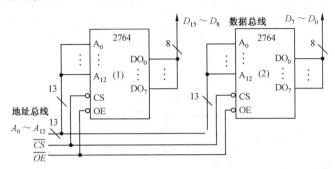

图 7-6　位扩展

（2）字扩展

如图 7-7 所示是将 8 片 2764 扩展成 64K×8 位 EPROM。

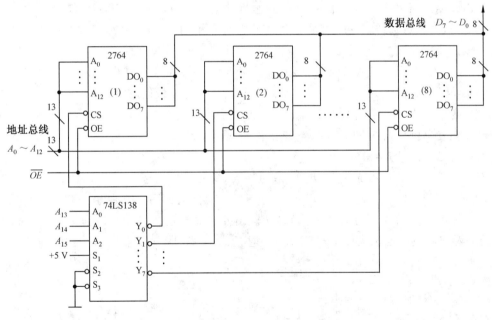

图 7-7　字扩展

7.3　随机存取 RAM

随机存取存储器 RAM（Random Access Memory）可以随机地存入和取出信息,存入也叫写入,取出也叫读出,所以又叫读写存储器。在计算机中,RAM 用作内存储器和高速缓冲存储器。RAM 有双极型和 MOS 型,MOS 型有静态 RAM 和动态 RAM。它的结构与 ROM 类似,仍由地址译码器、存储矩阵和读写控制电路组成。

7.3.1 静态 RAM

1. 静态双极型 RAM

　　能够随意读写的 RAM 存储单元与 ROM 截然不同,图 7-8 是发射极读写存储单元电路,图中 T_1、T_2 为多发射极晶体管,与电阻 R_1、R_2 构成触发器。字线 Z 信号来自地址译码器输出端,其中另一对发射极分别接到数据线 D 和 $\overline{D}$,再转接到读写电路。

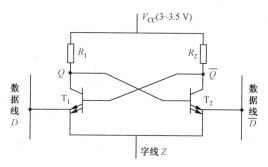

图 7-8　发射极读写存储单元

　　当字线 Z 为低电平 0.3 V 时,该单元未被选中,无论位线是高电平 1.5 V 或低电平 0.7 V,对触发器的状态都没有影响,触发器维持原状态不变,此时不能写入数据;由于字线电平是最低的,触发器中处于饱和的三极管电流只能流向字线,不能流向位线,所以也读不出数据。当字线为高电平 3 V 时,该触发器被选中,可以进行读写。

　　读出时,两条数据线 D 和 $\overline{D}$ 都处于高电平 1.5 V,由于字线电平高于位线电平,所以饱和管的电流流向位线。若数据线 $\overline{D}$ 上有电流则输出 1,否则输出 0。

　　写入时,若要写入 1,则应在 $\overline{D}$ 线上加入负向写入脉冲,使其电位从 1.5 V 降低到 0.7 V,而 D 仍然保持 1.5 V 不变。这时 $\overline{D}$ 线是该单元电位最低的,所以它迫使 T_2 管饱和导通,T_1 截止。若要写入 0,只要 D 降为 0.7 V,$\overline{D}$ 线保持 1.5 V,使 T_1 管饱和,T_2 截止。写入脉冲后触发器维持写入状态不变,直至下次写入为止。

2. 静态 MOS 型 RAM

　　双极型 RAM 的优点是速度快,但是功耗大,集成度也不高,大容量 RAM 一般都是 MOS 型的。存储单元由六管 CMOS 或六管 NMOS 组成,如图 7-9 所示。$T_1 \sim T_4$ 构成基本 RS 触发器,T_5、T_6 为门控管,由行译码器输出控制其导通或是截止。当 X_i 为 1 时,T_5、T_6 导通,触发器输出与位线连接;当 X_i 为 0 时,T_5、T_6 截止,触发器输出与位线断开。T_7、

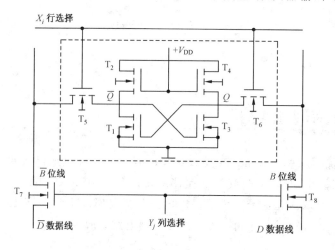

图 7-9　六管 NMOS 静态存储单元

T_8 为门控管,由列译码器输出控制其导通或是截止,每一列的位线接若干个存储单元,通过门控管 T_7、T_8 和数据线连接。当 Y_j 为 1 时,T_7、T_8 导通,位线和数据线接通;Y_j 为 0 时,位线与数据线断开。T_7、T_8 是数据存入或读出存储内容的控制通道。

7.3.2　动态 RAM

动态随机存储器利用 MOS 管栅极电容的暂存作用来存储信息。它与静态 RAM 的区别在于:信息的存储单元是由门控管和电容组成,用电容上是否存储电荷表示存 1 或 0,为了防止因电荷泄露而丢失信息,需要周期性对这种存储器的内容进行重写,称为"刷新"或"再生"。虽然动态 RAM 操作要比静态 RAM 复杂,但由于动态 RAM 结构简单、功耗低、集成度高,因此动态 RAM 已成为大容量 RAM 的主流产品。动态 MOS 存储单元电路多数为三管和单管结构。

1. 三管动态 MOS 存储单元

三管动态 MOS 存储单元如图 7-10 所示。T_2 为存储管,T_3 为读门控管,T_1 为写门控管,T_4 为同一列共用预充电管。代码以电荷的形式存储在 T_2 管的栅极电容 C 中,而 C 上的电压又控制 T_2 管的状态。

读出数据时,首先输入一个预充电脉冲,使 T_4 导通,将杂散电容 C_D 充电到 V_{DD} 值,然后再使读选择线处于高电平,若 C 上原来有电荷存储,是高电平,则 T_2、T_3 都导通,C_D 通过 T_3、T_2 放电,使数据线输出 0,相当于反码输出。若 C 上没有电荷,是低电平,则 T_2 截止,C_D 无放电回路,读数据线保持在预充电时的高电平。读数据线上的高低电平经读放大器放大并反相后输出即为读出结果。

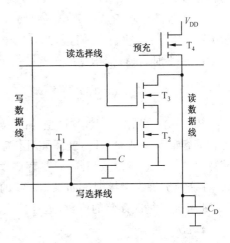

图 7-10　三管动态 MOS 存储单元

写入数据时,令写选择线为高电平,则 T_1 导通,当写入 1 时,令数据线为高电平,通过 T_1 对 C 充电,1 信号被存到 C 上。

2. 单管动态 MOS 存储单元

图 7-11 为单管动态 MOS 存储单元电路,由门控管 T 和电容 C_S 构成。写入信息时,字线为高电平,T 导通,对电容 C_S 充电,相当于写入 1 信息。读出信息时,字线仍为高电平,T 导通,C_S 上 1 信号电压 V_S 经过 T 对 C_0 提供电荷,C_S 上的电荷将在 C_S、C_0 上重新分配,读取电压 V_R 为:

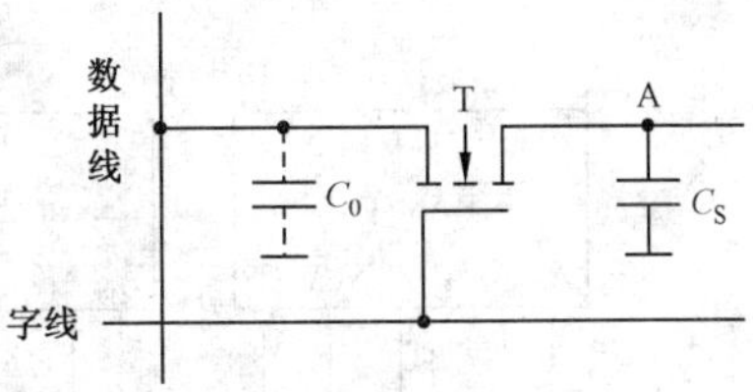

图 7-11　单管动态 MOS 存储单元

$$V_R = \frac{C_S}{C_0 + C_S} V_S$$

因为 $C_0 \gg C_S$,所以读出电压比 V_S 小得多,而且每读一次,C_S 上电荷要减少很多,存储的数据被破坏,故每次读出后,要求及时对读出单元刷新。

7.3.3 集成 RAM 简介

图 7-12 给出 Intel 公司的 MOS 型静态 2114RAM 的结构图。2114RAM 的存储容量为 1024 字×4 位。采用 X、Y 双向译码方式，64 行×16 列，可选择 1024 个字，数码是 4 位结构，用一根 Y 译码输出线来控制存储矩阵中 4 列数据的输入、输出通路。2114RAM 的存储矩阵为 64 列×64 行，64 列中每 4 列为一组，共 16 组，分别由 16 根 Y 译码器输出控制线控制。

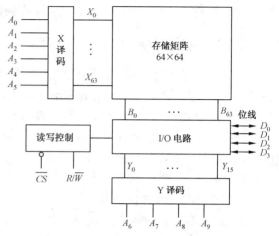

图 7-12　MOS 型静态 2114RAM 结构图

读或写操作在 $R/\overline{W}$（读/写信号）和 $\overline{CS}$（片选信号）的控制下进行。当 $\overline{CS}=0$ 且 $R/\overline{W}=1$ 时，执行读出操作。当 $\overline{CS}=0$ 且 $R/\overline{W}=0$ 时，执行写操作。

7.3.4 RAM 的扩展

RAM 芯片种类很多，各种型号的 RAM 的字数和位数各不相同，当一片 RAM 不能满足存储容量及位数要求时，就需要进行字数和位数的扩展。例如，如果 RAM 的位数刚好与计算机的数据总线位数相同，只是存储单元数目不够用，这就需要用若干片 RAM 来增加字数，称这种扩展为字扩展。如果 RAM 的位数与计算机总线位数不匹配，同样需要用若干片 RAM 来扩展每次存储的位数，这种扩展称为位扩展。

1. 位扩展

存储器芯片的字长多数为一位、四位、八位等。当实际的存储系统的字长超过存储器芯片的字长时，需要进行位扩展。

位扩展是把多个相同地址输入端的 RAM 芯片地址并联起来，即将 RAM 的地址线、读写控制线和片选信号对应并联在一起，而所有芯片的位线加起来作为扩展后的位线。图 7-13 所示是用 4 片 256 字×1 位的 RAM 扩展成 256 字×4 位的 RAM 接线图。

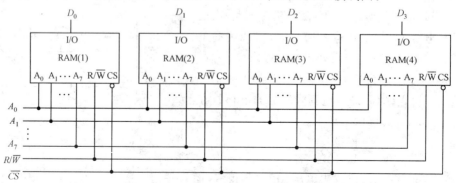

图 7-13　RAM 的位扩展接线图

2. 字扩展

当现有的 RAM 位数够用,而字数不够用时,需要字扩展。字扩展可以利用外加译码器,控制存储器芯片的片选输入端来实现。例如,将 256 字×8 位的 RAM 扩展成 1024 字×8 位的 RAM。$256=2^8$,$1024=2^{10}$,地址线数由原来的 8($A_7 \sim A_0$)扩展为 10($A_9 \sim A_0$),因此需要 4 片的 256 字×8 位的 RAM 及一片 2 线-4 线译码器,接线方式如图 7-14 所示。

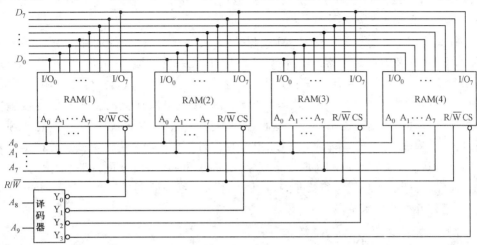

图 7-14 RAM 的字扩展接线图

3. 字和位同时扩展

上述位扩展和字扩展接线方法同样适用于 ROM 存储器。

实际应用中,常将两种方法互相结合,以达到字和位同时扩展的要求。因此无论需要多大容量的存储器系统,均可利用容量有限的存储器芯片,通过字数和位数的扩展来构成。例如,将 1024 字×4 位(1 K×4 位)RAM 扩展成 4096 字×8 位的存储器,需要 8 片的 1024 字×4 位的 RAM 及一片 2 线-4 线译码器。首先将两片 1024 字×4 位的 RAM 并联实现位扩展,达到 8 位的要求;然后根据 2^n=字数,求得 4096 个字的地址线数 $n=12$,再通过 2 线-4线译码器实现字数的扩展。实现接线方法如图 7-15 所示。

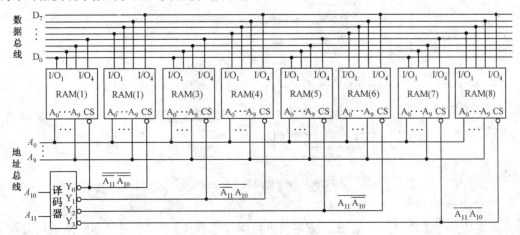

图 7-15 RAM 的字和位同时扩展接线图

7.4 复杂可编程逻辑器件

随着微电子技术的发展和应用上的需求,简单的可编程逻辑器件(Programmable Logic Device,PLD)在集成度和性能方面都难以满足要求,因此集成度更高、功能更强的复杂可编程器件(CPLD)便迅速发展起来。

早期的 CPLD 大多数采用 EPROM 编程技术,需要在专用或通用设备上进行编程。后来采用 E^2PROM 和闪烁存储器技术,使 CPLD 具有"在系统可编程(In System Programmability,ISP)"特性。所谓在系统可编程是指未编程的 ISP 器件可以直接焊在印刷电路板上,然后通过计算机数据传输端口和专用编程电缆对焊接在电路板上的 ISP 器件直接多次编程,从而使器件具有所需的逻辑功能。这种编程不需要使用专用的编程器,因为已将原来属于编程器的编程电路和升压电路集成在 ISP 器件内部。ISP 技术使得调试过程中不需要反复拔插芯片,从而不会产生引脚弯曲变形现象,提高了可靠性,而且可以随时对焊接在电路板上的 ISP 器件的逻辑功能进行修正,从而加快了数字系统的调试过程。目前,ISP 已成为系统在线远程升级的技术手段。

7.4.1 CPLD 的结构

CPLD 具有更多的输入信号、更多的乘积项和更多的宏单元。尽管各厂商生产的 CPLD 器件结构千差万别,但它们仍有共同之处,图 7-16 所示是一般 CPLD 器件的结构框图。CPLD 器件内部含有多个逻辑块,每个逻辑块都相当于一个通用阵列逻辑(Generic Array Logic,GAL)器件,这些逻辑块之间可以使用可编程内部连线(或者称为可编程的开关矩阵)实现相互连接。为了增强对 I/O 的控制能力,提高引脚的适应性,CPLD 中还增加了 I/O 控制块。每个 I/O 块中有若干个 I/O 单元。

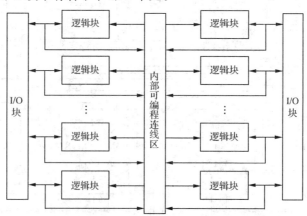

图 7-16　一般 CPLD 器件的结构框图

1. 逻辑块

逻辑块的构成如图 7-17 所示。它主要由可编程乘积项阵列(即与阵列)、乘积项分配、宏单元三部分组成。对于不同厂家、不同型号的 CPLD,逻辑块中的乘积项的输入变量个数 n 和宏单元个数 m 不完全相同。例如 Xilinx 公司的 XC9500 系列中,乘积项输入变量为 36

个,宏单元为18个。而Altera公司的MAX7000系列乘积项输入变量个数有36个,宏单元有16个。

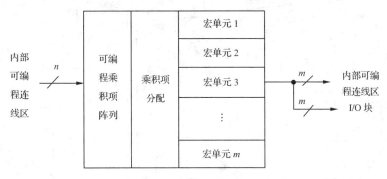

图 7-17 逻辑块的构成

(1) 可编程乘积项阵列

乘积项阵列有 n 个输入,可产生 n 变量的乘积项。一般一个宏单元对应 5 个乘积项,这样,在逻辑块中共有 $5 \times m$ 个乘积项。例如,XC9500 系列的逻辑块中有 90 个 36 变量乘积项,MAX7000 系列的逻辑块中有 80 个 36 变量乘积项。

(2) 乘积项分配和宏单元

不同型号的 CPLD 器件,乘积项分配和宏单元电路结构不完全相同,但所要实现的功能大体相同。图 7-18 所示为 XC9500 系列的乘积项分配和宏单元电路。图中 $S_1 \sim S_8$ 为可编程数据分配器,$M_1 \sim M_5$ 为可编程数据选择器。为了简明起见,没有画出它们的可编程选择输入端。

来自可编程乘积项阵列的 5 个乘积项,通过数据分配器 $S_1 \sim S_5$ 送至宏单元的或门 G_4 构成与 - 或式。与此同时,或门 G_4 最上端的输入,可以通过数据分配器 S_6、S_7 和或门 G_3,取自上一个相邻宏单元的乘积项或下一个相邻宏单元的乘积项,从而扩展了乘积项的个数。

宏单元中任何没有用到的乘积项,都可以经过或门 G_1 与经 S_6 和 S_7 来自相邻宏单元的乘积项由或门 G_2 组合在一起,再经过数据分配器 S_8 送到上一个或下一个宏单元中。这种乘积项的"链式"结构,可以实现远远多于 5 个乘积项的与 - 或式。在 XC9500 系列的 CPLD 中,理论上可以将 90 个乘积项组合到一个宏单元中,产生 90 个乘积项的与 - 或式,但此时其余 17 个宏单元将不能使用乘积项了。在 Altera 公司生产的 CPLD 中,宏单元中除了具有乘积项扩展功能外,还有乘积项共享电路,使得同一个乘积项可以被多个宏单元共同使用。

数据分配器 $S_1 \sim S_5$ 中间输出的乘积项用于特殊功能,这些功能包括作为触发器 FF 的置位、复位、时钟信号,异或门 G_5 的同相/反相输出控制信号和乘积项输出使能控制信号 PTOE。

或门 G_4 输出的与-或式送至异或门 G_5,G_5 的另一个输入来自数据选择器 M_1。通过对 M_1 的编程,可以选择 0、1 或另一个乘积项,来控制 G_4 的输出经 G_5 是否反相,或受另一个乘积项控制。M_3 可以选择是直接组合形式输出还是通过触发器的寄存器形式输出。

触发器 FF 可以被编程为 D 触发器或 T 触发器,且经过 M_2 和 M_5 可以选择全局或乘积项置位、复位信号。通过 M_4 也可以在 3 个全局时钟和一个乘积项中选择触发器的时钟信号。

宏单元的输出不仅送至 I/O 单元,还送到内部可编程连线区,以被其他宏单元使用。

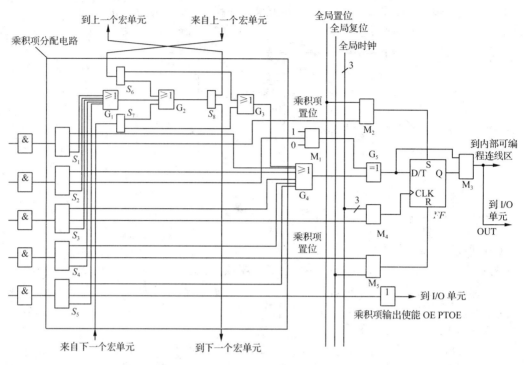

图 7-18 XC9500 系列的乘积项分配和宏单元电路

2. 可编程内部连线

可编程内部连线的作用是实现逻辑块与逻辑块之间、逻辑块与 I/O 块之间以及全局信号到逻辑块和 I/O 块之间的连接。连线区的可编程连接一般由 E^2CMOS 管实现,其原理如图 7-19 所示。当 E^2CMOS 管被编程为导通时,纵线和横线连通;被编程为截止时,两线则不通。

不同厂商对可编程内部连线区的命名也不同,Xilinx 公司的称为 Switch Matrix(开关矩阵),Altera 公司的称为 PIA(Programmable Interconnect Array),Lattice 公司的称为 GRP(Global Routing Pool)。当然,它们之间存在一定的差别,但所承担的任务是相同

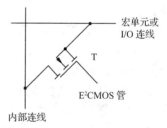

图 7-19 可编程连接原理

的。这些连线的编程工作是由开发软件的布线程序自动完成的。

3. I/O 单元

I/O 单元是 CPLD 外部封装引脚和内部逻辑间的接口。每个 I/O 单元对应一个封装引脚,通过对 I/O 单元中可编程单元的编程,可将引脚定义为输入、输出和双向功能。CPLD 的 I/O 单元简化结构如图 7-20 所示。

I/O 单元中有输入和输出两条信号通路。当 I/O 引脚作输出时,三态输出缓冲器的输入信号来自宏单元,其使能控制信号 OE 由可编程数据选择器 M 选择其来源。其中,全局输出使能控制信号有多个,不同型号的器件,其数量也不同。当 OE 为低电平时,I/O 引脚可用作输入,引脚上的输入信号经过输入缓冲器送至内部可编程连线区。

图 7-20 中 VD_1 和 VD_2 是钳位二极管,用于 I/O 引脚的保护。另外,通过编程可以使 I/O 引脚接上拉电阻或接地,也可以控制输出摆率(转换速率 SR),选择快速方式可适应频率较高的信号输出,选择慢速方式则可以减小功耗和降低噪声。V_{CCINT} 是器件内部逻辑电路的工作电压,而 V_{CCIO} 的引入,可以使 I/O 引脚兼容多种电源系统。

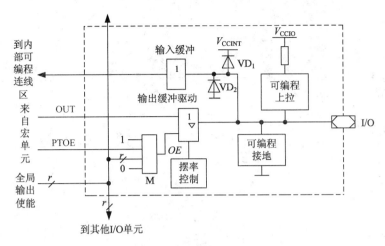

图 7-20　I/O 单元的简化结构图

7.4.2　CPLD 编程简介

CPLD 各种逻辑功能的实现,都是由其内部的可编程单元控制的。这些单元大多数采用 E^2PROM 或闪烁存储器编程技术。编程过程就是将编程数据写入这些单元的过程。这一过程也称为下载(Download)或配置(Configure)。写入 CPLD 中的编程数据都是由可编程器件的开发软件自动生成的。用户在开发软件中输入设计要求,利用开发软件对设计进行检查、分析和优化,并自动对逻辑电路进行划分、布局和布线,然后按照一定的格式生成编程数据文件,再通过编程电缆将编程数据写入 CPLD 中。

目前,绝大多数 CPLD 器件具有 ISP 功能。ISP 器件的编程必须具备三个条件:ISP 专用编程电缆、微机、ISP 编程软件。编程时,用户首先将 ISP 编程电缆的一端接到微机的数据传输端口上,另一端接到电路板上被编程器件的 ISP 接口上,然后通过编程软件发出编程命令,将编程数据传送到芯片中。

不同厂商生产的 CPLD,ISP 接口不完全相同,但基本上都支持 JTAG(Joint Test Action Group)标准编程,所以 CPLD 中都设有 JTAG 规定的 4 个 I/O 引脚。各引脚作用见表 7-3。图 7-21 所示是 Altera 公司的 MAX7000S 系列 CPLD 器件编程连接示意图。

表 7-3　JTAG 标准的各引脚功能

引脚	功能
TMS	编程模式控制
TCK	编程时钟
TDI	编程数据输入
TDO	编程数据输出

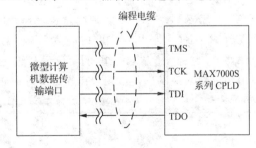

图 7-21　CPLD 器件编程连接示意图

TDO 的数据可以用于编程校验,也可以作为多个 CPLD 串行编程时下一个 CPLD 器件的输入数据,如图 7-22 所示。大多数 CPLD 的这 4 个编程引脚也可以作为用户 I/O 使用。

与后面将要介绍的 FPGA 相比,尽管 CPLD 在电路规模和灵活性方面不如 FPGA,但由于它具有良好的可加密性和传输延时预知性,使得 CPLD 仍广泛应用于数字系统设计中。

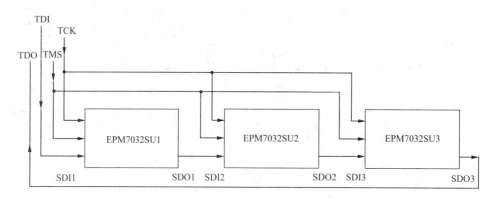

图 7-22　多个 CPLD 器件串行编程

7.5　现场可编程门阵列

现场可编程门阵列(Field Programmable Gate Array,FPGA)是 20 世纪 80 年代中期发展起来的另一种类型的可编程器件,它不像 CPLD 那样采用可编程"与-或"阵列来实现逻辑函数,而是采用查找表(Look-Up Table,LUT)实现逻辑函数。这种不同于 CPLD 的结构特点,使 FPGA 中可以包含数量众多的 LUT 和触发器,从而能够实现更大规模、更复杂的逻辑电路,避免了"与-或"阵列结构上的限制和触发器及 I/O 端数量上的限制。

近年来,生产工艺的进步大大降低了 FPGA 的成本,其功能和性能上的优势更为突出。因此,FPGA 已成为目前设计数字电路或系统的首选器件之一。

7.5.1　FPGA 中编程实现逻辑功能的基本原理

在 FPGA 中,实现组合逻辑功能的基本电路是 LUT 和数据选择器,而触发器是实现时序逻辑功能的基本电路。LUT 本质上就是一个 SRAM。目前 FPGA 中多使用 4 个输入、1 个输出的 LUT,所以每一个 LUT 可以看成是一个具有 4 根地址线的 16 字×1 位的 SRAM。SRAM 与 ROM 实现组合逻辑函数的原理相同。例如,要实现逻辑函数 $F = \overline{A}BC + A\overline{B}CD + B\overline{C}$,则可以列出 F 的真值表,见表 7-4。以 $ABCD$ 作为地址,将 F 的值写入 SRAM 中,这样,每输入一组 $ABCD$ 信号进行逻辑运算,就相当于输入一个地址进行查表,找出地址所对应的内容输出,在 F 端便得到该组输入信号逻辑运算的结果。

表 7-4　　　　　　　　　　　　　　　F 的真值表

| 地　　址 | | | | 内容 | 地　　址 | | | | 内容 |
A	B	C	D	F	A	B	C	D	F
0	0	0	0	0	1	0	0	0	0
0	0	0	1	0	1	0	0	1	0
0	0	1	0	0	1	0	1	0	0
0	0	1	1	0	1	0	1	1	1
0	1	0	0	1	1	1	0	0	1
0	1	0	1	1	1	1	0	1	1
0	1	1	0	1	1	1	1	0	0
0	1	1	1	1	1	1	1	1	0

当用户通过原理图或 HDL 语言描述了一个逻辑电路后,FPGA 开发软件会自动计算逻辑电路的所有可能结果(真值表),并把结果写入 SRAM,这一过程就是所谓的编程。此后,SRAM 中的内容始终保持不变,LUT 就具有了确定的逻辑功能。由于 SRAM 具有数据易失性,即一断电,其原有的逻辑功能将消失。所以 FPGA 一般需要一个外部的 PROM 保存编程数据。上电后 FPGA 首先从 PROM 中读入编程数据进行初始化,然后才开始正常工作。

由于一般的 LUT 为 4 输入结构,所以,当要实现多于 4 变量的逻辑函数时,就需要用多个 LUT 级联来实现。一般 FPGA 中,采用数据选择器实现 LUT 级联。如图 7-23 所示是由 4 个 LUT 和若干个 2 选 1 数据选择器实现 6 变量任意逻辑函数的原理图。该电路实际上将 4 个 16 字×1 位的 LUT 扩展成为 64 字×1 位。A、B 相当于 6 位地址的最高 2 位,它们取值不同时,输出与 LUT 的关系,见表 7-5。

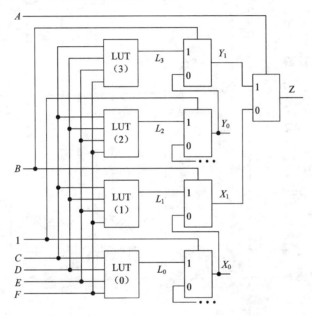

图 7-23　LUT 通过级联实现 6 变量逻辑函数

表 7-5　　字扩展关系

高位地址		输　出
A	B	Z
0	0	选通 LUT(0)
0	1	选通 LUT(1)
1	0	选通 LUT(2)
1	1	选通 LUT(3)

在 LUT 和数据选择器的基础上再增加触发器,便可构成既可实现组合逻辑功能又可实现时序逻辑功能的基本逻辑单元电路。FPGA 中就是由很多类似这样的基本逻辑单元来实现各种复杂逻辑功能。由于 SRAM 中的数据理论上可以进行无限次写入,所以,基于 SRAM 技术的 FPGA 可以进行无限次的编程。

7.5.2 FPGA 的结构

在目前的 FPGA 产品中 Xilinx 公司的 FPGA 最为典型,下面以该公司的产品为例介绍 FPGA 的内部结构及各模块的功能。FPGA 的结构如图 7-24 所示,它主要由可编程逻辑模块(Configurable Logic Block,CLB)、RAM 块(Block RAM)、输入/输出模块(Input/Output Block,IOB)、延时锁环(Delay-Locked Loop,DLL)和可编程布线矩阵(Programmable Routing Matrix,PRM,图 7-24 中未画出)等组成。FPGA 的规模不同,其所包含的模块数量也不同。

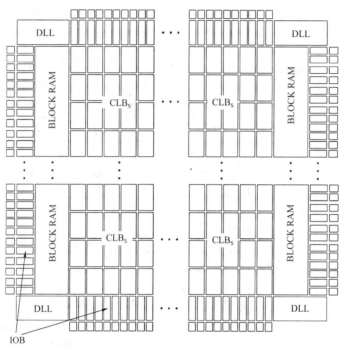

图 7-24　Spartan-Ⅱ系列 FPGA 的结构

可编程逻辑模块 CLB 是实现各种逻辑功能的基本单元,包括组合逻辑、时序逻辑、加法器等运算功能。可编程输入/输出模块 IOB 是芯片外部引脚数据与内部数据进行交换的接口电路,通过编程可将 I/O 引脚设置成输入、输出和双向等不同的功能。IOB 分布在芯片的四周。

延时锁环 DLL 可以控制和修正内部各部分时钟的传输延迟时间,保证逻辑电路可靠的工作。同时也可以产生相位滞后 $0°$、$90°$、$180°$ 和 $270°$ 的时钟脉冲,还可以产生倍频或分频时钟,分频系数可以是 1.5、2、2.5、3、4、5、8、16 等。

CLB 之间的空隙部分是布线区,分布着可编程布线资源。通过它们来实现 CLB 与 CLB 之间、CLB 与 IOB 之间以及全局时钟等信号与 CLB 和 IOB 之间的连接。

在 Xilinx 公司的高性能产品中,已将乘法器、数字信号处理器等集成在 FPGA 中,大大增强了 FPGA 的功能。同时为了使芯片稳定可靠的工作,其内部都设有数字时钟管理模块。本教材对这些内容不加以讨论,此处只介绍 FPGA 中几个最基本的功能模块。

1.可编程逻辑模块 CLB

CLB 是 FPGA 中的基本逻辑模块,它可实现绝大多数的逻辑功能,其简化的原理框图如图 7-25 所示。

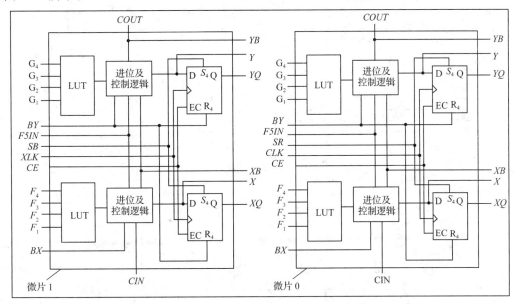

图 7-25 Spartan-Ⅱ、Virtex 系列简化的 CLB 原理框图

构成 CLB 的基础是逻辑单元(Logic Cell,LC),一个 LC 中包括一个 4 输入 LUT、进位及控制逻辑和一个 D 触发器(EC 为时钟使能控制端)。每个 CLB 包含 4 个 LC,并将每 2 个 LC 组织在 1 个微片(Slice)中,图中可见有 2 个微片。在 Virtex-Ⅱ 和 Spartan-3 系列中,CLB 包含 4 个微片,即有 8 个 LC。CLB 的输入来自可编程布线区,其输出再送到内部布线区。

为了进一步了解 CLB 实现各种逻辑功能的原理,图 7-26 画出了更详细的单个微片原理图。图中数据选择器除了 CY、F5、F6 外均为可编程 MUX。由图可看出,微片有 15 个输入端和 8 个输出端。15 个输入包括两组 4 变量逻辑函数输入端 $F_1 \sim F_4$ 和 $G_1 \sim G_4$,3 个触发器控制及时钟信号输入端 SR、CLK 和 CE,1 个级联输入端 $F5IN$,2 个旁路输入端 BX、BY 和 1 个进位链输入端 CIN。8 个输出包括 2 个组合逻辑输出端 X 和 Y,2 个寄存器输出端 XQ 和 YQ,2 个算数运算进位端 XB 和 YB,1 个级联输出端 F5 和 1 个进位链输出端 $COUT$。微片中上下两个 LC 结构基本相同,现以下面的 LC 为主介绍电路功能。

(1)实现 4 变量任意逻辑函数

来自 CLB 以外布线区的 4 个输入变量送入 $F_1 \sim F_4$,在 F-LUT 的 O 端得到 4 变量逻辑函数。该结果可经 XMUX 直接从 X 端输出,也可经 DXMUX 和 D 触发器由 XQ 端输出。

(2)实现 5 变量任意逻辑函数

来自 CLB 以外布线区的 4 个输入变量同时送入 $F_1 \sim F_4$ 和相应的 $G_1 \sim G_4$,第 5 个输入变量送至 BX 端。F-LUT、G-LUT 的输出和 BX 经数据选择器 F5 扩展为 5 变量逻辑函数。该结果可直接由 F5 端输出,也可经 XMUX、DXMUX 和 D 触发器,由 X 和/或 XQ 端输出。

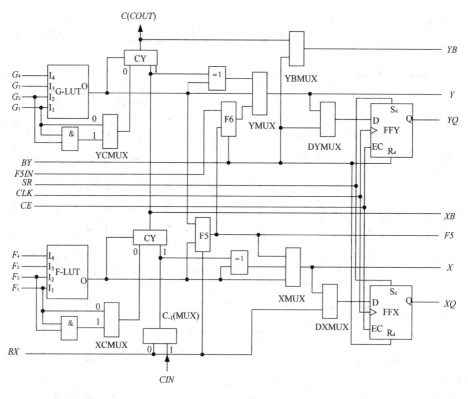

图 7-26　单个微片原理图

（3）实现 6 变量任意逻辑函数

实现 6 变量任意逻辑函数需用 2 个微片。在实现 5 变量函数基础上，将另一个微片的 F5 的输出送入此微片的 $F5IN$ 输入端，第 6 个变量送入 BY 端。数据选择器 F5 的输出、$F5IN$ 和 BY 经数据选择器 F6 扩展为 6 变量逻辑函数。该结果经 YMUX、DYMUX 和 D 触发器，由 Y 和/或 YQ 端输出。

（4）二位二进制加法器

由于加法运算涉及进位问题，所以 CLB 中专门设计了进位链，一个微片可以完成 2 位二进制数的加法运算。实现加法运算时，加数 A_1A_0 和被加数 B_1B_0 分别送入 G_2F_2 和 G_1F_1，即 $G_2＝A_1$，$G_1＝B_1$，$F_2＝A_0$，$F_1＝B_0$。通过编程使两个 LUT 分别实现 $F_2 \oplus F_1$ 和 $G_2 \oplus G_1$，同时编程使 XMUX 和 YMUX 选通异或门的输出，使 XCMUX 和 YCMUX 选通与门的输出，使 YBMUX 选通上端 CY 的输出。这样，图 7-26 可以简化为图 7-27 的形式。其中，低位的和 $S_0＝A_0 \oplus B_0 \oplus C_{-1}$，进位 C_0 为

$$C_0 = (\overline{A_0 \oplus B_0})A_0B_0 + (A_0 \oplus B_0)C_{-1}$$
$$= (A_0B_0 + \overline{A_0}\ \overline{B_0})A_0B_0 + (A_0 \oplus B_0)C_{-1}$$
$$= A_0B_0 + (A_0 \oplus B_0)C_{-1}$$

高位的和及进位有相同的结果，由此看出，电路上、下两个部分分别为两个全加器。

图 7-26 所示电路中的与门、XCMUX、YCMUX、C_{-1}MUX 和 CY 构成进位逻辑电路，也称之为进位链，可以与其他微片串联实现更多位的加法运算。当此微片为最低位时，通过编程使 C_{-1}MUX 选通 BX，且使 $BX＝0$。

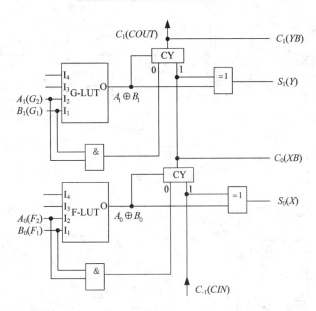

图 7-27　实现二位二进制加法运算电路

（5）时序逻辑电路的实现

图 7-26 中触发器的输出经布线区反馈给输入，再经 LUT 产生激励函数驱动触发器的 D 端，从而构成时序逻辑电路。触发器的激励函数也可以通过 DXMUX(DYMUX)直接取自 BX(BY)。由多个 CLB 便可以构成复杂的时序逻辑电路。

由于 LUT 就是一个 16 字×1 位的 SRAM，所以 CLB 也可以用作存储器，不过此时 LUT 中的内容不再是预先配置好的，而是在正常工作时可以随时读写的，而且 LUT 不能再作为逻辑函数产生器使用。LUT 也可以被设置成 16 位移位寄存器使用。另外，为了弥补 LUT 构成的 RAM 在容量上的不足，在 FPGA 中还增加了 RAM 块。这些 RAM 块以列的形式排列，在 Spartan-Ⅱ系列中有两列这样的 RAM 块，分布在垂直方向的边沿。每个 RAM 块与 4 个 CLB 等高，每列与整个芯片等高。每个 RAM 块工作在全同步双口方式下。每个口有独立的读写控制信号，且可以编程配置成不同字×位的结构形式。在密度更高的 FPGA 中，有更多列的 RAM 块，详细内容可以参见厂商器件数据手册。

2. 输入/输出模块 IOB

IOB 是 FPGA 外部封装引脚和内部逻辑间的接口。每个 IOB 对应一个封装引脚，通过对 IOB 编程，可以将引脚分别定义为输入、输出和双向功能。IOB 的简化原理图如图 7-28 所示。图中的 V_{CCO} 和 V_{REF} 与其他 IOB 共用。

IOB 中有输入和输出两条信号通路。当 I/O 引脚作为输出时，内部逻辑信号由 O 端进入 IOB 模块，由可编程数据选择器确定是直接送出缓冲器还是通过 D 触发器寄存后再送出缓冲器。输出缓冲器使能控制信号 T 可以直接控制输出缓冲器，也可以通过触发器 TFF 后再控制输出缓冲器。当 I/O 引脚用作输入时，引脚上的输入信号经过输入缓冲器，可以直接由 I 进入内部逻辑电路，也可以经过触发器 IFF 寄存后由 IQ 输入到内部逻辑电路中。没有用到的引脚被预置为高阻态。

可编程延时电路可以控制输入信号进入的时机，保证内部逻辑电路协调工作。其最短延迟时间为零。

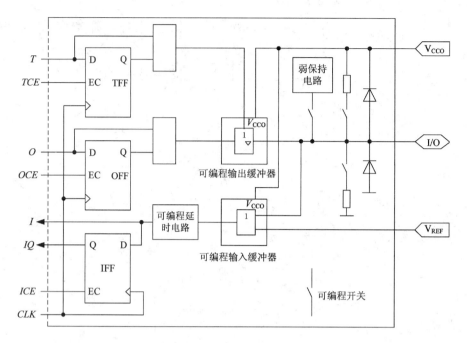

图 7-28　简化的 IOB 原理框图

3 个触发器均可编程配置为边沿触发或电平触发方式,它们共用同一个时钟信号 CLK,但有各自的时钟使能控制信号。通过它们可以实现同步输入/输出。

输入、输出缓冲器和 IOB 中所有的信号均有独立的极性控制电路(图 7-28 中未画出),可以控制信号是否反相,使能信号是高有效还是低有效,触发器是上升沿触发还是下降沿触发等。

图 7-28 中两个钳位二极管具有瞬时过压保护和静电保护作用。上拉电阻、下拉电阻和弱保持电路(Weak-Keeper Circuit)可通过编程配置给 I/O 引脚。弱保持电路监视并跟踪I/O 引脚输入电压的变化,当连至引脚总线上所有的驱动信号全部无效时,弱保持电路将维持在引脚最后一个状态的逻辑电平上,可以避免总线处于悬浮状态,消除总线抖动。

为使 FPGA 能在不同电源系统中正常工作,IOB 中设计了两个电压输入端 V_{CCO} 和 V_{REF}(它们由多个 IOB 共用)。V_{REF} 为逻辑电平的参考电压,在执行某些 I/O 标准时,需要输入V_{REF}。大约每 6 个 I/O 有一个 V_{REF} 引脚。

在此基础上,为了增强 FPGA 的适应性和灵活性,将若干个 IOB 组织在一起构成一个组(Bank),如图 7-29 所示。一般 FPGA 的 I/O 划分为 8 个 Bank。同一个 Bank 中 V_{CCO} 引脚只能用同一个电压值,V_{REF} 也只能用同一个电压值。但不是所有 V_{REF} 引脚都必须输入一个参考电压,即需要输入的接同一电压值,不需要输入的可以不接参考电压。FPGA 的规模不同,每个 Bank 中的 V_{CCO} 引脚和 V_{REF} 引脚的数量也不同。不同的 Bank 可以与不同的 I/O 信号传输标准的逻辑电路进行接口。这一特性可以使 FPGA 工作在由不同工作电源构成的复杂系统中,而 FPGA 内部逻辑电路则在其所谓的核心电源(Core Power Supply)下工作。

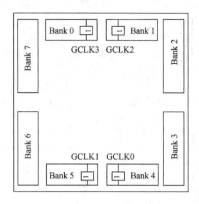

图 7-29　Spartan-Ⅱ、Virtex 系列 FPGA 中的 Bank 分布

3. 可编程连线资源

FPGA 中有多种布线资源,包括局部布线资源、通用布线资源、I/O 布线资源、专用布线资源和全局布线资源等,它们分别承担了不同的连线任务。

(1)局部布线资源

局部布线资源是指进出 CLB 信号的连线资源,其示意图如图 7-30 所示。其中 GRM (General Routing Matrix)为通用布线矩阵。局部布线资源主要包括三部分连接:CLB 到 GRM 之间的连接;CLB 的输出到自身输入的高速反馈连接;CLB 到水平相邻 CLB 间的直通快速连接,避免了通过 GRM 产生的延时。

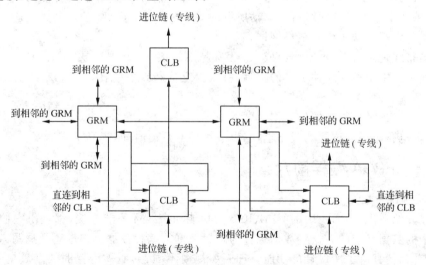

图 7-30　局部布线资源示意图

(2)通用布线资源

通用布线区由 GRM 及其连线构成。GRM 是行线资源与列线资源互联的开关矩阵,其结构如图 7-31 所示。通用布线区是 FPGA 中主要的内连资源。GRM 的规模与 FPGA 的规模大小有关。

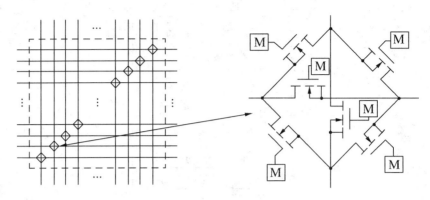

图 7-31 GRM 的结构

(3)I/O 布线资源

在 CLB 阵列与 IOB 接口的外围有附加的布线资源,称为万能环(VersaRing)。通过对这些布线资源的编程,可以方便地实现引脚的交换和锁定。使引脚位置的变动与内部逻辑无关。

(4)专用布线资源

除了上述布线资源,FPGA 中还包含特殊用途的横向三态总线和纵向进位链的专用布线资源。

(5)全局布线资源

全局布线资源主要用于分配时钟信号和其他贯穿整个器件的高扇出信号。这些布线资源分为主、次两级。主全局布线资源与提供高扇出时钟信号的专用输入引脚构成 4 个专用全局网络,每一个全局时钟网络可以驱动所有的 CLB、IOB 和 RAM 块的时钟引脚。有 4 个全局缓冲器分别驱动这 4 个主全局网格。

次全局布线资源由 24 根干线组成,12 根穿越芯片顶部,12 根穿越底部。它们可由纵向长线连至列中。由于不受时钟引脚的限制,所以次全局布线资源比主全局布线资源使用更灵活。

信号的传输延时是限制器件工作速度的根本原因。在 FPGA 的设计过程中,由软件进行优化,确定电路布局的位置和线路选择,以减小传输延迟时间,提高工作速度。

7.5.3 FPGA 编程简介

1. 配置(编程)数据

由上述介绍看出,FPGA 中的 CLB、IOB 的功能和布线资源的连接,都是由它们相应的存储单元中的数据确定的。这些数据也称为配置数据或编程数据。将配置数据写入 FPGA 芯片后,该芯片便具有了所设计的功能。FPGA 规模不同,其所需配置的数据量也不同,几种芯片的配置数据量见表 7-6。

表 7-6 几种芯片的配置数据量

型 号	配置数据量/bit
XC2S30	336 768
XC2S50	559 200
XC2S100	781 216
XC2S200	1335 840

配置数据由 FPGA 开发软件自动生成。开发系统将设计输入转换成网表文件,并自动

对逻辑电路进行划分、布局和布线,然后按 PROM 格式生成配置数据流文件。可以用通用或专用编程器将配置数据写入 PROM 中。根据 FPGA 芯片型号所需配置数据量的多少选择相应容量的 PROM。

2. 配置数据的装入

由于 SRAM 在断电后其内部的数据会丢失,所以基于 SRAM 的 FPGA 必须配置一个 PROM 芯片,用以存放 FPGA 的配置数据。每次上电后,FPGA 可以自动地将 PROM 中的配置数据装载到 FPGA 中,或通过控制 FPGA 相应的编程引脚,将配置数据装载到 FPGA 中。装载完成后,FPGA 按照配置好的逻辑功能开始工作。

为实现上述过程,FPGA 中都设有相应的引脚,主要包括编程使能、数据输入、数据输出、状态指示、时钟等信号。表 7-7 为 Spartan-Ⅱ、Virtex、Virtex-E 系列 FPGA 芯片用于装载配置数据的相关引脚说明。

当在 FPGA 的三个专用引脚 M2、M1 和 M0 上输入不同的逻辑电平时,便可选择一种配置模式进行数据装入。配置模式见表 7-8。主模式利用 FPGA 内部振荡器产生配置时钟信号 CCLK 来驱动有编程数据的 PROM。而从模式则需要外部电路提供时钟信号来驱动 CCLK 和装有编程数据的 PROM。当选择串行模式时,编程数据从 PROM 中以串行方式装入 FPGA 中,此时必须用有串行功能的 PROM。主串装入模式电路如图 7-32 所示。当选择并行模式时,除了时钟信号外,还需提供其他读写控制信号。FPGA 不仅能够直接从 PROM 中读取配置数据,而且可以由其他微处理器或单片机控制装入配置数据。

表 7-7   FPGA 芯片用于装载配置数据的相关引脚说明

引脚	是否专用	方向	描 述
M_0,M_1,M_2	是	输入	用于指定配置模式
CCLK	是	输入/输出	配置时钟的输入/输出引脚。当采用从配置模式时为输入,采用主配置模式时为输出。配置完成后为输入方式,但处于无关逻辑电平
PROGRAM	是	输入	低电平时开始配置过程
DONE	是	双向	由低到高时表示配置装载完成。输入低电平时可以推迟启动工作。输出可以为漏极开路方式
INIT	否	双向（漏极开路）	为低电平时表示配置存储单元正在清零,配置结束后可作为用户 I/O
BUSY/DOUT	否	输出	在从并模式下,BUSY 控制配置数据的装载速率。在串行模式下,多个器件采用链式配置时,DOUT 作为向下一级传递数据流的出口。配置完成后可作为用户的 I/O
D_0/D_{2N},D_1,D_2,D_3,D_4,D_5,D_6,D_7	否	输入/输出	在从并模式下,D0～D7 为配置数据输入端。在串行模式下,DIN 为串行数据输入端。配置完成后都可作为用户的 I/O
WRITE	否	输入	在从并模式下,写使能信号,低电平有效。配置完成后可作为用户的 I/O
CS	否	输入	在从并模式下,片选信号,低电平有效。配置完成后可作为用户的 I/O
V_{CCINT}	是	输入	内部核心逻辑电源引脚
V_{CCO}	是	输入	输出驱动电源引脚

表 7-8   配置模式

型号	M_2 M_1 M_0	配置前相关引脚是否上拉	CCLK 方向	数据宽度	D_{OUT}
主串	0 0 0 0 0 1	否 是	输出	1	串行输出
从串	1 1 0 1 1 1	是 否	输入	1	串行输出
从并	0 1 0 0 1 1	是 否	输入	8	无

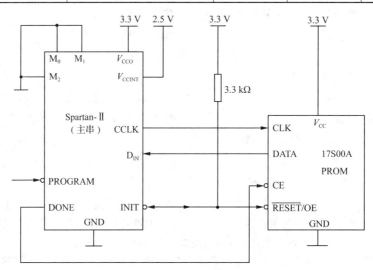

图 7-32 主串装入模式电路

存储器是数字系统和计算机中不可缺少的组成部分,它用来存储数据、资料和运算程序等二进制信息。存储器从功能上分为 ROM 和 RAM 两种。

只读存储器 ROM 分为固定 ROM、可编程 PROM、光可擦除可编程 EPROM、电可擦除可编程 E^2PROM 和快闪存储器 Flash Memory。ROM 器件主要是由各个存储单元的结构来存放二进制信息,结构一旦确定,信息也就固定,可以长期保存,因此它有非易失性。存储的信息可以方便读出,而修改信息相对复杂。

随机存储器 RAM 分为静态 RAM 和动态 RAM。静态 RAM 的存储单元为触发器,常用在存储容量不是很大的场合。动态 RAM 的存储单元是利用 MOS 管具有极高的输入电阻,在栅极电容上可暂存电荷的特点来存储信息,由于栅极电容存在漏电,因此工作时需要周期性地对存储数据进行刷新。RAM 断电后信息也消失,因此它具有断电易失性。

如果一片 RAM 或 ROM 不能满足存储容量及位数要求,可以利用位扩展、字扩展、字和位同时扩展的方法满足系统对存储容量的要求。

CPLD 是在 GAL 的基础上发展起来的复杂可编程逻辑器件,其电路结构的核心是与-或阵列和触发器,且可以在系统编程(ISP 特性)。用户可以自行设计该类器件的逻辑功能,具有集成度高、可靠性高、处理速度快和保密性好等特点。

FPGA 是基于 LUT 实现逻辑函数的可编程器件,且大部分 FPGA 的 LUT 由 SRAM 构成。它以功能很强的 CLB 为基本逻辑单元,可以实现各种复杂的逻辑功能,同时还可以兼作 RAM 使用。FPGA 是目前规模最大、密度最高的可编程器件。

7-1 半导体存储器的主要技术指标有哪些?

7-2 ROM 的点阵图及地址线波形如图 7-33 所示,试写出 $Y_3 \sim Y_0$ 的表达式,画出其波形图。

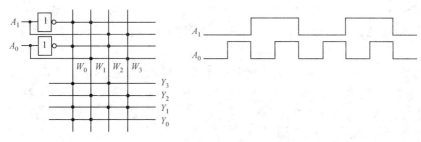

图 7-33 题 7-2 图

7-3 试确定用 ROM 实现下列逻辑函数时所需的容量:

(1)实现两个两位二进制数相乘的乘法器;

(2)将四位二进制转换成十进制(8421BCD 码)的转换电路。

7-4 ROM、PROM、EPROM、E^2PROM、Flash Memory 有什么相同和不同之处?

7-5 ROM 和 RAM 有什么相同和不同之处?

7-6 指出下列存储系统各具有多少个存储单元,至少需要多少根地址线和数据线?

(1)512K×2 位　(2)64K×1 位　(3)256K×4 位　(4)1M×8 位

7-7 试画出下面电路,分别用 256 字×1 位 RAM 扩展成下列存储器:

(1)2048 字×1 位　(2)256 字×4 位　(3)1024 字×2 位

7-8 图 7-34 所示是用 4 片 16 字×4 位 RAM 和逻辑门构成的电路,试问:

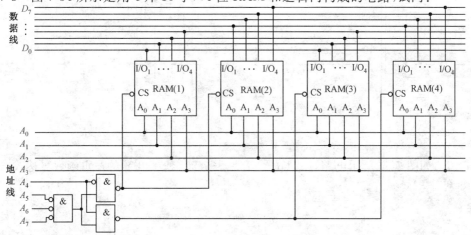

图 7-34 题 7-8 图

(1)单片 RAM 的存储容量? 扩展后的 RAM 总容量?

(2)该电路属于位扩展,字扩展,还是字、位都有扩展?

(3)当地址码分别为 00000110 或 00011001 时,RAM(1)~RAM(4),哪几片被选中?

7-9 用 ROM 设计一个组合逻辑电路,实现下列各函数,画出存储矩阵的点阵图。

$$\begin{cases} Y_1 = \overline{A}B\overline{D} + A\overline{C}D + \overline{B}CD \\ Y_2 = \overline{B}C + B\overline{C} \\ Y_3 = \overline{A}B\overline{C}D + \overline{A}BC\overline{D} + A\overline{B}C\overline{D} + ABC\overline{D} \\ Y_4 = \overline{A}BC + A\overline{B}C + AB\overline{C} \end{cases}$$

7-10 若某 CPLD 中的逻辑块有 36 个输入(不含全局时钟,全局使能控制等),16 个宏单元。理论上,该逻辑块可以实现多少个逻辑函数? 每个逻辑函数最多可有多少个变量? 如果每个宏单元包含 5 个乘积项,通过乘积项扩展,逻辑函数中所能包含的乘积项数目最多是多少?

7-11 设 CPLD 中某宏单元编程后电路如图 7-35 所示,图中画出了 $S_1 \sim S_8$ 和 M_1、M_3 编程后的连接。数据分配器 $S_1 \sim S_8$ 未被选中的输出为 0。已知各乘积项如图 7-35 所示。

(1)此时宏单元的输出 Y 是组合型输出还是寄存器型输出?

(2)写出 X 和 Y 的逻辑函数表达式。

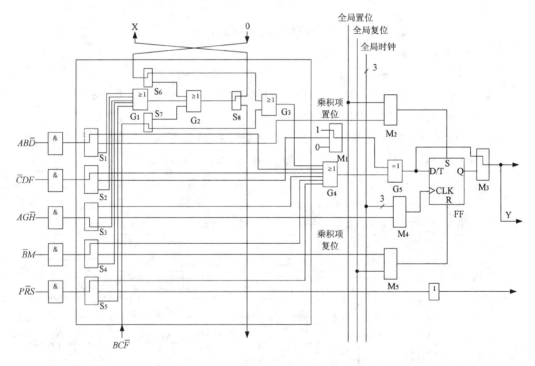

图 7-35 题 7-11 图

7-12 如图 7-36 所示电路,LUT 的内容见表 7-9。试写出 Y 的逻辑函数表达式。

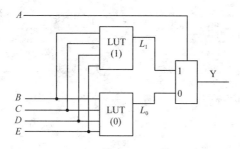

图 7-36 题 7-12 图

表 7-9   题 7-12 表

地　址 B　C　D　E	内　容 L_1　L_0	地　址 B　C　D　E	内　容 L_1　L_0
0　0　0　0	0　1	1　0　0　0	0　1
0　0　0　1	0　0	1　0　0　1	1　0
0　0　1　0	1　0	1　0　1　0	0　0
0　0　1　1	0　0	1　0　1　1	0　1
0　1　0　0	1　0	1　1　0　0	0　1
0　1　0　1	0　0	1　1　0　1	1　0
0　1　1　0	0　1	1　1　1　0	1　0
0　1　1　1	0　1	1　1　1　1	0　1

7-13　根据图 7-26，试画出其实现两位二进制数加法运算的简化逻辑图。

第 *8* 章

DIBAZHANG

数/模和模/数转换

学习目标

目前数/模（D/A）和模/数（A/D）转换器的种类很多，本章只介绍几种使用较多也比较典型的转换电路。在 D/A 转换器中，介绍权电阻 DAC 电路、倒 T 型电阻网络 DAC 电路、权电流 DAC 电路的工作原理和典型集成芯片 DAC0832 及其应用；在 A/D 转换器中，介绍并行比较、反馈比较和双积分型 ADC 电路的工作原理和典型集成芯片 ADC0801 及其应用。简单介绍 D/A、A/D 转换器的主要技术指标。

能力目标

理解并掌握 D/A 和 A/D 典型转换电路的基本工作原理，掌握 DAC 和 ADC 的主要技术指标，了解集成 DAC 和 ADC 芯片的功能及其应用。

随着数字技术，特别是计算机技术的飞速发展与普及，在现代控制、通信及检测领域中，对信号的处理广泛采用了数字计算机技术。由于系统的实际处理对象往往都是一些模拟量（如温度、压力、位移、图像等），要使计算机或数字仪表能识别和处理这些信号，必须首先将这些模拟信号转换成数字信号；而经计算机分析、处理后输出的数字量往往也需要将其转换成为相应的模拟信号才能为执行机构所接收。这样，就需要一种能在模拟信号与数字信号之间起桥梁作用的电路——模/数转换电路和数/模转换电路。

将模拟信号转换成数字信号的电路，称为模/数转换器（A/D 转换器），简称 ADC（Analog to Digital Converter）；而将数字信号转换成模拟信号的电路称为数/模转换器（D/A 转换器），简称 DAC（Digital to Analog Converter）。

A/D 转换器和 D/A 转换器已经成为计算机系统中不可缺少的接口电路。在本章中，将介绍几种常用 A/D 转换器与 D/A 转换器的电路结构、工作原理及其应用。

8.1 D/A 转换器

8.1.1 D/A 转换器的基本原理

数字量是用代码按数位组合起来表示的,对于有权码,每位代码都有一定的权。为了将数字量转换成模拟量,必须将每 1 位的代码按其权的大小转换成相应的模拟量,然后将这些模拟量相加,即可得到与数字量成正比的总模拟量,从而实现数字/模拟转换。这就是构成 D/A 转换器的基本思路。

图 8-1 所示是 D/A 转换器的输入、输出关系框图,$D_0 \sim D_{n-1}$ 是输入的 n 位二进制数,v_O 是与输入二进制数成比例的输出电压。

图 8-2 所示是一个输入为三位二进制数的 D/A 转换器的转换特性,它具体而形象地反映了 D/A 转换器的基本功能。

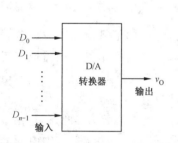

图 8-1 D/A 转换器的输入、输出关系框图

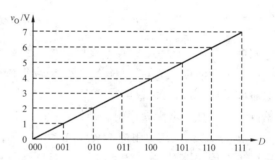

图 8-2 三位二进制数的 D/A 转换器的转换特性

8.1.2 二进制权电阻 DAC

四位二进制权电阻 DAC 如图 8-3 所示。它由四部分组成:基准电压 V_{REF},求和运算放大器 A,阻值分别为 R、$2R$、$4R$、$8R$ 的电阻组成的电阻网络,四个受输入数字信号 $d_i (i=0, 1,2,3)$ 控制的模拟开关 $S_0 \sim S_3$。当 $d_i = 0$ 时,S_i 接地;$d_i = 1$ 时,S_i 接参考电压 V_{REF}。求和运算放大器 A 将各支路电流相加,并通过 R_F 将其转换成为与数字信号成正比的模拟电压。

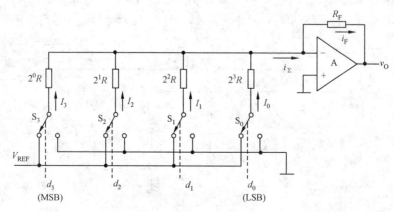

图 8-3 四位二进制权电阻 DAC 原理图

由图 8-3 很容易写出：

$$i_\Sigma = d_3 \frac{V_{\text{REF}}}{2^0 R} + d_2 \frac{V_{\text{REF}}}{2^1 R} + d_1 \frac{V_{\text{REF}}}{2^2 R} + d_0 \frac{V_{\text{REF}}}{2^3 R}$$

$$= \frac{V_{\text{REF}}}{2^3 R}(d_3 \times 2^3 + d_2 \times 2^2 + d_1 \times 2^1 + d_0 \times 2^0)$$

$$= \frac{V_{\text{REF}}}{2^3 R} \sum_{i=0}^{3}(d_i \times 2^i) \tag{8-1}$$

当输入的数字量超过四位时，每增加一位只要增加一个模拟开关和一个电阻就可以。这样，一个 n 位二进制权电阻 DAC 就需要 n 个二进制权电阻，其阻值分别为 $2^0 R$、$2^1 R$、$\cdots$、$2^{n-1} R$。对于 n 位权电阻 DAC，有：

$$i_\Sigma = \frac{V_{\text{REF}}}{2^{n-1} R}(d_{n-1} \times 2^{n-1} + d_{n-2} \times 2^{n-2} + \cdots + d_1 \times 2^1 + d_0 \times 2^0)$$

$$= \frac{V_{\text{REF}}}{2^{n-1} R} \sum_{i=0}^{n-1}(d_i \times 2^i) \tag{8-2}$$

$$v_O = -i_F \times R_F = -i_\Sigma \times R_F = -\frac{V_{\text{REF}} R_F}{2^{n-1} R} \sum_{i=0}^{n-1}(d_i \times 2^i) \tag{8-3}$$

权电阻 DAC 的优点是简单直接，但是，当位数较多时，电阻的值域范围太宽。这就带来了两个致命弱点：一是阻值种类太多，制成集成电路比较难；二是由于各位电阻值与二进制数位成反比，所以高位权电阻的误差对输出电流的影响比低位大得多，这就对高位权电阻的精度和稳定性要求十分苛刻。例如，一个十二位的权电阻 DAC，$V_{\text{REF}} = 10$ V，最高位权电阻为 1 kΩ，则最低位权电阻应为 $2^{11} \times 1 = 2.48$ MΩ。当最低位二进制数为 1 时，通过该电阻的电流为 $i_0 = 10$ V/2.48 MΩ $\approx 4\ \mu$A。而最高位权电阻的误差若为 $\pm 0.05\%$，则引起的电流误差为 $\pm 0.05\% \times 10$ V/1 kΩ $= \pm 5\ \mu$A，即最高位由于电阻误差引起的误差电流比最低位转换电流还要大。所以，位数越多，对高位权电阻精度的要求越苛刻，这就给生产带来了很大的困难。

8.1.3 *R-2R* 倒 T 型电阻网络 DAC

R-2R 倒 T 型电阻网络 DAC 如图 8-4 所示。它只有 *R* 和 2*R* 两种电阻，克服了二进制权电阻 DAC 电阻范围宽的缺点。图中 $S_0 \sim S_3$ 为电子模拟开关，受数字量 $d_0 \sim d_3$ 控制。$d_i = 1(i = 0, 1, 2, 3)$ 时，S_i 接运算大器的反相输入端（虚地端）；$d_i = 0$ 时，S_i 接地。这个电路有两个特点：

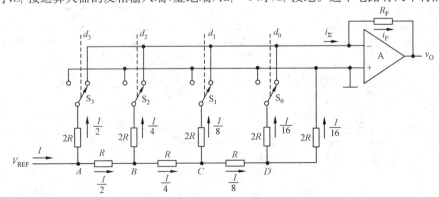

图 8-4 *R-2R* 倒 T 型电阻网络 DAC

(1)无论数字量 d_i 是 0 还是 1,各模拟开关 S_i 均相当于接地。所以 S_i 无论是接地还是接虚地点,流入每个 2R 支路的电流都是不变的。

(2)由 A、B、C、D 各节点向上和向右看的两条支路的等效电阻都是 2R,节点到地的等效电阻则为 2R/2R＝R。所以每条支路的电流都等于流入节点电流的一半。

由图 8-4 可以看出,基准电压 V_{REF} 对地电阻为 R,其流出的电流为 $I=V_{REF}/R$ 是固定不变的,而各支路电流依次为 $I/2$、$I/4$、$I/8$、$I/16$,因此流入运算放大器的电流为

$$i_F = i_\sum = d_3 \frac{I}{2} + d_2 \frac{I}{4} + d_1 \frac{I}{8} + d_0 \frac{I}{16}$$

$$= \frac{V_{REF}}{2^4 R}(d_3 \times 2^3 + d_2 \times 2^2 + d_1 \times 2^1 + d_0 \times 2^0)$$

$$= \frac{V_{REF}}{2^4 R} \sum_{i=0}^{3}(d_i \times 2^i) \tag{8-4}$$

将式(8-4)推广到 n 位 DAC,得:

$$i_F = i_\sum = \frac{V_{REF}}{2^n R}(d_{n-1} \times 2^{n-1} + d_{n-2} \times 2^{n-2} + \cdots + d_1 \times 2^1 + d_0 \times 2^0)$$

$$= \frac{V_{REF}}{2^n R} \sum_{i=0}^{n-1}(d_i \times 2^i) \tag{8-5}$$

$$v_O = -i_F \times R_F = -\frac{V_{REF}}{2^n R} \cdot R_F \sum_{i=0}^{n-1} d_i \times 2^i \tag{8-6}$$

要使 D/A 转换器具有较高的精度,对电路中的参数有以下要求:

(1)基准电压稳定性好;

(2)倒 T 形电阻网络中 R 和 2R 电阻的比值精度要高;

(3)每个模拟开关的开关电压降要相等。为实现电流从高位到低位按 2 的整倍数递减,模拟开关的导通电阻也相应地按 2 的整倍数递增。

由于在倒 T 形电阻网络 D/A 转换器中,各支路电流是同时直接流入运算放大器的输入端,它们之间不存在传输上的时间差。电路的这一特点不仅提高了转换速度,而且也减少了动态过程中输出端可能出现的尖脉冲。它是目前广泛使用的 D/A 转换器中速度较快的一种。常用的 CMOS 开关倒 T 形电阻网络 D/A 转换器的集成电路有 AD7520(10 位)、DAC1210(12 位)和 AK7546(16 位高精度)等。

8.1.4　权电流型 D/A 转换器

尽管倒 T 形电阻网络 D/A 转换器具有较高的转换速度,但由于电路中存在模拟开关电压降,当流过各支路的电流稍有变化时,就会产生转换误差。为进一步提高 D/A 转换器的转换精度,可采用权电流型 D/A 转换器。四位权电流型 D/A 转换器如图 8-5 所示,这组恒流源从高位到低位电流的大小依次为 $I/2$、$I/4$、$I/8$、$I/16$。

当输入数字量的某一位代码 $d_i=1$ 时,开关 S_i 接运算放大器的反相输入端,相应的权电流流入求和电路;当 $d_i=0$ 时,开关 S_i 接地。分析该电路可得出

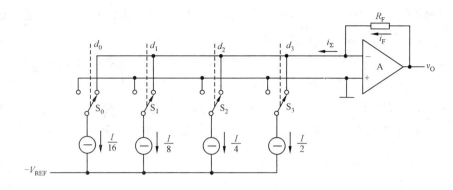

图 8-5　四位权电流型 D/A 转换器

$$v_O = i_F R_F = i_{\sum} R_F = R_F \left(d_3 \frac{I}{2} + d_2 \frac{I}{4} + d_1 \frac{I}{8} + d_0 \frac{I}{16} \right)$$

$$= \frac{I}{2^4} R_F (d_3 \times 2^3 + d_2 \times 2^2 + d_1 \times 2^1 + d_0 \times 2^0)$$

$$= \frac{I}{2^4} R_F \sum_{i=0}^{3} (d_i \times 2^i) \tag{8-7}$$

采用了恒流源电路之后,各支路权电流的大小均不受开关导通电阻和压降的影响,这就降低了对开关电路的要求,提高了转换精度。

由于在这种权电流 D/A 转换器中采用了高速电子开关,电路还具有较高的转换速度。采用这种权电流型 D/A 转换电路生产的单片集成 D/A 转换器有 AD1408、DAC0806、DAC0808 等。这些器件都采用双极型工艺制作,工作速度较高。

8.1.5　集成 DAC 及其应用

集成 DAC 作为模拟量输出通道的核心部件,其应用十分广泛,一方面应用在自动测控系统中,将微处理器的数字信号转换成模拟信号,驱动执行机构工作。另一方面应用是作为波形发生器,产生方波、三角波和锯齿波等。在实际应用中,应尽可能选择性价比高的集成芯片,以满足不同应用的需要。DAC 按输出方式可分为电流输出和电压输出两种。表 8-1 列出几种常用的 DAC 芯片的特点和性能。

表 8-1　　　　　　　　　　几种常用 DAC 芯片的特点和性能

芯片型号	位数	转换时间/ns	工作电压/V	基准电压/V	输出	数据总线 接口
DAC0832	8	1000	+5～+15	−10～+10	I	并行
AD7520	10	500	+5～+15	−25～+25	I	并行
AD7521	12	500	+5～+15	−25～+25	I	并行
DAC1210	12	1000	+5～+15	−10～+10	I	并行
MAX506	8	6000	+5 或±5	0～5 或±5	U	串行
MAX538	12	25000	+5	0～3	U	串行

DAC 集成芯片型号繁多,下面以使用较多的 DAC0832 为例,介绍其电路结构和应用。

1. DAC0832 的电路结构

DAC0832 是美国国家半导体公司生产的电流输出型八位数/模转换电路,采用 CMOS 工艺制成的 20 脚双列直插式 D/A 转换器,可以直接与微处理器相连而不需要 I/O 接口,其结构框图如图 8-6(a) 所示。DAC 内包含两个数字寄存器:输入寄存器和 DAC 寄存器,故称为双缓冲方式。两个寄存器可以同时保存两组数据,这样可以将八位输入数据先保存到输入寄存器中,当需要转换时,再将此数据由输入寄存器送到 DAC 寄存器中锁存并进行 D/A 转换输出。采用双缓冲方式的优点:一是可以防止输入数据更新期间模拟量输出出现不稳定的情况;二是可以在一次模拟量输出的同时就将下一次要转换的二进制数事先存入缓冲器中,从而提高了转换速度;三是用这种工作方式可以同时更新多个 D/A 转换输出,这就为有多个 D/A 器件的系统及多处理器系统中的 D/A 器件协调一致地工作带来了方便。DAC0832 采用倒 T 型的电阻解码网络,可以用电流输出工作方式,也可以接成电压输出工作方式。为了减少输出电阻,增加驱动能力,通常用运算放大器作缓冲。

2. DAC0832 的引脚功能

DAC0832 芯片引脚排列如图 8-6(b) 所示,引脚功能如下:

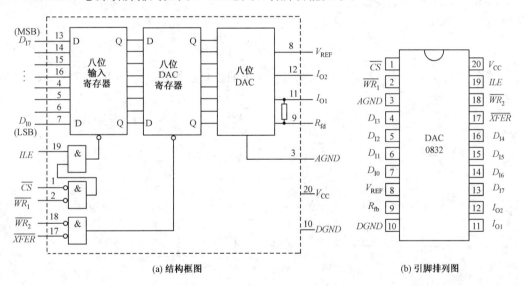

(a) 结构框图　　　　　(b) 引脚排列图

图 8-6　集成 D/A 转换器 DAC0832

$\overline{CS}$:片选端,低电平有效。当 $\overline{CS}=0$ 时,该片选中,当 $ILE=1$,$\overline{WR_1}=0$ 时输入数据存入输入寄存器;当 $\overline{CS}=1$ 时,输入寄存器输入端的数据被封锁,即该片没被选中。

ILE:允许输入锁存,高电平有效。当 $ILE=1$ 且 $\overline{CS}$、$\overline{WR_1}$ 均为低电平时,输入数据存入输入寄存器;$ILE=0$ 时,输入数据被锁存。

$\overline{WR_1}$:写信号 1,低电平有效。在 $\overline{CS}$ 和 ILE 均有效的条件下,$\overline{WR_1}=0$ 允许写入输入数字信号。

$\overline{WR_2}$:写信号 2,低电平有效。$\overline{WR_2}=0$ 同时 $\overline{XFER}=0$ 时,DAC 寄存器输出给 D/A 转换器;$\overline{WR_2}=1$ 时,DAC 寄存器输入数据。

$\overline{XFER}$:传送控制信号,低电平有效,用来控制 $\overline{WR_2}$ 是否被选通。

$D_{I0} \sim D_{I7}$:八位数字量输入。D_{I0} 为最低位,D_{I7} 为最高位。

I_{O1}：电流输出端 1。DAC 寄存器输出全为 1 时,输出电流最大;DAC 寄存器输出全为 0 时,输出电流为 0。

I_{O2}：电流输出端 2。它作为运算放大器的另一差分输入信号(一般接地)。满足 I_{O1} + $I_{O2}=V_{REF}/R=$ 常数。

R_{fb}：芯片内部接反馈电阻的一端,电阻另一端与 I_{O1} 相连;与运算放大器连接时,R_{fb} 接输出端,I_{O1} 接反相输入端。

V_{REF}：参考电压输入端,一般接 $-10\sim+10$ V 的参考电压。电压型电阻网络时,作为电压输出端。

V_{CC}：电源电压,一般接 $+15$ V 电压。

$AGND$：模拟信号地。

$DGND$：数字信号地。

3. DAC0832 的应用

(1)DAC0832 电压输出电路

DAC0832 的电压输出分为单极性输出和双极性输出两种,如图 8-7 所示。图 8-7(a)是 DAC0832 实现单极性电压输出的连接示意图。因为内部反馈电阻 R_{fb} 等于梯形电阻网络的 R 值,则输出电压为:

$$V_{OUT}=-I_{OUT1}R_{fb}=-\left(\frac{V_{REF}}{R_{fb}}\right)\left(\frac{D}{2^8}\right)R_{fb}=-\frac{D}{2^8}V_{REF} \tag{8-8}$$

图 8-7(b)是 DAC0832 实现双极性电压输出的连接示意图。选择 $R_2=R_3=2R_1$,则输出电压为:

$$V_{OUT2}=-(2V_{OUT1}+V_{REF})=-\left[2\left(-\frac{D}{2^8}\right)V_{REF}+V_{REF}\right]=(\frac{D-128}{128})V_{REF} \tag{8-9}$$

式(8-8)或式(8-9)中,D 代入的值都是其对应的十进制值。

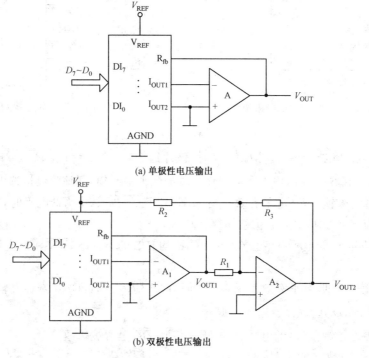

(a) 单极性电压输出

(b) 双极性电压输出

图 8-7　DAC0832 电压输出电路

（2）DAC0832 与 CPU 的连接

DAC 芯片作为一个输出设备的接口电路，与 CPU 的连接比较简单，主要是处理好数据总线的连接。DAC0832 内部有数据锁存器，可以直接与 CPU 数据总线相连，只需外加地址译码器给出片选信号。CPU 只要执行一条输出指令，即可把累加器中的数据送入 DAC0832 完成数/模转换。

DAC0832 与 CPU 的连接如图 8-8 所示。

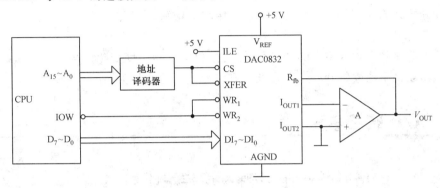

图 8-8　DAC0832 与 CPU 的连接

8.1.6　D/A 转换器的主要技术指标

1. 转换精度

D/A 转换器的转换精度通常用分辨率和转换误差来描述。

（1）分辨率

分辨率是指 D/A 转换器模拟输出电压可能被分离的等级数。

输入数字量位数越多，输出电压可分离的等级越多，即分辨率越高。在实际应用中，往往用输入数字量的位数表示 D/A 转换器的分辨率。此外，D/A 转换器也可以用能分辨的最小输出电压（此时输入的数字代码只有最低有效位为 1，其余各位都是 0）与最大输出电压（此时输入的数字代码各有效位全为 1）之比给出。n 位 D/A 转换器的分辨率可表示为 $\dfrac{1}{2^n-1}$。它表示 D/A 转换器在理论上可以达到的精度。

（2）转换误差

转换误差的来源很多，如转换器中各元件参数值的误差，基准电源不够稳定和运算放大器的零漂的影响等。

D/A 转换器的绝对误差（或绝对精度）是指输入端加入最大数字量（全 1）时，D/A 转换器的理论值与实际值之差。该误差值应低于 $LSB/2$。

例如，一个八位的 D/A 转换器，对应最大数字量（FFH）的模拟理论输出值为 $\dfrac{255}{256}V_{\text{REF}}$，$\dfrac{1}{2}LSB=\dfrac{1}{512}V_{\text{REF}}$，所以实际值不应超过 $(\dfrac{255}{256}\pm\dfrac{1}{512})V_{\text{REF}}$。

2. 转换速度

当 D/A 转换器输入的数字量发生变化时，输出的模拟量并不能立即达到所对应的量值，它要延迟一段时间。通常用建立时间和转换速率两个参数来描述 D/A 转换器的转换速度。

（1）建立时间（t_{set}）

建立时间指输入数字量变化时，输出电压变化到相应稳定电压值所需时间。一般用D/A转换器输入的数字量从全 0 变为全 1 时，输出电压达到规定的误差范围（$\pm LSB/2$）时所需的时间表示。D/A 转换器的建立时间较快，单片集成 D/A 转换器建立时间最短可短于 0.1μs。

（2）转换速率（SR）

转换速率是指大信号工作状态下模拟电压的变化率。

3. 温度系数

温度系数是指在输入不变的情况下，输出模拟电压随温度变化产生的变化量。一般用满刻度输出条件下温度每升高 1℃，输出电压变化的百分数作为温度系数。

8.2 A/D 转换器

8.2.1 A/D 转换的一般步骤和取样定理

模/数（A/D）转换是把模拟电压或电流转换成与之成正比的数字量。在 A/D 转换器中，由于输入的模拟信号在时间上是连续量，而输出的数字信号代码是离散量，所以进行转换时必须在一系列选定的瞬间（时间坐标轴上的一些规定点上）对输入的模拟信号取样，然后再把这些取样值转换为输出的数字量。因此，一般 A/D 转换过程是通过取样、保持、量化和编码这四个步骤完成的。A/D 转换的原理如图 8-9 所示。

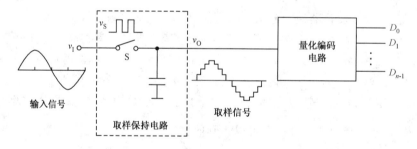

图 8-9　A/D 转换的原理

1. 取样与保持

取样就是按一定的时间间隔采集模拟信号。由于 A/D 转换需要时间，所以取样得到的"样值"在 A/D 转换过程中不能改变。因此，就需要对取样得到的信号"样值"保持一段时间，直到下一次取样。

在取样-保持电路中 S 受取样信号 v_S 控制，v_S 为高电平时，S 闭合；v_S 为低电平时，S 断开。S 闭合阶段为取样阶段，$v_O = v_I$；S 断开时为保持阶段，由于电容无放电回路，所以 v_O 保持在上一次取样结束时输入电压的瞬时值上。

2. 取样定理

可以证明，为了准确无误地用图 8-10(a)中所示的取样信号 v_S 表示模拟信号 v_I，必须满足：

$$f_s \geq 2f_{imax}$$

式中,f_s——取样频率,f_{imax}——输入信号 v_I 的最高频率分量的频率。

在满足取样定理的条件下,可以用一个低通滤波器将信号 v_S 还原为 v_I,这个低通滤波器的电压传输系数 $|A(f)|$ 在低于 f_{imax} 的范围内应保持不变,而在 $f_s - f_{imax}$ 以前应迅速下降为零,如图 8-10(b) 所示。因此,取样定理规定了 A/D 转换的频率下限。

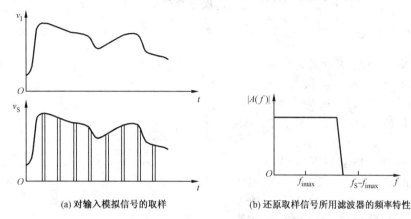

(a) 对输入模拟信号的取样   (b) 还原取样信号所用滤波器的频率特性

图 8-10 取样过程

因为每次把取样电压转换为相应的数字量都需要一定的时间,所以在每次取样以后,必须把取样电压保持一段时间。可见,进行 A/D 转换时所用的输入电压,实际上是每次取样结束时的 v_I 值。

3. 量化和编码

我们知道,数字信号不仅在时间上是离散的,而且在数值上的变化也不是连续的。这就是说,任何一个数字量的大小,都是以某个最小数量单位的整数倍来表示的。因此,在用数字量表示取样电压时,也必须把它化成这个最小数量单位的整数倍,这个转化过程就叫作量化。所规定的最小数量单位叫作量化单位,用 Δ 表示。显然,数字信号最低有效位中的 1 表示的数量大小就等于 Δ。把量化的数值用二进制代码表示,称为编码。这个二进制代码就是 A/D 转换的输出信号。

既然模拟电压是连续的,那么它就不一定能被 Δ 整除,因而不可避免地会引入误差,我们把这种误差称为量化误差。在把模拟信号划分为不同的量化等级时,用不同的划分方法可以得到不同的量化误差。

假定需要把 $0 \sim +1$ V 的模拟电压信号转换成三位二进制代码,这时便可以取 $\Delta = \frac{1}{8}$ V,并规定凡数值在 $0 \sim \frac{1}{8}$ V 的模拟电压都当作 $0 \times \Delta$ 看待,用二进制的 000 表示;凡数值在 $\frac{1}{8} \sim \frac{2}{8}$ V 的模拟电压都当作 $1 \times \Delta$ 看待,用二进制的 001 表示……如图 8-11(a) 所示。不难看出,最大的量化误差可达 Δ,即 $\frac{1}{8}$ V。

为了减少量化误差,通常采用图 8-11(b) 所示的划分方法,取量化单位 $\Delta = \frac{2}{15}$ V,并将

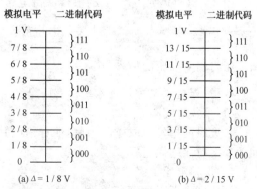

图 8-11 划分量化电平的两种方法

000 代码所对应的模拟电压规定为 $0\sim\dfrac{1}{15}$ V，即 $0\sim\Delta/2$。这时，最大量化误差将减少为 $\Delta/2$ $=\dfrac{1}{15}$ V。这个道理不难理解，因为现在把每个二进制代码所代表的模拟电压值规定为它所对应的模拟电压范围的中点，所以最大的量化误差自然就缩小为 $\Delta/2$ 了。

8.2.2 取样-保持电路

1. 几种常用的取样-保持电路

取样-保持电路的种类很多，图 8-12 所示为三种常用的取样-保持电路。它们都是由取样开关 T、存储输入信息的电容 C 和缓冲放大器 A 等部分组成。

图 8-12(a) 中，场效应管 T 为取样开关，受取样脉冲 v_S 控制。在 v_S 为高电平期间，T 导通。若忽略 T 的导通压降，则电容 C 的电压 $v_C=v_I$，由于运算放大器 A 组成电压跟随器，因此 $v_O=v_C=v_I$，即 v_O 随 v_I 变化。当 v_S 由高电平变为低电平时，场效应管 T 截止，相当于开关断开。若 A 为理想运算放大器，则流入运算放大器 A 同相输入端的电流为零，所以场效应管 T 截止期间电容无放电回路，电容保持上一次取样结束时的输入电压瞬时值。直到下一个取样脉冲到来，场效应管重新导通，这时 v_O 和 v_C 又重新跟随 v_I 变化。

图 8-12(b) 是在图(a) 基础上为提高输入阻抗在取样开关和输入信号之间加了一级电压跟随器。由于电压跟随器 A_1 输入阻抗很高，所以减少了取样电路对输入信号的影响，又由于其输出阻抗低，减少了电容 C 的充电时间。

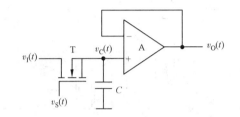

(a) 基本取样 - 保持电路

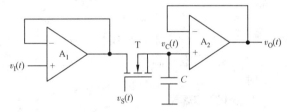

(b) 高输入阻抗的取样 - 保持电路

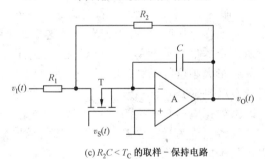

(c) $R_2C<T_C$ 的取样 - 保持电路

图 8-12　几种常用的取样-保持电路

图 8-12(c) 是 $R_2C<T_C$ 的取样保持电路，其原理与图(a) 大致相同，只是 R_2C 必须足够小，v_O 才能跟踪输入 v_I。当 T 导通且电容 C 充电结束时，由于放大倍数 $A_v=-\dfrac{R_2}{R_1}$，所以输出电压与输入电压的关系为 $v_O=-\dfrac{R_2}{R_1}v_I$。

取样-保持电路主要技术指标有两个：

(1) 采集时间

采集时间指发出取样命令后，取样-保持电路的输出由原保持值变化到输入所需的时间。采集时间越短越好。

(2) 保持电压下降速率

保持电压下降速率指在保持阶段，取样-保持电路输出电压在单位时间内所下降的幅值。

随着集成电路的发展,已把整个取样-保持电路制作在一块芯片上。例如 LF198 便是采用双极性场效应晶体管工艺制造的单片取样-保持电路。

2. 改进的取样-保持电路

图 8-13 是单片集成取样-保持电路 LF198 的电路原理图及符号,它是一个经过改进的取样-保持电路。图中 A_1、A_2 是两个运算放大器,S 是电子开关,L 是开关的驱动电路,当逻辑输入 v_L 为 1,即 v_L 为高电平时,S 闭合;v_L 为 0,即低电平时,S 断开。

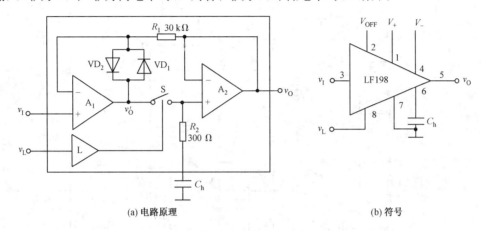

(a) 电路原理　　　　　　　　　　　　　　(b) 符号

图 8-13　单片集成取样-保持电路 LF198

当 S 闭合时,A_1、A_2 均工作在单位增益的电压跟随器状态,所以 $v_O = v_O' = v_I$。如果将电容 C_h 接到 R_2 的引出端和地之间,则电容上的电压也等于 v_I。当 v_L 返回低电平以后,虽然 S 断开了,但由于 C_h 上的电压不变,所以输出电压 v_O 的数值得以保持下来。

在 S 再次闭合以前的这段时间里,如果 v_I 发生变化,v_O' 可能变化非常大,甚至会超过开关电路所能承受的电压,因此需要增加 VD_1 和 VD_2 构成保护电路。当 v_O' 比 v_O 所保持的电压高(或低)一个二极管的压降时,VD_1(或 VD_2)导通,从而将 v_O' 限制在 $v_I + v_d$ 以内。而在开关 S 闭合的情况下,v_O' 和 v_O 相等,故 VD_1 和 VD_2 均不导通,保护电路不起作用。

8.2.3　并行比较 ADC

三位并行比较型 A/D 转换器如图 8-14 所示,它由电压比较器、寄存器和编码器三部分组成。

电压比较器中量化电平的划分采用图 8-11(b)所示的方式,用电阻链把参考电压 V_{REF} 分压,得到从 $\frac{1}{15}V_{REF} \sim \frac{13}{15}V_{REF}$ 的 7 个比较电平,量化单位 $\Delta = \frac{1}{15}V_{REF}$。然后,把这 7 个比较电平分别接到 7 个比较器 $C_1 \sim C_7$ 的输入端作为比较基准。同时将输入的模拟电压同时加到每个比较器的另一个输入端上,与这 7 个比较基准进行比较。当比较器 $V_- > V_+$ 时,输出为 0,否则为 1。经 74148 优先编码器编码后便得到了二进制代码输出。其输入与输出转换关系,见表 8-2。

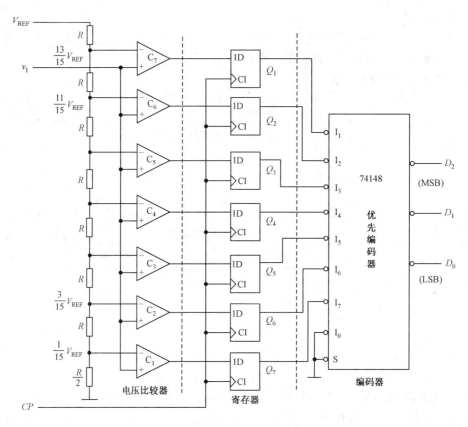

图 8-14　并行比较型 A/D 转换器

表 8-2　　　　　　　　　三位并行 A/D 转换器输入与输出转换关系表

输入模拟电压	寄存器状态							输出数字量		
v_I	Q_7	Q_6	Q_5	Q_4	Q_3	Q_2	Q_1	D_2	D_1	D_0
$(0 \sim \frac{1}{15})V_{REF}$	0	0	0	0	0	0	0	0	0	0
$(\frac{1}{15} \sim \frac{3}{15})V_{REF}$	1	0	0	0	0	0	0	0	0	1
$(\frac{3}{15} \sim \frac{5}{15})V_{REF}$	1	1	0	0	0	0	0	0	1	0
$(\frac{5}{15} \sim \frac{7}{15})V_{REF}$	1	1	1	0	0	0	0	0	1	1
$(\frac{7}{15} \sim \frac{9}{15})V_{REF}$	1	1	1	1	0	0	0	1	0	0
$(\frac{9}{15} \sim \frac{11}{15})V_{REF}$	1	1	1	1	1	0	0	1	0	1
$(\frac{11}{15} \sim \frac{13}{15})V_{REF}$	1	1	1	1	1	1	0	1	1	0
$(\frac{13}{15} \sim 1)V_{REF}$	1	1	1	1	1	1	1	1	1	1

单片集成并行比较型 A/D 转换器的产品较多,如 AD 公司的 AD9012（TTL 工艺,八位）、AD9002(ECL 工艺,八位)AD9020(TTL 工艺,十位)等。

并行 A/D 转换器具有如下特点:

(1)由于转换是并行的,其转换时间只受比较器、触发器和编码电路延迟时间限制,因此转换速度最快。

(2)随着分辨率的提高,元件数目要按几何级数增加。一个 n 位转换器,所用的比较器个数为 2^n-1,如八位的并行 A/D 转换器就需要 $2^8-1=255$ 个比较器。由于位数愈多,电路愈复杂,因此制成分辨率较高的集成并行 A/D 转换器是比较困难的。

(3)使用这种含有寄存器的并行 A/D 转换电路时,可以不用附加取样-保持电路,因为比较器和寄存器这两部分也兼有取样-保持功能。这也是该电路的一个优点。

8.2.4 反馈比较式 ADC

反馈比较式 A/D 转换与天平称量重物原理类似。例如,用量程为 15 g 的天平称一重物可以用两种方法:第一种是用每个重 1 g 的 15 个砝码对重物进行称量。每次加一只砝码直至天平平衡为止。假如物重 13 g,则需要比较 13 次。第二种办法是用 8 g、4 g、2 g、1 g 四只砝码对重物进行称量。第一次加 8 g 砝码,因为 13>8,第二次再加 4 g 砝码,因为 13>8+4,所以第三次再加 2 g 砝码,因为 13<8+4+2,取下 2 g 砝码,第四次加上 1 g 砝码,直到天平达到平衡,称量完毕。显然第一种方法比较的次数比第二种方法要多,所以第一种方法比较慢。计数型 A/D 转换与第一种称量方法类似,而逐次逼近式 A/D 转换与第二种方法类似。

1. 计数型 A/D 转换

图 8-15 所示为计数型 A/D 转换器,由一个计数器、D/A 转换器及比较器等组成。工作原理如下:

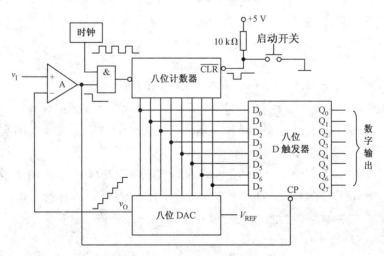

图 8-15 计数型 A/D 转换器

按下启动按钮,计数器清零。DAC 输出为 0 V,低于比较器同相端输入模拟电压 v_I,比较器输出高电平,与门打开,时钟脉冲通过与门送入八位计数器。随着计数器所计数字的增加,DAC 的输出电压 v_O 也随之增加。当 DAC 输出电压 v_O 刚刚超过输入电压 v_I 时,比较器的输出由高电平变为低电平,与门关闭,计数器停止计数。这时计数器所计数字恰好与输

入电压 v_1 相对应。在比较器输出由高电平变为低电平时,计数器的输出送入八位 D 触发器。八位 D 触发器的输出就是与输入电压 v_1 相对应的二进制数。

这种 A/D 转换器的最大缺点就是速度慢。待转换的模拟电压越大,所用时间越长。例如,八位计数器若计到 255,需要 255 个时钟周期。

2. 逐次逼近型 A/D 转换器

逐次逼近(又称逐次比较)型 A/D 转换器与计数型 A/D 转换器工作原理类似,也是由内部产生一个数字量送给 DAC,DAC 输出的模拟量与输入的模拟量进行比较。当二者匹配时,其数字量恰好与待转换的模拟信号相对应。逐次逼近型 A/D 转换器与计数型 A/D 转换器的唯一区别在于逐次逼近型 A/D 转换器是采用自高位到低位逐次比较计数的方法。

图 8-16 为八位逐次逼近型 A/D 转换器。它由比较器、逐次逼近型寄存器(SAR)、八位 DAC 和输出寄存器组成,工作原理如下:

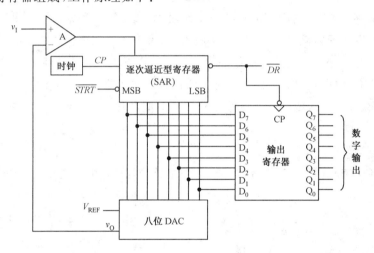

图 8-16 逐次逼近型 A/D 转换器

启动信号到来时,$\overline{STRT}=0$,SAR 清零,转换过程开始。第一个时钟脉冲到来时,SAR 最高位置 1,即 $D_7=1$,其余位为 0。SAR 所存数据(10000000)经 DAC 转换后得到的输出电压 v_O 与 v_1 比较。若 $v_O>v_1$,则 SAR 重新置 0,$D_7=0$,SAR 重新被置成 00000000。若 $v_O<v_1$,则 $D_7=1$ 不变,即 SAR 为 10000000 不变。

第二个 CP 到来时,SAR 次高位置 1,即 $D_6=1$,然后 DAC 的输出 v_O 再次与 v_1 比较。若 $v_O>v_1$,D_6 置 0,若 $v_O<v_1$,则 $D_6=1$ 不变。这个过程继续下去,直到最低位比较完成后,SAR 所保留的二进制数字即为待转换的模拟电压 v_1 的值,转换过程完成。下面具体举例说明这一转换过程。

【例 8-1】 设图 8-16 所示的 ADC 满量程输入电压 $v_{1max}=10$ V,现将 $v_1=7.39$ V 的输入电压转换成二进制数。

解:满量程为 10 V 时,输入到 DAC 二进制数各位为 1 时所对应的模拟电压 v_O 值见表 8-3。转换过程如下:

表 8-3 DAC 各位对应的输入电压值

DAC 输入	DAC 输出(V)
D_7	5.0000
D_6	2.5000
D_5	1.2500
D_4	0.6250
D_3	0.3125
D_2	0.15625
D_1	0.078125
D_0	0.0390625

首先来一个启动脉冲 $\overline{STRT}$,SAR 各位清零,转换开始。

第一个 CP 上升沿到来时,SAR 最高位置 1,SAR 输出为 $D_7D_6D_5D_4D_3D_2D_1D_0=$ 10000000,经 DAC 转换后 $v_O=5$ V,因为 v_I(7.39 V)$>v_O$(5 V),所以最高位保持 1 不变。SAR 中的数据为 10000000。

第二个 CP 到来时,SAR 次高位置 1,SAR 的输出为 11000000,经 DAC 转换后 $v_O=5+$ 2.5=7.5 V。因为 v_O(7.5 V)$>v_I$(7.39 V),所以次高位必须重新置 0。SAR 中的数据为 10000000。

第三个 CP 到来时,SAR 输出为 10100000,$v_O=5+1.25=6.25$ V$<v_I$(7.39 V),所以经过第三次比较,SAR 中的数据为 10100000。

随着时钟脉冲的不断输入,ADC 逐位进行比较,直至最低位。最后 SAR 中的数据为 10111101。

当第八个时钟脉冲到来后,比较过程结束。这时 SAR 输出端 $\overline{DR}$ 由高电平变为低电平,于是 SAR 输出的数字信号送入八位输出寄存器作为 ADC 的转换结果输出。

下一个启动脉冲到达后,ADC 又进行第二次转换。

通过前面的分析,可以看出逐次逼近 ADC 有以下特点:

(1)具有较高的转换速度。它的速度主要由数字量的位数和控制电路决定。如例 8-1 中,八个时钟脉冲完成一次转换,若时钟脉冲频率为 2 MHz,则完成一次转换的时间为:

$$t=8\times\frac{1}{2\times10^6}\times10^6=4 \ \mu s$$

转换速度为:

$$C=1/t=250000 \ \text{次/s}$$

若考虑启动(清零)节拍和数据送入输出寄存器的节拍(各为一个时钟周期),则 n 位逐次逼近 ADC 完成一次转换所需的时间为:

$$t=(n+2)T_C \tag{8-10}$$

其中 T_C 为时钟周期。

(2)转换精度主要取决于比较器的灵敏度和内部 DAC 的精度。

(3)逐次逼近型 ADC 转换器是对输入模拟电压进行瞬时取样比较。如果输入模拟电压掺杂了外界干扰信号,将会造成转换误差。

在干扰严重,尤其是工频干扰严重的环境下,为提高 ADC 的抗干扰能力,常常使用积分式 ADC,最常用的是双积分 ADC。

8.2.5 双积分 ADC

双积分 ADC 是一种间接的转换方法,模拟电压首先转换成时间间隔,然后通过计数器转换成数字量。

图 8-17 所示为双积分 ADC 原理图。它由模拟开关 S_1 和 S_2、积分器、比较器、控制门、n 位计数器和触发器 F_n 组成。S_1 受 F_n 控制,当 $Q_n = 0$ 时,S_1 接被测电压 v_1;$Q_n = 1$ 时,S_1 接基准电压 $-V_{REF}$。转换原理如下:

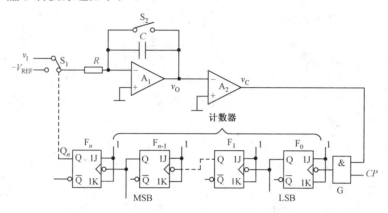

图 8-17 双积分 ADC 原理图

转换前 S_2 闭合,$v_O = 0$,计数器和触发器 F_n 清零。

转换开始,S_2 断开。因为 $Q_n = 0$,所以 S_1 接到待测输入电压 v_1。由于 v_1 为正值,因此积分器作负向积分,比较器输出为"1",控制门 G 打开,计数器开始计数。当计数器计到 2^n 个脉冲时,计数器回到全 0 状态,其进位脉冲将 F_n 置 1,$Q_n = 1$,S_1 接到 $-V_{REF}$ 端。积分器在 $-V_{REF}$ 作用下向正方向积分,v_O 值逐渐抬高。但是,只要 $v_O < 0$ V,比较器输出就为"1",门 G 继续打开。于是 S_1 接 $-V_{REF}$ 后,计数器又从零开始计数。若 $|-V_{REF}| > v_1$,则在 $-V_{REF}$ 作用期间,其积分曲线要比 v_1 作用期间的积分曲线要陡,使得计数器计到全 0 之前 v_O 已经过零。比较器输出为"0",封锁了门 G,计数器停止计数。这时计数器所计的数字即为转换的结果。双积分 ADC 的工作波形如图 8-18 所示。

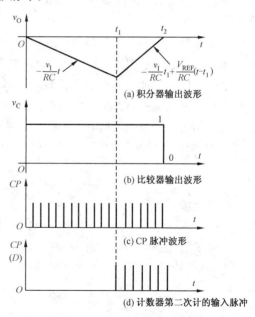

(a) 积分器输出波形

(b) 比较器输出波形

(c) CP 脉冲波形

(d) 计数器第二次计的输入脉冲

图 8-18 双积分 ADC 的工作波形

由图 8-18 可知,$0 \sim t_1$ 这段时间 S_1 接 v_1。若 v_1 为常数,这段时间积分器的输出为

$$v_O = -\frac{v_1}{RC} \cdot t \tag{8-11}$$

而 t_1 时刻积分器输出为：

$$v_O(t_1) = -\frac{v_1}{RC} \cdot t_1 \tag{8-12}$$

t_1 时刻恰好为计数器计满 2^n 个脉冲的时间。若脉冲周期为 T_C，则 $t_1 = 2^n T_C$，代入式 (8-12) 得

$$v_O(t_1) = -\frac{v_1}{RC} \cdot 2^n T_C \tag{8-13}$$

t_1 时刻以后，开关 S_1 接 $-V_{REF}$，积分器输出为

$$v_O(t) = v_O(t_1) + \frac{V_{REF}}{RC}(t-t_1) = -\frac{v_1}{RC} 2^n T_C + \frac{V_{REF}}{RC}(t-t_1) \tag{8-14}$$

$t = t_2$ 时刻，$v_O = 0$，停止计数。因此 $t = t_2$ 时刻式 (8-14) 可写作

$$0 = -\frac{v_1}{RC} 2^n T_C + \frac{V_{REF}}{RC}(t_2-t_1) \tag{8-15}$$

若这时计数器所计脉冲个数为 D，则式 (8-15) 可写作

$$\frac{v_1}{RC} 2^n T_C = \frac{V_{REF}}{RC} \cdot D T_C$$

即

$$D = \frac{2^n}{V_{REF}} v_1 \tag{8-16}$$

由上述分析可知，双积分 ADC 完成一次转换所需时间为

$$T = (2^n + D) T_C \tag{8-17}$$

从前面的分析可以看出双积分 ADC 有以下特点：

(1) 由于双积分 ADC 使用了积分器，转换期间是转换 v_1 的平均值，所以对交流干扰信号有很强的抑制能力，尤其是对工频干扰，如果转换周期选择得合适（例如 $2^n T_C$ 为工频电压周期的整数倍），从理论上讲可以完全消除工频干扰。

(2) 工作性能稳定。其转换精度只与 V_{REF} 有关。只要 V_{REF} 稳定，就能保证转换精度。因此 R、C 的值及时钟周期 T_C 长时间所发生的变化对转换精度无影响。

(3) 工作速度低。完成一次转换所需时间为 $(2^n + D) T_C$。

(4) 由于转换的是 v_1 的平均值，所以这种 A/D 转换器只适用于对直流或变化缓慢的电压进行转换。

8.2.6 集成 ADC 应用示例

集成 ADC 产品虽然型号繁多，性能各异，但多数转换电路是采用逐次逼近的原理，下面对通用型 ADC0801 进行简单的介绍。

ADC0801 是八位逐次逼近型 ADC，采用 CMOS 工艺，20 脚双列直插式封装。它很容易通过数据总线与微机相连而不需要附加接口逻辑电路。其逻辑电平与 MOS 和 TTL 都是兼容的。ADC0801 有两个模拟电压输入端，可以对 $-5 \sim 5$ V 进行转换，输入信号也可采用双端输入的方式。ADC0801 结构框图如图 8-19(a) 所示。由时钟发生器、比较器、数据输

出锁存器等组成。

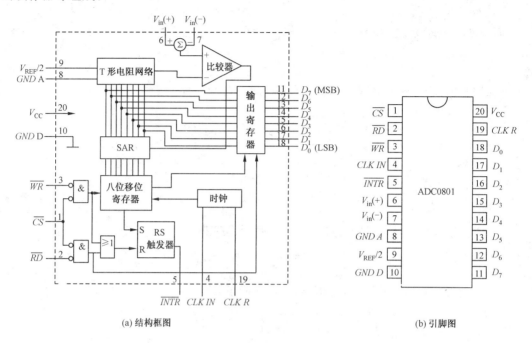

(a) 结构框图　　　　　　　　　(b) 引脚图

图 8-19　集成 ADC0801

引脚图如图 8-19(b)所示,其引脚功能如下:

$\overline{CS}$:片选端,低电平有效。

$\overline{RD}$:输出使能端,低电平有效。

$\overline{WR}$:转换启动端,低电平有效。

$CLK\ IN$:外部时钟输入端,当使用内部时钟时,该端接定时电容。

$V_{in}(+),V_{in}(-)$:差分模拟电压输入端。当单端输入时,一端接地,另一端接输入电压。

$\overline{INTR}$:转换结束时输出低电平。

$GND\ A$:模拟信号地。

$V_{REF}/2$:参考电压任选端。悬空时,由内部电路和 V_{REF} 产生 2.5 V 的电压值,若该端接外加电压时可改变模拟电压输入范围。

$GND\ D$:数字信号地。

V_{CC}:电源端,也作为基准电压。

$CLK\ R$:接内部时钟的定时电阻。

$D_0 \sim D_7$:数字量输出。

图 8-20 是 ADC0801 连续进行 A/D 转换的外部接线图。时钟频率由外接电阻 R 和电容 C 决定:

$$f=\frac{1}{1.1RC}=\frac{1\times10^9}{1.1\times150\times10}=606\ \text{kHz}$$

其连续转换过程如下:

接通电源,由于电容 C_1 两端电压不能突变,在接通电源后 C_1 两端产生一个由 0 V 按指数规律上升的电压,经 7417 集电极开路缓冲/驱动器整形后加给 $\overline{WR}$ 一个阶跃信号。低电平使 ADC0801 启动,高电平对$\overline{WR}$不起作用。

启动后,ADC 对 0～5 V 的输入模拟电压进行转换,一次转换完成后$\overline{INTR}$变为低电平,使$\overline{WR}=0$,ADC 重新启动,开始第二次转换。数据输出端接 LED 监视数据输出,当$D_i=0$时,LED 亮;当$D_i=1$时,LED 不亮。所以只要观察发光二极管的亮灭情况就可以观察到 A/D 转换的情况。

为使 ADC0801 芯片连续不断地进行 A/D 转换,并将转换后得到的数据连续不断地通过 D_0～D_7 输出,$\overline{CS}$和$\overline{RD}$必须接低电平(地)。

图 8-20 电路输入模拟电压范围为 0～5 V,输出数字为 0～255。当输入电压范围改变时,为得到八位分解度,可在 V_{REF} 端接上适当电压。当 $V_{CC}=5$ V 时,若 $V_{REF}/2$ 端悬空,内部电路使 $V_{REF}/2$ 端电位为 2.5 V($V_{CC}/2$)。如果 $V_{REF}/2$ 端接 2 V 电压,则输入电压范围为 0～4 V;若接 1.5 V 电压,输入电压范围就为 0～3 V,依此类推。

为了减小干扰,ADC0801 把模拟信号与数字信号分开,以提高 A/D 转换的精度。

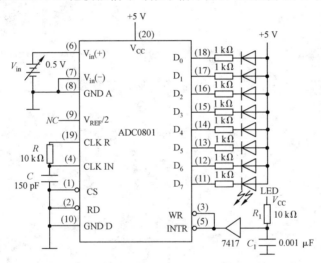

图 8-20 用 ADC0801 连续进行 A/D 转换的外部接线图

8.2.7 ADC 的主要技术指标

1.转换精度
单片集成 A/D 转换器的转换精度是用分辨率和转换误差来描述的。

(1)分辨率
分辨率说明 A/D 转换器对输入信号的分辨能力。

A/D 转换器的分辨率以输出二进制(或十进制)数的位数表示。从理论上讲,n 位输出的 A/D 转换器能区分 2^n 个不同等级的输入模拟电压,能区分输入电压的最小值为满量程输入的 $1/2^n$。在最大输入电压一定时,输出位数愈多,量化单位愈小,分辨率愈高。例如A/D 转换器输出为八位二进制数,输入信号最大值为 5 V,那么这个转换器应能区分输入信号的最小电压为 19.53 mV。

(2)转换误差
转换误差表示 A/D 转换器实际输出的数字量和理论上的输出数字量之间的差别。常用最低有效位的倍数表示。例如给出相对误差 $\leqslant \pm \text{LSB}/2$，这就表明实际输出的数字量和理论上应得到的输出数字量之间的误差小于最低位的半个字。

2. 转换时间

转换时间是指 A/D 转换器从转换控制信号到来开始，到输出端得到稳定的数字信号所经过的时间。

不同类型的转换器转换速度相差甚远。其中并行比较 A/D 转换器转换速度最高，八位二进制输出的单片集成 A/D 转换器转换时间可短于 50 ns。逐次比较型 A/D 转换器次之，它们多数转换时间在 $10 \sim 50$ μs，也有达几百纳秒的。间接 A/D 转换器的速度最慢，如双积分 A/D 转换器的转换时间大都在几十毫秒至几百毫秒。在实际应用中，应从系统数据总的位数、精度要求、输入模拟信号的范围及输入信号极性等方面综合考虑 A/D 转换器的选用。

【例 8-2】 某信号采集系统要求用一片 A/D 转换集成芯片在 1 s 内对 16 个热电偶的输出电压分时进行 A/D 转换。已知热电偶输出电压范围为 $0 \sim 0.025$ V（对应于 $0 \sim 450$ ℃ 温度范围），需要分辨的温度为 0.1 ℃，试问应选择多少位的 A/D 转换器，其转换时间为多少？

解： 对于从 $0 \sim 450$ ℃ 温度范围，信号电压范围为 $0 \sim 0.025$ V，分辨的温度为 0.1 ℃，这相当于 $\dfrac{0.1}{450} = \dfrac{1}{4500}$ 的分辨率。12 位 A/D 转换器的分辨率为 $\dfrac{1}{2^{12}} = \dfrac{1}{4096}$，所以必须选用十三位的 A/D 转换器。

系统的取样速率为每秒 16 次，取样时间为 62.5 ms。对于这样慢的取样，任何一个 A/D 转换器都可以达到。可选用带有取样-保持（S/H）的逐次比较型 A/D 转换器或不带 S/H 的双积分型 A/D 转换器。

<<< 本章小结 >>>

模/数转换和数/模转换是数字系统的重要组成部分，是数字系统应用于实际的接口电路。

实现数/模转换的 DAC 电路有二进制权电阻 DAC、倒 T 型电阻网络 DAC、权电流 DAC。二进制权电阻 DAC 转换原理简单；倒 T 型电阻网络 DAC 电阻值仅有 R 和 $2R$ 两种，而且具有较高的转换速度，集成 DAC 中广泛使用此种类型电路。

实现模/数转换的 ADC 电路有并行比较 ADC、反馈比较式 ADC（包括计数型 ADC 和逐次逼近型 ADC）、双积分型 ADC。不同的模/数转换方式具有各自的特点。并行 ADC 一般应用在转换速度高的场合；双积分型 ADC 一般应用在精度要求高的情况；而逐次逼近型 ADC 在一定程度上兼有以上两种转换器的优点，应用更普遍。

实际上，在计算机控制、快速检测和信号处理等系统中，其所能达到的精度和速度最终还是取决于 ADC、DAC 转换器的转换精度和转换速度。因此，转换精度和转换速度是 ADC、DAC 转换器的两个重要指标。

<<< 习　　题 >>>

8-1　在图 8-3 电路中,若 $R_F = R/2$,$V_{REF} = 5$ V,当输入数字量为 $d_3 d_2 d_1 d_0 = 1100$ 时,求输出电压 v_O。

8-2　图 8-4 所示倒 T 型电阻网络 DAC 电路,若 $V_{REF} = 5$ V,$R_F = R$,输入的数字量为 $d_3 d_2 d_1 d_0 = 0101$,求输出电压 v_O。

8-3　在图 8-4 所示倒 T 型电阻网络 DAC 电路中,若输入数字量位数扩展为八位,已知 $V_{REF} = 10$ V,$R_F = R$,试分别求出 DAC 的最小(只有数字信号最低位为 1 时)输出电压 V_{Omin} 和最大(数字信号各位均为 1 时)输出电压 V_{Omax}。

8-4　试分别求出八位 DAC 和十二位 DAC 的分辨率各为多少?

8-5　将四位同步二进制加法计数器的输出作为四位二进制 DAC 的输入,若时钟频率为 256 kHz,试画出 DAC 的输出波形,并求出输出波形的频率。

8-6　模拟信号最高频率分量 $f = 20$ kHz,对该信号取样时,最低取样频率应是多少?

8-7　在 ADC 转换过程中,取样-保持电路的作用是什么? 量化的方法有哪些,选哪种量化方法误差比较小?

8-8　说明并行比较 ADC、计数型 ADC、逐次逼近型 ADC 和双积分型 ADC 各有什么优缺点。

8-9　在图 8-16 所示的逐次逼近型 ADC 电路中,若满量程输入电压 $v_{Imax} = 10$ V,将 $v_I = 6.84$ V 的输入电压转换成二进制数是多少?

8-10　在双积分型 ADC 电路中,时钟信号的频率 $f_c = 100$ kHz,其分辨率为八位二进制数,计算电路的最高转换频率。

8-11　为什么双积分型 ADC 的抗工频干扰能力强?

8-12　试说明 DAC 转换器和 ADC 转换器的转换精度和转换速度与哪些因素有关。

第**9**章
DIJIUZHANG
EDA技术及应用

学习目标

本章首先介绍 EDA 技术的含义、发展和设计流程。然后介绍可编程逻辑器件 PLD 的发展、分类,重点介绍两种可编程逻辑器件 CPLD 和 FPGA 的结构、工作原理和主要产品。最后介绍 EDA 常用的工具软件,特别详细地介绍 Altera 公司的集成开发环境—quartus Ⅱ 的设计流程。

能力目标

了解 EDA 技术的含义以及常用的可编程逻辑器件。重点掌握如何利用 quartus Ⅱ 完成数字系统的设计。

9.1 概 述

EDA 技术是近几年迅速发展的新技术,它是将计算机软件、硬件、微电子技术交叉运用的一门现代电子学科,它代表了现代电子技术和应用技术的发展方向。EDA 技术就是以计算机为工作平台,以 EDA 工具软件为开发平台,以硬件描述语言 HDL(Hardware Description Language)为系统逻辑描述手段,以 ASIC(专用集成电路)为实现载体,自动完成逻辑编译、逻辑化简、逻辑分割、逻辑综合、结构综合(布局布线)以及逻辑优化和仿真测试,直至实现既定的电子线路系统功能的电子系统自动化设计过程。EDA 技术使得设计者便于利用软件的方式,即利用硬件描述语言和 EDA 软件来完成对系统硬件功能的实现。

9.1.1 EDA 技术的含义

EDA 技术是一门迅速发展的新技术,涉及面广,内容丰富,因而理解各异,目前尚无统一的看法。EDA 技术有狭义和广义之分,狭义的 EDA 技术,就是指以大规模可编程逻辑器件为设计载体,以硬件描述语言为系统逻辑描述的主要表达方式,以计算机、大规模可编程逻辑器件的开发软件及实验开发系统为设计工具,通过有关的开发软件,自动完成用软件方式设计电子系统,主要包括从硬件系统的逻辑编译、逻辑化简、逻辑分割、逻辑综合及优化、逻辑布局布线、逻辑仿真,直至对于特定目标芯片的适配编译、逻辑映射、编程下载等工作,最终形成集成电子系统或专用集成芯片的一门新技术,或称为 IES/ASIC 自动设计技术。本教材主要讲述狭义的 EDA 技术。广义的 EDA 技术,除了狭义的 EDA 技术外,还包括计算机辅助分析 CAA 技术(如 PSPICE、EWB、MATLAB 等)和印刷电路板计算机辅助设计 PCB-CAD 技术(如 PROTEL、ORCAD 等)。在广义的 EDA 技术中,CAA 技术和 PCB-CAD 技术不具备逻辑综合和逻辑适配的功能,因此它并不能称为真正意义上的 EDA 技术。故将广义的 EDA 技术称为现代电子设计技术更为合适。

利用 EDA 技术(特指 IES/ASIC 自动设计技术)进行电子系统的设计,具有以下几个特点:①用软件的方式设计硬件;②用软件方式设计的系统到硬件系统的转换是由有关的开发软件自动完成的;③设计过程中可用有关软件进行各种仿真;④系统可现场编程,在线升级;⑤整个系统可集成在一个芯片上,体积小、功耗低、可靠性高;⑥从以前的"组合设计"转向真正的"自由设计";⑦设计的移植性好,效率高;⑧非常适合分工设计,团体协作。因此,EDA 技术是现代电子设计的发展趋势。

9.1.2　EDA 技术的发展历程

1. 20 世纪 70 年代的计算机辅助设计 CAD 阶段

早期的电子系统硬件设计采用的是分立元件,随着集成电路的出现和应用,硬件设计进入到初级阶段,初级阶段的硬件设计大量选用中、小规模标准集成电路。人们将这些器件焊接在电路板上,做成初级电子系统,对电子系统的调试是在组装好的 PCB(Printed Circuit Board)板上进行的。由于设计师对图形符号使用数量有限,因此传统的手工布图方法无法满足产品复杂性的要求,更不能满足工作效率的要求。这时,人们开始将产品设计过程中高度重复性的繁杂劳动,如布图布线工作,用二维图形编辑与分析的 CAD 工具替代,最具代表性的产品就是美国 ACCEL 公司开发的 Tango 布线软件。20 世纪 70 年代,是 EDA 技术发展初期,由于 PCB 布图布线工具受到计算机工作平台的制约,其支持的设计工作有限且性能比较差。

2. 20 世纪 80 年代的计算机辅助工程设计 CAE 阶段

初级阶段的硬件设计是用大量不同型号的标准芯片实现电子系统设计。随着微电子工艺的发展,相继出现了集成上万只晶体管的微处理器、集成几十万直到上百万储存单元的随机存储器和只读存储器。此外,支持定制单元电路设计的硅编辑、掩膜编程的门阵列,如标准单元的半定制设计方法以及可编程逻辑器件(PAL 和 GAL)等一系列微结构和微电子学的研究成果都为电子系统的设计提供了新天地。因此,可以用少数几种通用的标准芯片实现电子系统的设计。

伴随着计算机和集成电路的发展,EDA 技术进入到计算机辅助工程设计阶段。20 世纪 80 年代初推出的 EDA 工具则以逻辑模拟、定时分析、故障仿真、自动布局和布线为核心,重点解决电路设计没有完成之前的功能检测等问题。利用这些工具,设计师能在产品制作之前预知产品的功能与性能,能生成制造产品的相关文件,使设计阶段对产品性能的分析前进了一大步。如果说 20 世纪 70 年代的自动布局布线的 CAD 工具代替了设计工作中绘图的重复劳动,那么,20 世纪 80 年代出现的具有自动综合能力的 CAE 工具则代替了设计师的部分工作,对保证电子系统的设计,制造出最佳的电子产品起着关键的作用。到了20世纪80年代后期,EDA工具已经可以进行设计描述、综合与优化和设计结果验证等工作。CAE阶段的EDA工具不仅为成功开发电子产品创造了有利条件,而且为高级设计人员的创造性劳动提供了方便。但是,大部分从原理图出发的EDA工具仍然不能适应复杂电子系统的设计要求,而且具体化的元件图形制约着优化设计。

3. 20世纪90年代电子系统设计自动化EDA阶段

为了满足千差万别的系统用户提出的设计要求,最好的办法是由用户自己设计芯片,让他们把想设计的电路直接设计在自己的专用芯片上。微电子技术的发展,特别是可编程逻辑器件的发展,使得微电子厂家可以为用户提供各种规模的可编程逻辑器件,使设计者通过设计芯片实现电子系统功能。EDA工具的发展,又为设计师提供了全线EDA工具。

这个阶段发展起来的EDA工具目的是在设计前期将设计师从事的许多高层次设计工作由工具来完成,如可以将用户要求转换为设计技术规范,有效地处理可用的设计资源与理想的设计目标之间的矛盾,按具体的硬件、软件和算法分解设计等。由于电子技术和EDA工具的发展,设计师可以在不太长的时间内使用EDA工具,通过一些简单标准化的设计过程,利用微电子厂家提供的设计库来完成数万门ASIC和集成系统的设计与验证。

20世纪90年代,设计师逐步从使用硬件转向设计硬件,从单个电子产品开发转向系统级电子产品开发(即片上系统集成,System on a chip)。因此,EDA工具是以系统级设计为核心,包括系统行为级描述与结构综合、系统仿真与测试验证、系统划分与指标分配、系统决策与文件生成等一整套的电子系统设计自动化工具。这时的EDA工具不仅具有电子系统设计的能力,而且能提供独立于工艺和厂家的系统级设计能力,具有高级抽象的设计构思手段。只有具备上述功能的EDA工具,才可能使电子系统工程师在不熟悉各种半导体工艺的情况下,完成电子系统的设计。

未来的EDA技术将向广度和深度两个方向发展,EDA将会超越电子设计的范畴进入其他领域,随着基于EDA的SOC(单片系统)设计技术的发展,软、硬核功能库的建立,以及基于Verilog HDL的所谓自顶向下设计理念的确立,未来的电子系统的设计与规划将不再是电子工程师们的专利。有专家认为,21世纪将是EDA技术快速发展的时期,并且EDA技术将是对21世纪产生重大影响的十大技术之一。

9.1.3 EDA的工程设计流程

基于EDA工具的FPGA/CPLD开发设计的基本流程如图9-1所示。

1. 设计输入

设计输入就是将电子系统以一定的表达方式输入计算机,通常包括图形(原理图和状态转换图)输入和文本输入方式。一般原理图输入方式比较

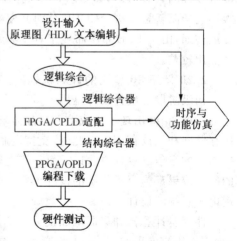

图9-1　EDA工程设计流程图

容易掌握、直观方便,所画的电路原理图与数字电路的连接方式完全一样,适合刚学完数字电子技术的初学者使用,非常容易上手,而且编辑器中有许多现成的单元器件可以利用,用户也可根据需要设计元件。但是原理图输入法的优点同时也是它的缺点:①随着设计规模

的增大,设计的易读性迅速下降,对于图中密密麻麻的电路连线,极难搞清电路的实际功能;②一旦完成,电路结构的改变就十分困难,因而几乎没有可再利用的设计模块;③移植困难、入档困难、交流困难、设计交付困难,因为不可能存在一个标准化的原理图编辑器。HDL 文本输入是最基本、最普遍的输入方法,任何支持 Verilog HDL 的 EDA 工具都支持文本方式的编辑和编译。

2. 逻辑综合

逻辑综合就是将设计者在 EDA 平台上编辑输入的文本、图形描述,根据给定的硬件结构组件和约束控制条件进行编译、优化、转换和综合,最终获得门级电路甚至更底层的电路描述网表文件。综合后的网表文件具有硬件可实现性。

3. 适配

适配又称结构综合器,它的功能是将逻辑综合产生的网表文件配置于指定的目标器件中,使之产生最终的下载文件,如 JEDEC、Jam 格式的文件。

4. 时序仿真和功能仿真

仿真就是在编程下载之前利用 EDA 工具对设计进行模拟测试,以验证设计排除错误。仿真主要包括时序仿真和功能仿真。功能仿真是直接对图形、文本描述的逻辑功能进行测试模拟,以了解其实现的功能是否满足原设计的要求。时序仿真就是将适配器所产生的网表文件送入仿真器进行仿真,由于文件中包含了器件硬件特性参数,因此是最接近真实器件运行特性的仿真,仿真精度高。通常做法是对设计输入先进行功能仿真,验证正确后再进行综合、适配和时序仿真,以提高开发效率。

5. 编程下载

如果编译、综合、适配和时序仿真、功能仿真等过程都未发现错误,即满足原设计的要求,则可以将适配后产生的配置文件通过编程器和下载电缆下载到目标器件 CPLD 或 FPGA 中。

6. 硬件测试

硬件测试就是将含有载入设计的 CPLD 或 FPGA 的硬件系统进行统一测试,以便最终验证设计项目在目标系统上的实际工作情况,以排除错误,改进设计。

9.2 大规模可编程逻辑器件

可编程逻辑器件(Programmable Logic Devices,简称 PLD)是一种由用户编程以实现某种逻辑功能的新型逻辑器件。它诞生于 20 世纪 70 年代,在 20 世纪 80 年代以后,随着集成电路技术和计算机技术的发展而迅速发展。自问世以来,PLD 经历了从 PROM、PLA、PAL、GAL 到 FPGA、ispLSI 等高密度 PLD 的发展过程。在此期间,PLD 的集成度、速度不断提高,功能不断增强,结构趋于更合理,使用变得更灵活方便。

PLD 的出现,打破了由中小规模通用型集成电路和大规模专用集成电路垄断的局面。与中小规模通用型集成电路相比,用 PLD 实现数字系统,有集成度高、速度快、功耗小、可靠性高等优点。与大规模专用集成电路相比,用 PLD 实现数字系统,有研制周期短、先期投资少、无风险、修改逻辑设计方便、小批量生产成本低等优势。可以预见,在不久的将来,PLD 将在集成电路市场占统治地位。

随着可编程逻辑器件性价比的不断提高,EDA 开发软件的不断完善,现代电子系统的设计将越来越多地使用可编程逻辑器件,特别是大规模可编程逻辑器件。如果说一个电子系统可以像积木块一样堆积起来的话,那么现在构成的许多电子系统仅仅需要三种标准的积木块——微处理器、存储器和可编程逻辑器件,甚至只需一块大规模可编程逻辑器件。

9.2.1 可编程逻辑器件的发展及分类

1. PLD 的发展进程

最早的可编程逻辑器件出现在 20 世纪 70 年代初,主要是可编程只读存储器(PROM)和可编程逻辑阵列(PLA)。20 世纪 70 年代末出现了可编程阵列逻辑(Programmable Array Logic,简称 PAL)器件。20 世纪 80 年代初期,美国 Lattice 公司推出了一种新型的 PLD 器件,称为通用阵列逻辑(Generic Array Logic,简称 GAL),一般认为它是第二代 PLD 器件。随着技术进步,生产工艺不断改进,器件规模不断扩大,逻辑功能不断增强,各种可编程逻辑器件如雨后春笋般涌现,如 PROM、EPROM、EEPROM 等。

随着半导体工艺不断完善,用户对器件集成度要求不断提高,1985 年,美国 Altera 公司在 EPROM 和 GAL 器件的基础上,首先推出了可擦除可编程逻辑器件 EPLD(Erasable PLD),其基本结构与 PAL/GAL 器件相仿,但其集成度要比 GAL 器件高得多。而后 Altera、Atmel、Xilinx 等公司不断推出新的 EPLD 产品,它们的工艺不尽相同,结构不断改进,形成了一个庞大的群体。但是从广义来讲,可擦除可编程逻辑器件(EPLD)可以包括 GAL、EEPROM、FPGA、ispLSI 或 ispEPLD 等器件。

最初,一般把器件的可用门数超过 500 门的 PLD 称为 EPLD。后来,器件的密度越来越大,许多公司把原来称为 EPLD 的产品都称为复杂可编程逻辑器件 CPLD(Complex Programmable Logic Devices)。现在,一般把所有超过某一集成度的 PLD 器件都称为 CPLD。

当前 CPLD 的规模已从取代 PAL 和 GAL 的 500 门以下的芯片系列发展到 5000 门以上,现已有上百万门的 CPLD 芯片系列。随着工艺水平的提高,在增加器件容量的同时,为提高芯片的利用率和工作频率,CPLD 从内部结构上做了许多改进,出现了多种不同的形式,功能更加齐全,应用不断扩展。在 EPROM 基础上出现的高密度可编程逻辑器件称为 EPLD 或 CPLD。

在 20 世纪 80 年代中期,美国 Xilinx 公司首先推出了现场可编程门阵列 FPGA(Field Programmable Gate Array)器件。FPGA 器件采用逻辑单元阵列结构和静态随机存取存储器工艺,设计灵活,集成度高,可无限次反复编程,并可现场模拟调试验证。FPGA 器件及其开发系统是开发大规模数字集成电路的新技术。它利用计算机辅助设计,绘制出实现用户逻辑的原理图、编辑布尔方程或用硬件描述语言等方式作为设计输入,然后经一系列转换程序、自动布局布线、模拟仿真的过程,最后生成配置 FPGA 器件的数据文件,对 FPGA 器件初始化。

在 20 世纪 90 年代初,Lattice 公司又推出了在系统可编程大规模集成电路(ispLSI)。所谓"在系统可编程特性"(In System Programmability,缩写为 ISP),是指在用户自己设计的目标系统中或线路板上为重新构造设计逻辑而对器件进行编程或反复编程的能力。采用 ISP 技术之后,硬件设计可以变得像软件设计那样灵活而易于修改,硬件的功能也可以实时地加以更新或按预定的程序改变配置。这不仅扩展了器件的用途,缩短了系统的设计和调试周期,而且还省去了对器件单独编程的环节,因而也省去了器件编程设备,简化了目标系统的现场升级和维护工作。

自从进入 21 世纪以来,可编程逻辑集成电路技术进入飞速发展时期,器件的可用逻辑门数超过了百万门甚至达到上千万门,器件的最高频率超过百兆赫兹甚至达到四五百兆赫兹,内嵌的功能模块越来越专用和复杂,比如出现了乘法器、RAM、CPU 核、DSP 核和 PLL 等,同时出现了基于 FPGA 的可编程片上系统 SOPC(System On a Programmable Chip),有时又称为基于 FPGA 的嵌入式系统。

2. PLD 的分类方法

目前生产 PLD 的厂家主要有 Xilinx、Altera、Lattice、Actel、AMD、Cypress、Intel、Motorola 等。PLD 的分类方法较多,主要有以下四类。

(1)从结构的复杂程度分类

按结构的复杂程度,PLD 一般可分为简单 PLD 和复杂 PLD(CPLD),或分为低密度 PLD 和高密度 PLD(HDPLD)。传统的 PAL 和 GAL 是典型的低密度 PLD,其余如 EPLD、FPGA 和 pLSI/ispLSI 等则称为 HDPLD 或 CPLD。

(2)从互连结构分类

从互连结构上可将 PLD 分为确定型和统计型两类。

确定型 PLD 提供的互连结构每次用相同的互连线实现布线,所以,这类 PLD 的定时特性常常可以从数据手册上查阅而事先确定。这类 PLD 是由 PROM 结构演变而来的,目前除了 FPGA 器件外,基本上都属于这一类结构。

统计型 PLD 是指设计系统每次执行相同的功能,却能给出不同的布线模式,一般无法确切地预知线路的延时。所以,设计系统必须允许设计者提出约束条件,如关键路径的延时和关联信号的延时差等。这类器件的典型代表是 FPGA 系列。

(3)从可编程特性分类

按可编程特性可将 PLD 分为一次可编程和重复可编程两类。一次可编程的典型产品是 PROM、PAL 和熔丝型 FPGA,其他大多是重复可编程的。其中,用紫外线擦除的产品的编程次数一般在几十次的量级,采用电擦除方式的产品的编程次数稍多些,采用 E2CMOS 工艺的产品擦写次数可达上千次,而采用 SRAM(静态随机存取存储器)结构产品则被认为可实现无限次的编程。

(4)从可编程器件的编程元件分类

最早的 PLD 器件(如 PAL)大多采用的是 TTL 工艺,但后来的 PLD 器件(如 GAL、EPLD、FPGA 及 pLSI/ISP 器件)都采用 MOS 工艺(如 NMOS、CMOS、E2CMOS 等)。目前一般有五种编程元件:①熔丝型开关(一次可编程,要求大电流);②可编程低阻电路元件(多次可编程,要求中电压);③EPROM 的编程元件(需要有石英窗口,紫外线擦除);④EEPROM 的编程元件;⑤基于 SRAM 的编程元件。

9.2.2 CPLD/FPGA 结构及工作原理

1. CPLD 的基本结构及工作原理

CPLD 即复杂可编程逻辑器件。早期的 CPLD 是从 GAL 的结构扩展得来的,但进行了改进。CPLD 的基本结构可以看成由逻辑阵列宏单元和 I/O 控制模块两部分组成。

一个逻辑阵列单元的基本结构如图 9-2 所示。输入项由专用输入端和 I/O 端组成,而来自 I/O 端口的输入项,可通过 I/O 结构控制模块的反馈选择,可以是 I/O 端的信号直接输入,也可以是本单元输出的内部反馈。所有输入项都经过缓冲器驱动,并输出其输入的原

码及补码。图 9-2 中所有竖线为逻辑阵列的输入线,每个单元各有 9 条横向线称为积项线
(或乘积项)。每条输入线和积项线的交叉处设有一个 E²PROM 单元进行编程,使得逻辑阵
列中的与阵列是可编程的。其中 8 条积项线用作或门的输入,构成积项和的组合逻辑输出;
另一条积项线 OE 作为三态输出缓冲器的控制端,以实现 I/O 端作输出、输入或双向输出等
工作方式。

随着集成规模和工艺水平的提高,目前 CPLD 的逻辑阵列单元在结构方面做了很大改
进,可以实现更为复杂的逻辑功能。

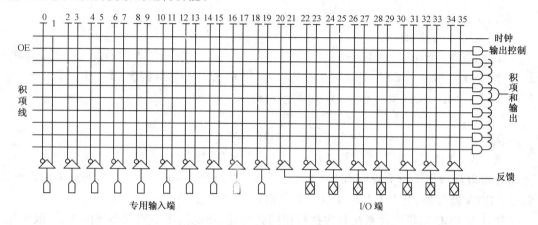

图 9-2 逻辑阵列单元结构图

CPLD 的 I/O 控制模块根据器件的类型和功能不同,可有不同的结构形式。但 I/O 模
块基本上都由输出极性转换电路、触发器和输出三态缓冲器三部分及它们相关的选择电路
组成。这里只介绍其中的一种——与 PAL 器件兼容的 I/O 控制模块,如图 9-3 所示。可编
程逻辑阵列中每个阵列逻辑单元的输出都通过一个独立的 I/O 控制模块接到 I/O 端,通过
I/O 控制模块的选择实现不同的输出方式。根据编程选择,各模块可实现组合逻辑输出和
寄存器输出模式。

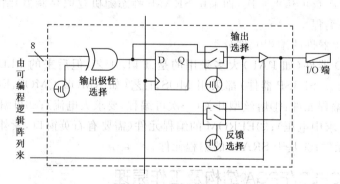

图 9-3 与 PAL 器件兼容的 I/O 控制模块结构图

2. FPGA 的基本结构及工作原理

FPGA 即现场可编程门阵列。CPLD 是基于乘积项的可编程结构,而 FPGA 采用的是
基于查找表(Look Up Table,LUT)的编程结构,LUT 是可编程的最小逻辑构成单元。一
个 N 输入 LUT 可以实现 N 个输入变量的任何逻辑功能,如 N 输入"与"、N 输入"异或"
等。图 9-4 所示是 4 输入 LUT,其内部结构如图 9-5 所示。

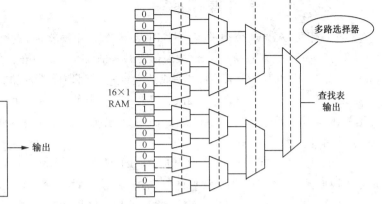

图 9-4 FPGA 查找表单元   图 9-5 FPGA 查找表单元内部结构

一个 N 输入的查找表,需要用 2^N 个位的存储单元。显然 N 不可能很大,否则 LUT 的利用率很低,输入多于 N 个的逻辑函数,必须用几个查找表分开实现。

9.3 EDA 工具软件

EDA 工具在 EDA 技术应用中占据非常重要的位置。所谓 EDA 开发工具是指以计算机为工作平台,汇集了计算机图形学、拓扑逻辑学、计算数学以及人工智能等多种计算机应用学科的最新成果而开发出来的、用于电子系统自动化设计的应用软件。

9.3.1 常见的 EDA 工具软件

全球的 EDA 软件供应商有近百家之多,大体可以分为两类:一类是专业的 EDA 软件公司,如 Mentor Graphics、Synopsys 和 Protel 等,所推出的 EDA 专业工具具有较好的标准化和兼容性,一般称为第三方工具;另一类是半导体器件厂商,如 Altera、Xilinx 和 Lattice 等,为了方便用户而推出的 EDA 集成开发环境。在表 9-1 中列出了常见的 EDA 工具软件。

表 9-1   常见的 EDA 工具软件

EDA 软件名称	说明	制造商
FPGA Advantage-HDL Designer Series	原理图、状态转换图等输入工具,并可以将它们转成 HDL 源代码	Mentor Graphics 公司
Synplify Pro	VHDL/Verilog HDL 综合工具	Synplicity 公司
FPGA Compiler Ⅱ	VHDL/Verilog HDL 综合工具	Synopsys 公司
Leonardo Spectrum、Precision RTL Synthesis	VHDL/Verilog HDL 综合工具	Mentor 子公司 Exemplar Logic
ModelSim	VHDL/Verilog HDL 仿真工具	Model Technology 公司
Verilog-XL	Verilog HDL 仿真工具	Cadence 公司
MAX+plus Ⅱ、Quartus Ⅱ	Altera 可编程逻辑器件的开发系统	Altera 公司
Foundation Series、ISE	Xilinx 可编程逻辑器件的开发系统	Xilinx 公司
ispDesign EXPER System、ispLEVER	Lattice 可编程逻辑器件的开发系统	Lattice 公司

9.3.2 Quartus Ⅱ 操作指南

Quartus Ⅱ 是 Altera 公司的综合性 PLD/FPGA 开发软件,具有原理图、VHDL、VerilogHDL 以及 AHDL(Altera Hardware 支持 Description Language)等多种设计输入形式,内嵌自有的综合器以及仿真器,可以完成从设计输入到硬件配置的完整 PLD 设计流程。

Quartus Ⅱ 可以在 Windows、Linux 以及 Unix 上使用,除了可以使用 Tcl 脚本完成设计流程外还他提供了完善的用户图形界面设计方式。具有运行速度快,界面统一,功能集中,易学易用等特点。

Quartus Ⅱ 支持 Altera 的 IP 核,包含了 LPM/MegaFunction 宏功能模块库,使用户可以充分利用成熟的模块,简化了设计的复杂性、加快了设计速度。对第三方 EDA 工具的良好支持也使用户可以在设计流程的各个阶段使用熟悉的第三方 EDA 工具。

此外,Quartus Ⅱ 通过和 DSP Builder 工具与 Matlab/Simulink 相结合,可以方便地实现各种 DSP 应用系统;支持 Altera 的片上可编程系统(SOPC)开发,集系统级设计、嵌入式软件开发、可编程逻辑设计于一体,是一种综合性的开发平台。Altera Quartus Ⅱ 作为一种可编程逻辑的设计环境,由于其强大的设计能力和直观易用的接口,越来越受到数字系统设计者的欢迎。

为了使读者快速学会使用 quartus Ⅱ,下面将详细介绍一位全加器的原理图输入设计全过程。一位全加器可以用两个半加器及一个或门连接而成,也可以直接用 Verilog HDL 程序编写。下面将给出使用 Verilog HDL 程序编写的方法进行设计的完整步骤,其主要流程与数字系统设计的一般流程一致。

【例 9-1】 使用 Quartus Ⅱ 设计一位全加器,全加器原理如图 9-6 所示。

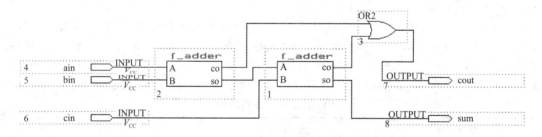

图 9-6 全加器原理图

module f_adder (ain,bin,cin,sum,cout);

input ain,bin,cin;

output sum,cout;

assign {cout,sum}=ain+bin+cin;

endmodule

1. 文件及工程的建立

首先指定工作目录,指定工程和顶层设计实体名称,如 D:\EDA\f_adder,然后运行 Quartus Ⅱ 6.0,

进入 Quartus Ⅱ 6.0 集成环境。

（1）新建文件

在 Quartus Ⅱ 6.0 集成环境屏幕上方选择新建文件按钮，或选择菜单 File→New，出现如图 9-7 所示的对话框，在框中选中"Verilog HDL File"，按"OK"按钮，即选中了文本编辑方式。在出现的文本编辑窗口中输入例 9-1 所示的 f_adder 源程序。

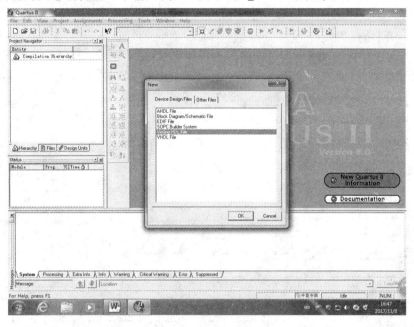

图 9-7　Quartus Ⅱ 6.0 新建文件类型的选择框

输入完毕后，选择菜单 File→Save As，即出现文件保存对话框。首先选择存放本文件的目录 D:\EDA\f_adder，然后在文件名框中输入文件名 f_adder，按保存按钮，即把输入的文件保存在指定的目录中。图 9-8 是新建的文件。

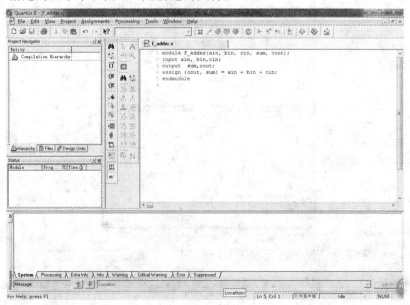

图 9-8　新建的文件

（2）新建工程

Quartus Ⅱ将每项设计均看成是一个工程。由于本设计分为两个层次，根据自底向上的设计与调试原则，因此需要先将底层的模块设计分别建立各自的工程并将其调试好，最后才进行顶层的电路系统的设计。下面以 f_adder 模块工程的建立来说明工程建立方法。

执行 File→New Project Wizard，打开新建工程向导如图 9-9 所示，将出现如图 9-10 和图 9-11 所示的对话框。

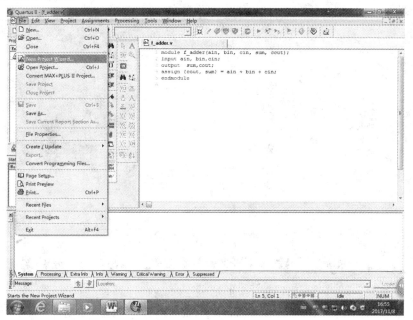

图 9-9　新建工程-操作子菜单

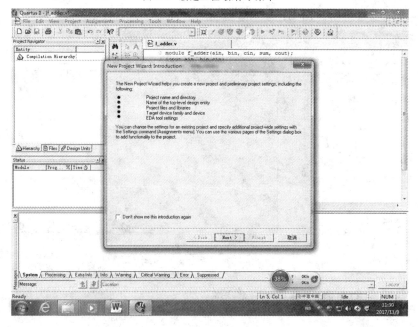

图 9-10　新建项目

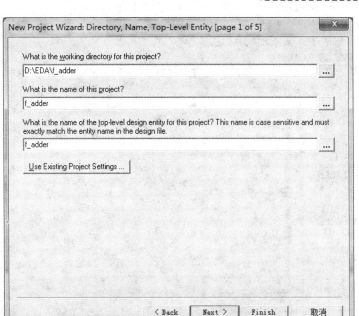

图 9-11　步骤一　工程参数设置

（3）将文件添加到对应的工程

执行图 9-12 所示的添加文件到工程操作子菜单，弹出如图 9-13 所示的选择文件添加到工程操作界面，最上面的一栏 File Name 用于加入设计文件，可单击右侧"…"按钮，找到相应目录下的文件并加入。单击"Add All"按钮，将设定目录下的所有 Verilog HDL 文件加入此工程。设置完成后，单击"Next"按钮即可。如果没有文件添加直接单击"Next"按钮，等建立好工程后再添加也可以。

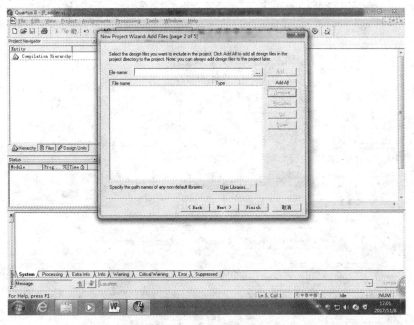

图 9-12　步骤二　添加文件到工程操作子菜单

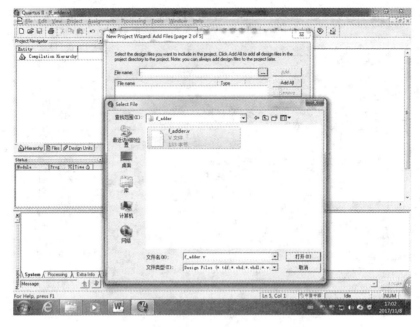

图 9-13　步骤二 选择文件添加到工程

2. 工程实现的设置

（1）选择目标芯片。出现如图 9-14 所示的对话框，或者单击"Assignments"菜单下的 Device 也可以进入该对话框。先选择目标芯片系列，再选择目标芯片型号规格。首先在 "Family"栏中选择"Cyclone"系列；然后在"Target device"选项框中选择"Specific device se-lected in Available devices list"，即选择一个确定的目标芯片。再在"Available devices"列 表中选择具体芯片"EP1C12Q240C8"，单击"Next"按钮即可。

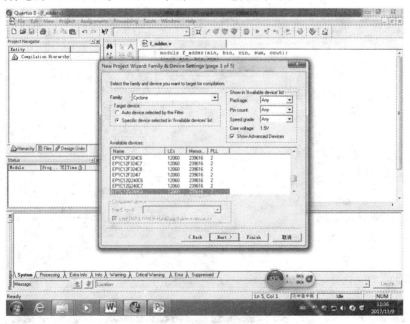

图 9-14　步骤三 目标芯片的选择

（2）选择外部综合器、仿真器和时序分析器。Quartus Ⅱ支持外部工具，可通过选中指定工具的路径。这里我们不做选择，默认使用 Quartus Ⅱ自带的工具，如图 9-15 所示。

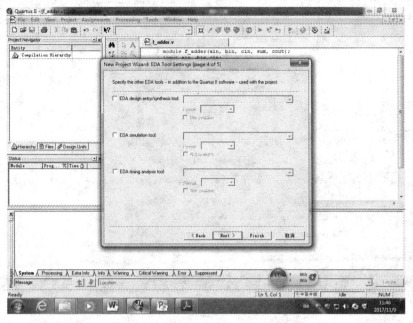

图 9-15　步骤四 外部工具的选择

（3）结束设置。单击"Next"按钮，弹出工程设置统计窗口，上面列出了工程的相关设置情况。最后单击 Finish 按钮，结束工程设置，如图 9-16 所示。

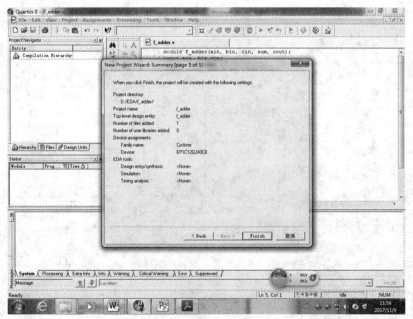

图 9-16　步骤五 结束设置

3. 预编译

选择 Processing→Start→Start Compilation，进行编译，如图 9-17 所示。

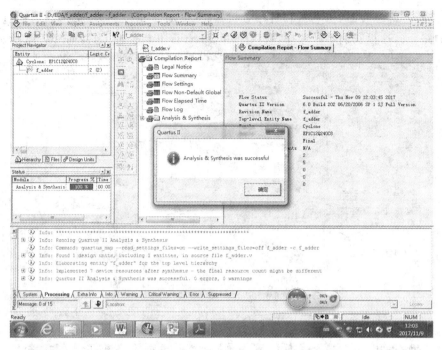

图 9-17　编译结果报告

4.引脚分配

单击菜单 Assignment 菜单下 Pins 选项,便进入引脚分配窗口。之后选择某一引脚,双击 Location 列的蓝色矩形框(与本引脚处于同一行),在弹出的引脚列表中选择合适的引脚,也可以直接键入引脚号码,如图 9-18 所示。把所有输入输出的引脚都添加好,便可再次进行编译。

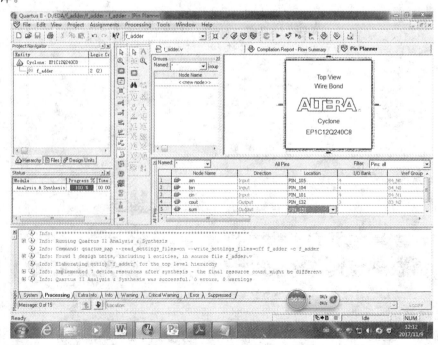

图 9-18　引脚分配

5. 全局编译

选择 Processing→Start 菜单下 Start Compilation 选项，进行编译，如图 9-19 所示。

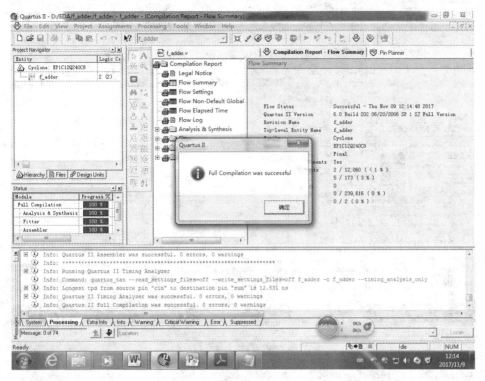

图 9-19 全局编译结果报告

6. 下载

先阅读有关 EDA 实验开发系统(板)手册，了解 EDA 实验开发系统(板)到计算机的连接方式。在断电的情况将有关硬件设备进行正确的物理连接，经检查无误后打开 EDA 实验开发系统(板)电源开关。下载可以选择 JTAG 方式和 AS 方式(JTAG 下载方式把文件直接下载到 FPGA 里面，AS 下载方式把文件下载到配置芯片里面，因此可以掉电存储)。选择 Tool→Program，选择 JTAG 下载方式，选择 Add File，添加.sof 文件(AS 下载选择.pof 文件)并选中 Program→Configure，单击 Start 后开始下载。第一次使用下载时，首先单击"Hardware Setup"对话框，然后单击"Add Hardware"按钮，选择"ByteBlaster Ⅱ"后单击"Select Hardware"按钮，选择下载方式为"ByteBlaster Ⅱ"，如图 9-20 所示。

7. 工程仿真及分析

工程编译通过之后，必须对其功能和时序进行仿真测试，以了解设计结果是否满足原设计要求。

打开波形编辑器执行 File→New，在弹出的窗口中选择"Vector Waveform File"项，打开空白的波形编辑器，如图 9-21 所示。

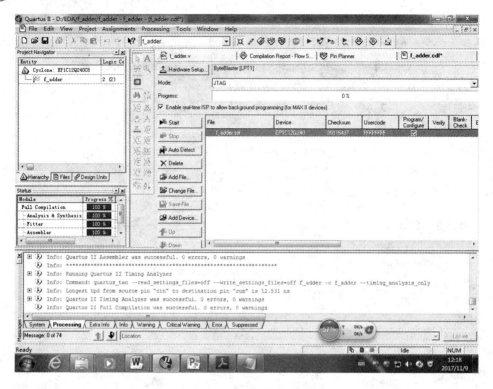

图 9-20　选择下载方式

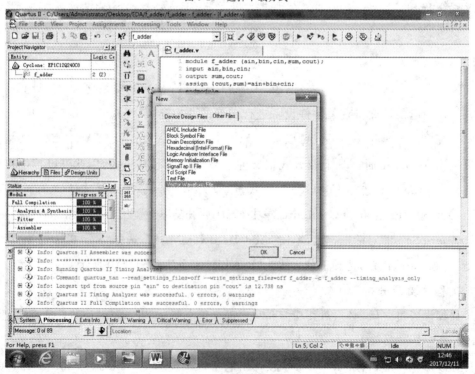

图 9-21　新建波形文件操作

在新建的波形文件中选中需要验证的引脚,在左边窗栏里单击鼠标左键选"Insert

Node or Bus",在打开的对话框中单击"List"按钮,选择所要观察的信号引脚,设置引脚的信号值,如图 9-22 所示。单击 Save 保存。

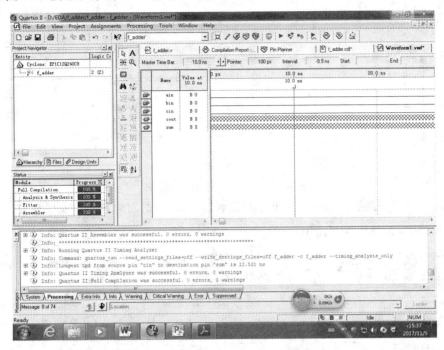

图 9-22　插入引脚

在"Settingsal"对话框中,选中"Simulator Settings"选择页,设置"Function"类型仿真,并将新创建的波形文件当作仿真输入,如图 9-23 所示。

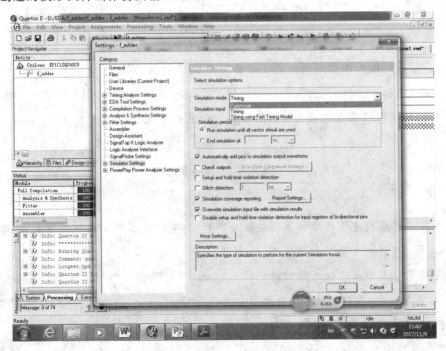

图 9-23　仿真设置

设置完毕之后,单击"Processing"菜单下"Generate Functional Simulator Netlist"选项,生成网表文件之后,单击"Start Simulator"进行功能仿真,然后验证逻辑功能是否正确,如图 9-24 所示。

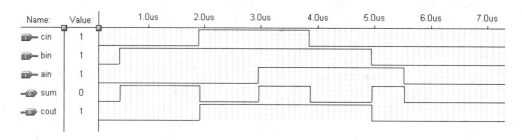

图 9-24　一位全加器的时序仿真波形

图 9-25 所示的是利用 Quartus Ⅱ 进行设计的一般流程,对原理图输入设计和文本方式的硬件描述语言设计输入都适用。

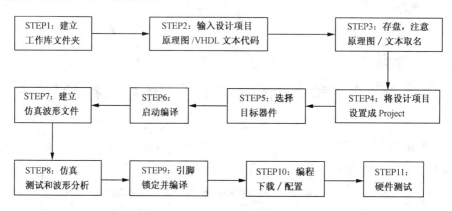

图 9-25　利用 Quartus Ⅱ 进行设计的一般流程

前面介绍的一位全加器的例子是一个多层次设计示例,其设计流程与上图所示的单一层次设计完全一样,此时低层次的设计项目只是高层次项目(顶层设计)中的某个或某些元件,而当前的顶层设计项目也成为更高层次设计中的一个元件。

EDA 技术是现代电子技术和多学科融合的产物,它的发展给电子系统设计带来了革命性的变化,现代电子技术全方位进入 EDA 领域。

EDA 技术发展经历了计算机辅助设计 CAD、计算机辅助工程设计 CAE 和电子设计自动化 EDA 三个阶段。EDA 设计流程主要包括设计输入、综合、适配、时序和功能仿真、编程下载和硬件测试。

可编程逻辑器件 PLD 的发展过程中的主要产品有 PROM、PLA、PAL、GAL、FPGA、

EPLD、CPLD，经历了从简单 PLD 到复杂 PLD 的过程，目前主流器件为 FPGA 和 CPLD。CPLD 采用的是可编程的与阵列和固定的或阵列结构，为非易失性器件；FPGA 采用的是查找表结构，为易失性器件。

EDA 生产商有近百家，相应的工具软件有很多，主要分为第三方软件和集成开发环境。其中 Altera 公司的集成开发环境 Quartus Ⅱ界面友好，使用便捷，被誉为业界最易用易学的 EDA 软件。

$<<<$ 习 题 $>>>$

9-1 简述 EDA 技术发展的三个阶段？

9-2 简述 EDA 技术的设计流程。

9-3 什么是可编程逻辑器件？可编程逻辑器件是如何分类的？目前主流产品是什么？

9-4 FPGA 和 CPLD 有什么区别？

9-5 EDA 工具软件主要有哪些？

9-6 利用 Verilog HDL 设计四位全加器。

9-7 利用 Verilog HDL 设计高电平有效 3-8 线译码器。

9-8 利用 Verilog HDL 设计四位二进制比较器。

9-9 利用 Verilog HDL 设计四选一数据选择器。

第10章

DISHIZHANG

典型数字系统设计

学习目标

本章首先介绍数字系统的组成,然后介绍数字系统的设计方法,重点介绍数字系统的设计准则,介绍了跑马灯和数字频率计两种典型数字系统的设计。

能力目标

了解数字系统的组成及设计,重点掌握如何利用 Verilog HDL 完成数字系统的设计。

10.1 数字系统概述

10.1.1 数字系统的组成

前面介绍的数据选择器、比较器、加法器、计数器等电路,都是只能实现某种单一的特定功能,因此称为功能部件级电路。由若干这样的数字电路和逻辑部件构成的,按一定顺序处理和传输数字信号的设备称为数字系统。电子计算机、数字照相机、数字电视机等就是常见的数字系统。数字系统从结构上分为数据处理单元和控制单元两部分。因此,数字系统中的二进制信息也可分成数据信息和控制信息两大类。

数据处理单元接收控制单元发来的控制信号,对输入的数据进行算术运算、逻辑运算、移位操作等处理,然后输出数据,并将处理过程中产生的状态信息反馈到控制单元,数据处理单元也称为数据通路。

控制单元根据外部输入信号及数据处理单元提供的状态信息,决定下一步要完成的操作,并向数据处理单元发出控制信号以控制其完成该操作。通常以是否有控制单元作为区别功能部件和数字系统的标志,凡是包含控制单元且能按顺序进行操作的系统,不论规模大小,一律称为数字系统,否则只能算是一个系统部件,不能称为一个独立的数字系统。例如,大容量存储器尽管电路规模很大,但也不能称为数字系统。

10.1.2　数字系统的设计方法

随着科学技术的迅速发展,电子工业界有了巨大的飞跃,当前数字系统的设计正朝着速度快、容量大、体积小和重量轻的方向发展。推动该潮流迅猛发展的引擎就是日趋进步和完善的 ASIC 技术。ASIC 技术使计算机成为数字系统设计的主要工具。目前数字系统的设计可以直接面向用户的需求,根据系统的行为和功能要求,自顶向下地逐层完成相应的描述、综合、优化、模拟和验证,直到生成器件。上述设计过程除了系统行为和功能描述外,其余所有的设计过程几乎都可以用计算机来自动完成,也就是说做到了电子设计自动化(EDA)。这样做就可以大大缩短数字系统的设计周期,从而适应当前产品种类多、批量小、风险大的电子产品市场的需要,以提高产品的竞争能力。

目前,基于芯片级的设计、自顶向下设计和设计模拟成为数字电路系统设计的主要手段和方式。任何一项新技术和新工具的产生和发展,都有其自身的极大优越性,而这种优越性主要源于新设计方法的引入。设计人员只有在掌握了这些新的设计方法后,才能够有效地利用这些新技术和新工具更好地为设计服务。

1. 数字系统的设计流程

一般来说,数字系统的设计可以分为四个层次,分别是系统级设计、电路级设计、芯片级设计和电路板级设计。对应于数字系统设计的四个层次,可以把一个数字系统的设计分为以下几个步骤:系统设计、电路设计、芯片设计、PCB 设计、电路调试、系统调试和结构设计。数字系统的设计流程如图 10-1 所示。

(1)系统设计

系统设计主要是对总体设计部门给出的设计任务以及设计的一些要求进行分析,目的是将设计任务和要求转换成明确的可实现的功能和技术指标要求,并且确定可行的技术方案。由于系统设计主要是在系统级上来描述数字系统的

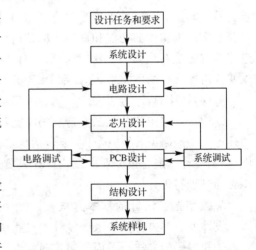

图 10-1　数字系统的设计流程

功能和技术指标要求,因此设计人员一般通过系统功能的模块划分来落实数字系统的功能和技术指标的分配,同时确定各模块之间的接口关系。系统设计通常运用框图和层次的方法自顶向下地进行设计,将系统功能逐步细分,然后再从电路、器件和工艺等方面来确定技术方案,从而完成数字系统的方案设计。

(2)电路设计

电路设计的主要任务是根据技术方案来确定数字系统所要求的算法和电路形式,在电路上描述数字系统的功能。

(3)芯片设计

芯片设计是根据电路设计所确定的算法和电路形式,通过设计芯片内部的逻辑功能来实现这些算法和电路,即设计具有专门用途的集成电路芯片。在过去相当长的一段时间里,

设计人员通常采用 TTL 电路、CMOS 电路和专用数字集成电路来进行设计,这时器件的功能是内部逻辑功能。现今,设计人员大都采用基于芯片级的方法进行数字系统的设计。由于可编程逻辑器件能够定义内部的逻辑功能和外接引脚的功能,因此给设计人员带来了极大的方便。这时,设计人员就可以根据系统的要求定义芯片的逻辑功能,把功能模块放到芯片中进行设计,使用单片或几片大规模可编程逻辑器件就可以完成数字系统的主要功能,从而使得后续工作变得十分简单。

(4) PCB 设计

PCB 设计是芯片设计工作的延续,它的任务是实现数字系统的整体功能,同时进行初步的工艺和系统机械结构的设计。PCB 设计主要进行两方面的工作:一方面是通过芯片和其他电路元件之间的连接,将各种元器件组合起来构成完整的数字系统;另一方面则按照电路的尺寸、工艺和环境的要求,确定电路板的尺寸和形状,并且进行元器件的布局和元器件间的布线。

(5)调试

调试的目的是对设计的数字系统进行检查以发现设计中存在的问题。一般来说,调试按照不同的要求可以分为两种:电路调试和系统调试。电路调试是利用测量仪器检查电路、芯片和 PCB 设计上的错误,并测试单片电路板的功能和性能指标是否能够满足设计的要求。系统调试是对电路板进行联合测试,目的是检查电路板之间的接口是否满足设计规范以及数字系统整体的功能和性能指标是否能够达到设计的要求。需要注意的是,无论是在电路调试还是系统调试中发现问题,设计人员都需要回到电路设计、芯片设计和 PCB 设计以修改出现问题的电路板,芯片和 PCB 板的设计。

(6)结构设计

结构设计属于工艺和工业造型的问题,其目的是获得较好的电气性能、机械性能和美观的外形。一般来说,结构设计主要包括机箱设计和面板设计。在进行数字系统设计的过程中,结构设计一般是由专业的结构设计人员来完成的,因此这一步骤常常可以和上述的其他步骤同时进行设计。

2. 数字系统设计的基本方法

设计人员在进行数字系统设计的过程中,所采用的基本方法主要有两种:自顶向下的设计方法和编码的方法。下面就对这两种设计的基本方法进行介绍。

(1)自顶向下的设计方法

通常情况下,设计人员设计数字系统时可以采用多种设计方法,例如直接设计法、自底向上的设计方法和自顶向下的设计方法等。随着数字系统规模的不断扩大,自顶向下的设计方法由于其独特的优越性,在各种设计方法中脱颖而出,成为目前数字系统设计中常用的设计方法。自顶向下的设计方法实际上就是基于芯片的系统设计方法,它在功能划分、任务分配和设计管理上具有一定的优越性。

所谓自顶向下的设计方法就是利用功能分割手段将设计自顶向下进行层次化和模块化,即分层次、分模块地对数字系统进行设计和模拟。功能分割采用逐级分割的方式,首先将系统分割成各个功能子模块,然后再将各个功能子模块分解为逻辑块,而逻辑块又可以分割为更小的逻辑块和电路。按照这样的分割方式,设计人员可以将一个复杂的数字系统逐步细化并将功能模块化。这样,高层次设计主要进行系统功能和接口的描述并说明模块的功能和接口,对模块功能的详细描述则在下一设计层次中说明,最低层次的设计才涉及具体的门级电路。

高层次设计可以与具体的器件和工艺无关,可以采用模拟手段来验证设计的正确性。自顶向下设计方法的这个特点可以用来进行系统的理论设计,即不需要做出具体的电路、芯片和系统等,而只是用软件的模拟手段来验证系统方案的可行性。

自顶向下设计方法的优点主要体现在以下两个方面:

①自顶向下的设计方法是一种模块化设计方法。设计人员对设计的描述由上至下逐步由粗略到详细,符合常规的逻辑思维习惯;由于高层次设计与具体的器件和工艺无关,因此设计易于在各种可编程逻辑器件或集成电路工艺之间进行移植。

②多个设计人员可以同时进行操作。随着数字系统规模的不断扩大,许多数字系统的设计由一个设计人员根本无法完成,必须经过多个设计人员分工协作的情况越来越多。在这种情况下,采用自顶向下的设计方法可以使多个设计人员同时进行设计,对设计任务进行合理分配并用系统工程的方法对设计进行管理。

(2)编码的方法

目前,在数字系统中应用最为广泛的数制是二进制。在二进制数中,每一位只有 0 和 1 两个数码,所以它的计数基数为 2,并且低位和高位间的进位关系是"逢二进一",故称为二进制。由于数字系统只能处理 0 和 1,所以在进行系统设计之前需要用二进制数来表示输入、输出信号值以及内部状态,这一过程称为编码。编码是用数字的形式来描述所要编码的对象,这是数字系统处理问题的先决条件。

在数字系统中对于同一编码对象可能存在多个编码方案。由于编码方案会决定数字系统的逻辑设计,因此编码时存在着选择最佳编码的问题。那么如何比较每种可能的编码方案,从中选择一个最合适的编码方案呢?

一个 n 位二进制数,总共存在着 2^n 个编码,可以表示 2^n 种可能性。一般来说,习惯将设计中使用的编码称为有效编码,而没有使用的编码则称为无效编码。如果实际的数字系统中不允许无效编码存在,那么这种无效编码称为非法编码。例如,如果十进制计数器用四位表示,那么在四位二进制数能够表示的 16 个数中,0 至 9 为有效编码,A 到 F 则为无效编码。

有效编码在所有编码中的比率常称为编码效率(η),计算公式为:

$$\eta = 有效编码数/2^n = 有效编码数/(有效编码数 + 无效编码数)$$

根据公式不难得出,上面十进制计数器的编码效率为 $\eta = 10/16 = 62.5\%$。实际上,编码效率的含义就是器件资源的利用率,编码效率高意味着能够利用较少的资源去实现所要求的逻辑功能。在实际的数字系统设计中,有些设计人员往往忽略了编码的问题,只是随意取一个编码方案来进行逻辑设计,这样做或许也能完成设计,但是最终完成的设计未必是最佳的设计方案。因此,数字系统设计人员都应该对编码极其重视。

一般来说,编码还决定了功能的实现方法,这一点非常类似于软件工程中的"数据结构算法"的概念。在软件设计中,数据结构确定以后,就只剩下如何利用一定的算法对数据进行处理的问题了。同样在数字系统设计中,编码一旦确定以后,剩下的问题就是如何使用相应的电路或逻辑去实现编码。数字系统设计中,编码实际上就是确定数据结构的过程,逻辑电路则代表着硬件逻辑算法。软件工程中,设计人员经过研究形成了数据结构的理论,可见软件设计者十分重视数据结构。在硬件设计中,虽然目前还没有出现类似的理论,但是硬件设计人员在解决类似问题时,不妨借鉴"数据结构+算法"的设计方法。

设计人员在进行编码时,往往需要注意以下几个问题:

①在分析编码对象可能存在的状态时,应该尽量用最短的二进制码来表示编码对象的全部状态,这样做的目的是提高编码效率和资源的利用率,并且减少对器件输入线、输出线、乘积项和寄存器等资源的消耗。

②设计人员应该区别对待I/O编码和内部状态编码。对于I/O编码来说,由于I/O对应于一定的输入和输出形式,因此它首先要求的是编码同输入和输出形式匹配,而并不一定要求用最短的二进制数来表示;对于内部状态编码来说,则完全可以由设计人员定义数据结构和算法,由于编码方案决定算法和资源利用率,所以应该采用最短的编码形式。为了实现外部和内部的编码转换,设计人员可以在I/O接口和内部逻辑模块之间插入一个编码格式转换接口。

③应对编码结构进行优化。除了采用最短的二进制编码外,还需要对编码的结构进行优化。因为一种容易处理的编码结构往往可以给逻辑设计带来很多的便利,所以设计人员常常会花一定的时间来对编码进行优化。

④应对无效编码进行相应的处理。对于编码过程中的无效编码,一般采用两种不同的处理方式:对于实际情况中不可能出现的无效编码,如果该编码不会对系统设计造成危害性结果,那么可以将其按照任意态处理;如果无效编码是一种会给系统设计带来危害性的非法编码,那么应该采取措施防止或引导到有效编码状态上来。

3. 数字系统设计的基本准则

在进行数字系统设计的过程中,设计人员通常需要考虑设计的功能和性能要求、元器件的资源配置、设计工具的可实现性以及系统的开发经费等多方面的条件和需求。对于具体的数字系统来说,虽然设计的条件和需求不同,实现的具体方法也各不相同,但是数字系统设计还是具备一些共同的基本准则:

(1)分割准则

自顶向下的设计方法或者其他的层次化设计方法,往往都需要对数字系统的功能进行分割,然后再使用逻辑语言来进行具体的描述。在进行逐级分割的过程中,如果功能分割过细,则会带来不必要的重复和烦琐;如果功能分割过粗,则会使子模块不易用逻辑语言来进行描述。因此,功能分割的粗细要根据具体的系统设计和设计工具来确定,并且有一些共同的原则需要遵循:

①功能分割后最低层的逻辑块应该适合使用逻辑语言来进行描述。如果利用逻辑图作为最低层模块的输入方法,则需要将其分割到门电路、触发器和宏模块一级;如果采用VHDL 或 Verilog 则可以分割到算法一级。

②易于设计共享模块。在数字泵统设计过程中,往往会出现一些功能相似的逻辑模块,设计人员应该把这些功能相似的模块设计成共享模块。采用共享模块,可以大大减少设计的模块数目以及改善设计的结构化特性。

③尽量使接口信号线最少。由于复杂的接口信号非常容易引起设计上的错误,而且会给设计的布线带来不小的困难,因此设计时应该尽量使接口信号最少。在进行模块划分的过程时,设计人员经常把交互信号最少的地方作为模块划分的边界,这样便可以用最少的信

号线来进行信号和数据的交换。

④尽量使其通用性良好,并且易于移植。模块的划分和设计应该满足通用性的要求,并需要考虑设计移植的问题。一个优秀的设计模块应该可以很方便地在其他的设计中使用,且容易升级和移植。为了使模块具有良好的通用性和可移植性,设计人员在设计中应该尽量避免使用与器件有关的特性。

⑤尽量使结构匀称。设计人员在设计过程中,对同一层次的模块之间进行资源和 I/O 的分配上不应该出现太悬殊的差异,并且应该尽量保证划分的模块没有明显的结构和性能上的瓶颈。

(2)同步和异步电路

在数字系统的设计过程中,设计人员应该尽量采用同步电路进行设计,而避免使用异步电路,原因是同步电路按照统一的时钟来进行工作,能够保证良好的稳定性;而异步电路由于采用统一的时钟信号,便会造成较大的系统时延和逻辑冒险,从而引起系统的不稳定。在必须使用异步电路的场合下,设计人员应该采取一定的措施来避免较大的系统时延和逻辑冒险。需要注意的是,如果一个数字系统使用了两个或两个以上的时钟信号,这时对于模块之间的接口信号要采取一定的复接措施,必要的时候需要插入时钟同步电路以增加数字系统的电稳定性。

(3)最优化设计

由于可编程逻辑器件的可编程逻辑资源、I/O 资源和连线资源都是有限的,器件的性能有一定的限制,因此用逻辑器件设计数字系统的过程就相当于一个求取最优化设计的过程。一般来说,求取最优化设计的过程需要给定边界条件和最优化目标这两个约束条件。约束条件即指器件的性能和资源限制。最优化目标有很多种,设计中最常见的最优化目标有器件利用率最高、系统工作速度最快和实现性最好三种。

在一个数字系统的具体设计中,由于各个条件的限制,各个最优化目标相互之间往往会发生冲突、产生矛盾,这时,设计人员就需要牺牲一些不太重要的限制条件,来满足一些重要的限制条件。在一个复杂系统的设计中,经常会发生布线的困难,这时设计人员就需要牺牲其他一些要求来优先满足布线的要求,从而达到系统的可实现性。

目前,大多数的 EDA 工具中都提供了常用的优化设计工具,设计人员可以通过改变优化策略来指导 EDA 工具完成系统的最优化设计。

(4)系统的可观测性

在一个数字系统的设计中,设计人员应该同时考虑功能检查和性能的测试,即解决系统观测性的问题。一个系统除了引脚上的信号外,系统内部的状态也是需要测试的内容。如果输出信号能够反映系统内部的状态,即可以通过输出观测到系统内部的工作状态,那么这个系统就是可以观测的。如果输出信号不能完全反映系统内部的工作状态,那么这个系统则是不可以观测的或者是部分可观测的。这时,为了测试系统内部的工作状态,就需要建立必要的观测电路,将不可观测的系统转换成可以观测的系统。

一些有经验的设计人员常常会自觉地在设计数字系统的时候同时设计观测电路,通过观测电路来指示系统内部的工作状态。设计人员建立观测电路,一方面是将系统内部的信号引向引脚输出以供外部测试使用;另一方面是对系统的工作状态进行判断。

一般来说,建立观测电路常常遵循以下原则:

①对系统的关键性信号进行观测,例如时钟信号、同步信号和状态信号等;

②对具有代表性的节点和线路上的信号进行观测;

③具有简单的"系统是否正常工作"的判断能力。

(5)系统设计的判断

一个数字系统的设计通常需要经过反复的修改、测试、优化才能达到系统设计的要求。在实际设计的过程中,设计人员需要在各种设计要求、约束条件和优化原则等方面反复权衡利弊、折中以求达到系统设计的性能要求。

系统设计经过第一遍设计输入、设计实现和设计验证的过程,一般不能达到理想的设计目的。这时的设计还需要经过设计人员的多次反复修改才能达到一个较为满意的结果。判断设计反复的过程什么时候可以停止或者判断设计有无进一步优化的可能,以及在整体上把握设计优化的进程,可以借鉴一个艺术概念"和谐"。一个好的设计,应该满足艺术概念"和谐"的基本特征,对于数字系统可以根据以下几点做出判断:

①直觉判断设计总体上流畅;

②具有良好的可观测性;

③结构协调、资源配置、I/O分配合理,没有任何设计上和性能上的瓶颈;

④易于修改和移植;

⑤器件的资源、速度和性能是否得到充分的发挥。对于一个已经完成的数字系统的设计,如果该数字系统能够满足前三点,那么说明该设计是一个不错的设计;如果该数字系统能够满足五点要求的话,那么该设计则称为是一个理想的设计。

10.2 跑马灯设计

10.2.1 设计要求

控制 16 个 LED 进行花式显示。设计四种显示模式:①从左到右逐个点亮 LED;②从右到左逐个点亮 LED;③从两边到中间逐个点亮 LED;④从中间到两边逐个点亮 LED。四种模式循环切换,由复位键 rst 控制系统的运行与停止。

10.2.2 电路状态转换

输入信号:时钟信号 clk;复位信号 rst。输出信号 LED 显示信号 q[15:0]。跑马灯的状态转换如图 10-2 所示。

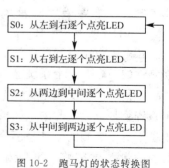

图 10-2 跑马灯的状态转换图

10.2.3 Verilog HDL 程序实现

代码如下。

```
module led (clk,q,rst);
input clk,rst;              //时钟信号(20MHz 晶振)、系统复位信号
output [15:0] q;            //接 LED1——LED16
reg[15:0] q;
reg[24:0] counter;
```

```verilog
reg[1:0] state,next_state;
reg[3:0] count;
parameter state0=2'b00;
parameter state1=2'b01;
parameter state2=2'b11;
parameter state3=2'b10;               //定义四种模式
always @(posedgeclk)
begin
   if(rst)
     begin state=state0;
        q=16'b0000000000000000;
     end
   else
     begin state=next_state;
     end
case(state)
state0:                               //S0 模式:从左到右逐个点亮 LED
     begin
     if(q=='b0000000000000000)
        begin
        q='b1000000000000000;
        end
   else
     begin
     if(count=='b1111)
        begin
        count=0;
        q='b0000000000000001;
        next_state=state1;
     end
else
     begin
     counter=counter+1;               //计数器加 1
     if(counter=='b10111110101111100001000000)
     begin
       q=q≫1;
       counter<=0;
         count=count+1 ;
         next_state=state0;
         end
       end
     end
end
```

```verilog
    state1：                          //S1 模式:从右到左逐个点亮 LED
        begin
            if(count=='b1111)
            begin
            count=0；
            q='b0000000110000000；
            next_state=state2；
        end
    else
    begin
        counter=counter+1；              //计数器加 1
        if(counter=='b10111110101111100001000000)
        begin
        q=q≪1；
        counter=0；
        count=count+1；
        next_state=state1；
    end
    end
    end
    state2：                          //S2 模式:从两边到中间逐个点亮 LED
        begin
            if(count=='b0111)
                begin
                    count=0；
                    q='b1000000000000001；
                    next_state=state3；
                end
    else
    begin
    counter=counter+1；                //计数器加 1
    if(counter=='b10111110101111100001000000)
        begin
        q[15:8]=q[15:8]≪1；
        q[7:0]=q[7:0]≫1；
        counter=0；
        count=count+1；
        next_state=state2；
        end
        end
    end
    state3：                          //S3 模式:从中间到两边逐个点亮 LED
        begin
```

```
if(count==′b0111)
  begin
    count=0;
    q=′b1000000000000000;
    next_state=state0;
  end
else
  begin
    counter=counter+1;              //计数器加1
    if(counter==′b1011111010111100001000000)
      begin
        q[15:8]=q[15:8]≫1;
        q[7:0]=q[7:0]≪1;
        counter=0;
        counter=counter+1;
        next_state=state3;
          end
        end
      end
    end case
end
end module
```

10.2.4　仿真结果

由于系统时钟分频系数较大,在软件中不易实现仿真,因此将分频系数适当改小来仿真其逻辑功能即可(取消程序中的分频进行仿真)。为了观察各种模式下 LED 的显示情况,对 state0~state3 的各个模式进行局部观察。State 0 模式的时序仿真结果如图 10-3 所示,观察波形端口 q 的输出可知,按 state0 的模式从左到右逐个点亮 LED。

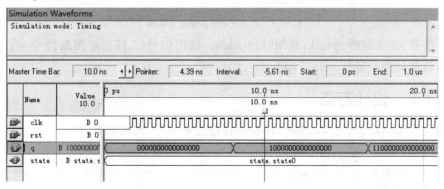

图 10-3　state0 模式的时序仿真结果

10.3 数字频率计

10.3.1 设计要求

采用测频法设计一个八位十进制数字显示的数字频率计,测量范围为1~49999999 Hz,被测的频率可由基准频率分频得到。

10.3.2 设计原理

1.测频法的测量原理如图10-4所示,在确定的闸门时间 T_w 内,记录被测信号的变化周期数或脉冲个数 N_x,则被测信号的频率为 $Fx=Nx/Tw$,通常闸门时间为 T_{w1} s。

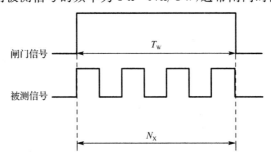

图10-4 测频法的测量原理

2.数字频率计系统组成原理如图10-5所示,输入信号为20 MHz基准时钟和1 Hz~40 MHz的被测时钟,闸门时间模块的作用是对基准时钟进行分频,得到一个1 s的闸门信号,作为八位十进制计数器的计数标志,八位数码管显示被测信号的频率。

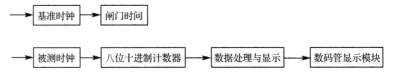

图10-5 数字频率计系统组成原理

输入信号:基准时钟 sysclk;被测时钟 clkin。输出信号:7段显示控制信号 seg7[7:0];数码管地址选择控制信号 scan[7:0]。

10.3.3 设计方法

采用文本编辑法,利用 Verilog HDL 语言描述频率计,代码如下。

```verilog
module cymometer(seg7,scan,sysclk,clkin);
output[6:0] seg7;
output[7:0] scan;
input sysclk; //20MHz 时钟输入
input clkin; //待测频率信号输入
reg[6:0] seg7; //7 段显示控制信号(abcdefg)
reg[7:0] scan; //数码管地址选择信号
```

```verilog
reg[24:0] cnt;
regclk_cnt;
reg[3:0] cntp1,cntp2,cntp3,cntp4,cntp5,cntp6,cntp7,cntp8;
reg[3:0] cntq1,cntq2,cntq3,cntq4,cntq5,cntq6,cntq7,cntq8;
reg[3:0] dat;
//0.5Hz 分频
always @ (posedgesysclk)
begin
    if(cnt==25'b1_0111_1101_0111_1000_0100_0000)
        beginclk_cnt<=~clk_cnt;cnt<=0;end
    else
        begin cnt<=cnt+1;end
end
//在 1s 内计数
always @ (posedgeclkin)
begin
if(clk_cnt)
begin
  if(cntp1=='b1001)
    begin cntp1<='b0000;cntp2<=cntp2+1;
    if(cntp2=='b1001)
      begin cntp2<='b0000;cntp3<=cntp3+1;
      if(cntp3=='b1001)
        begin cntp3<='b0000;cntp4<=cntp4+1;
        if(cntp4=='b1001)
          begin cntp4<='b0000;cntp5<=cntp5+1;
          if(cntp5=='b1001)
            begin cntp5<='b0000;cntp6<=cntp6+1;
            if(cntp6=='b1001)
              begin cntp6<='b0000;cntp7<=cntp7+1;
              if(cntp7=='b1001)
                begin cntp7<='b0000;cntp8<=cntp8+1;
                if(cntp8=='b1001)
                  begin cntp8<='b0000;end
                end
              end
            end
          end
        end
      end
    else begin cntp1<=cntp1+1; end
    end
else
```

```verilog
        begin
    if(cntpl! = 'b0000 | cntp2! = 'b0000 | cntp3 ! = 'b0000 | cntp4! = 'b0000 | cntp5! = 'b0000 |
cntp6! = 'b0000 | cntp7! = 'b0000 | cntp8! = 'b0000) //对计数值锁存
        begin
        cntql<=cntpl；cntq2<=cntp2；cntq3<=cntp3；
        cntq4<=cntp4；cntq5<=cntp5；cntq6<=cntp6；
        cntq7<=cntp7；cntq8<=cntp8；
        cntpl<='b0000；cntp2<='b0000；cntp3<='b0000；
        cntp4<='b0000；cntp5<='b0000；cntp6<='b0000；
        cntp7<='b0000；cntp8<='b0000；
    end
    end
end
//扫描数码管
always
begin
    case(cnt[15:13])
    'b000：begin scan<='b00000001；dat<=cntql；end
    'b001：begin scan<='b00000010；dat<=cntq2；end
    'b010：begin scan<='b00000100；dat<=cntq3； end
    'b011：begin scan<='b00001000；dat<=cntq4；end
    'bl00：begin scan<='b00010000；dat<=cntq5； end
    'bl01：begin scan<='b00100000；dat<=cntq6； end
    'b110：begin scan<='b01000000；dat<=cntq7； end
    'b111：begin scan<='b10000000；dat<=cntq8； end
    default：begin scan<='bx；dat<='bx； end
    endcase
//数码管显示译码
    case(dat[3:0])
    4'b0000：seg7[6:0]=7'b1111110；
    4'b0001：seg7[6:0]=7'b0110000；
    4'b0010：seg7[6:0]=7'b1101101；
    4'b0011：seg7[6:0]=7'b1111001；
    4'b0100：seg7[6:0l=7'b0110011；
    4'b0101：seg7[6:0]=7'b1011011；
    4'b0110：seg7[6:0]=7'b1011111；
    4'b0111：seg7[6:0]=7'b1110000；
    4'b1000：seg7[6:0l=7'b1111111；
    4'b1001：seg7[6:0]=7'b1111011；
    default：seg7[6:0]='bx；
        end case
    end
    end module
```

10.3.4 仿真结果

由于频率计的计数时间是 1 s,在软件中仿真需要的时间较长,故此设计直接在实验箱上进行验证即可。

数字系统从结构上分为数据处理单元和控制单元两部分。因此,数字系统中的二进制信息也可分成数据信息和控制信息两大类。基于芯片级的设计、自顶向下设计和设计模拟成为数字电路系统设计的主要手段和方式。设计人员在进行数字系统的设计过程中,所采用的基本方法主要有两种:自顶向下的设计方法和编码的方法。数字系统设计具备一些共同的基本准则:分割准则,同步和异步电路,最优化设计,系统的可观测性和系统设计判断。

10-1　简述数字系统的设计流程。

10-2　简述数字系统设计的基本方法。

10-3　简述数字系统设计的基本准则。

10-4　设计八位数码扫描显示电路。

10-5　设计 4×4 键盘扫描电路。

参 考 文 献

［1］康华光.电子技术基础 数字部分[M].5 版.北京:高等教育出版社,2006.

［2］闫石.数字电子技术基础[M].5 版.北京:高等教育出版社,2008.

［3］余孟尝.数字电子技术基础简明教程[M].3 版.北京:高等教育出版社,2006.

［4］白中英.数字逻辑与数字系统[M].3 版.北京:科学出版社,2002.

［5］王玉龙.数字逻辑[M]北京:高等教育出版社,1987.

［6］张伟林.数字电子技术 [M]北京:人民邮电出版社,2010.

［7］潘松,黄继业,陈龙.EDA 技术与 VerilogHDL[M].北京:清华出大学版社,2010.

［8］包晓敏,王开全.数字电子技术 [M].北京:机械工业出版社,2012.

［9］王瑞兰,陈春玲,路永华.数字电子技术 [M].大连:大连理工大学出版社,2011.

［10］高吉祥.数字电子技术 [M].北京:电子工业出版社,2003.

［11］童诗白,徐振英.现代电子学及应用 [M].北京:高等教育出版社,1994.